THINKr
新思

新 一 代 人 的 思 想

THE
TRIUMPH OF
SEEDS

种子的胜利

THOR HANSON

[美] 索尔·汉森 著 杨婷婷 译

谷物、坚果、果仁、
豆类和核籽
如何征服植物王国，
塑造人类历史

How Grains, Nuts, Kernels, Pulses,
and Pips Conquered the Plant Kingdom
and Shaped Human History

中信出版集团 | 北京

图书在版编目（CIP）数据

种子的胜利：谷物、坚果、果仁、豆类和核籽如何
征服植物王国，塑造人类历史/（美）索尔·汉森著；
杨婷婷译. --北京：中信出版社，2021.9（2021.9重印）
书名原文：The Triumph of Seeds: How Grains,
Nuts, Kernels, Pulses, and Pips Conquered the Plant
Kingdom and Shaped Human History
ISBN 978-7-5086-6981-6

I.①种… II.①索… ②杨… III.①种子-普及读
物 IV.①Q944.59-49

中国版本图书馆CIP数据核字（2016）第270366号

种子的胜利——谷物、坚果、果仁、豆类和核籽如何征服植物王国，塑造人类历史

著　者：[美]索尔·汉森
译　者：杨婷婷
出版发行：中信出版集团股份有限公司
　　　　　（北京市朝阳区惠新东街甲4号富盛大厦2座　邮编　100029）
承 印 者：北京楠萍印刷有限公司

开　本：880mm×1230mm　1/32　　　印　张：10　字　数：260千字
版　次：2017年1月第1版　　　　　　印　次：2021年9月第8次印刷
京权图字：01-2015-8254
书　号：ISBN 978-7-5086-6981-6
定　价：68.00元

献给　伊丽莎（Eliza）和诺亚（Noah）

目　录

作者说明

　　本书中，我选择讨论种子的功能性定义，但我也承认在有些情况下，植物的种子状部分也可能包括果实的某些组织（例如坚果的外壳）。文中所使用的植物名称只是俗称，但在附录 A 中列出了完整的拉丁双名法（Latin binomials）列表。我尽量少使用植物学的术语，或者对这些术语进行了解释，但我还是编制了一个简短的词汇表（附在本书最后）。最后，我希望读者们不要忽略每一章的注释内容。注释中包含了大量有趣的种子知识，这些内容在文中已经没有空间详述了，但它们十分精彩，完全省去就太可惜了。

致　谢

在本书的写作过程中，我得到了很多人士慷慨而耐心的帮助。在此，我列出部分给予过我帮助的人（或机构）的名字，排名不分先后——他们有的接受过我的访问，有的借给我相关书籍和论文，有的解答我的疑问，甚至有的在我需要的时候帮我照顾孩子：卡罗尔·巴斯金（Carol Baskin）与杰里·巴斯金（Jerry Baskin），克里斯蒂娜·沃尔特斯（Christina Walters），罗伯特·哈格蒂（Robert Haggerty），比尔·迪米凯莱（Bill DiMichele），弗雷德·约翰逊（Fred Johnson），约翰·多伊奇（John Deutch），德里克·比利（Derek Bewley），帕特里克·柯比（Patrick Kirby），理查德·兰厄姆（Richard Wrangham），萨姆·怀特（Sam White），迈克尔·布莱克（Michael Black），克里斯·卢尼（Chris Looney），奥利·J. 本尼迪克托（Ole J. Benedictow），米凯拉·科利（Micaela Colley），艾米·格隆丁（Amy Grondin），约翰·纳瓦吉奥（John Navazio），马修·狄龙（Matthew Dillon），莎拉·沙隆（Sarah Shallon），伊莱恩·索洛韦（Elaine Solowey），休·普里查德（Hugh Pritchard），霍华德·福尔肯－兰（Howard Falcon-Lang），马特·斯廷森（Matt Stimson），斯科特·埃尔里克（Scott Elrick），斯坦尼斯拉夫·奥普鲁斯蒂尔（Stanislav Opluštil），鲍勃·西弗斯（Bob Sievers），菲尔·考克斯（Phil Cox），罗伯特·德鲁金斯基（Robert Druzinsky），格雷格·阿德勒（Greg Adler），戴维·斯特雷特（David Strait），朱迪·丘帕斯科（Judy Chupasko），戴安·奥特·惠利（Diane Ott Whealy），索菲·鲁伊斯（Sophie Rouys），帕姆·斯图勒（Pam Stuller），诺艾尔·马赫尼基（Noelle Machnicki），切尔茜·沃克－沃森（Chelsey Walker-Watson），布兰登·保罗·韦弗（Brandon Paul Weaver），芦原浩史（Hiroshi Ashihara），杰里·赖特（Jeri Wright），罗纳德·格里菲斯（Ronald Griffiths），永井千史（Chifumi Nagai），史蒂夫·梅雷迪思（Steve Meredith），戴维·纽曼（David Newman），理查德·卡明斯（Richard Cummings），乔瓦尼·朱斯蒂纳（Giovanni Giustina），贾森·沃尔登（Jason Werden），埃琳·布雷布鲁克（Erin Braybrook），国际间谍博物馆（International Spy Museum），瓦莱里娅·福尼·马丁斯（Valéria Forni Martins），马克·斯托特（Mark Stout），阿尔·哈贝格与内莉·哈贝格（Al and Nellie Habegger），托马斯·博加特（Thomas Boghardt），艾拉·帕斯坦（Ira Pastan），科尔斯顿·加拉格尔（Kirsten Gallaher），乌诺·伊莱亚森（Uno Eliasson），乔纳森·温德尔（Jonathan Wendel），邓肯·波特（Duncan Porter），查尔斯·莫斯利（Charles Moseley），博伊德·普拉特（Boyd Pratt），贝拉·弗伦奇（Bella French），保罗·汉森（Paul Hanson），阿伦·伯迈斯特（Aaron Burmeister），内森·哈姆林与埃丽卡·哈姆林（Nason and Erica Hamlin），约翰·迪基（John Dickie），苏珊娜·奥利芙

（Suzanne Olive），艾米·斯图尔特（Amy Stewart），德里克·阿恩特与苏珊·阿恩特（Derek and Susan Arndt），凯瑟琳·巴拉德（Kathleen Ballard）以及克里斯·韦弗（Chris Weaver）。

在此我十分感激约翰·西蒙·古根海姆纪念基金会（John Simon Guggenheim Memorial Foundation）为支持我写这本书而特别授予我的学术奖金。利昂·利维基金会（Leon Levy Foundation）也为这项学术奖金慷慨出资。

感谢在研究过程中给我提供帮助的爱达荷大学（University of Idaho）图书馆以及圣胡安岛图书馆（San Juan Island Library），特别要感谢馆际互借协调员海蒂·刘易斯（Heidi Lewis）耐心而努力的工作。

我感谢我的代理人劳拉·布莱克·彼得森（Laura Blake Peterson）所拥有的才华和热情，以及她在柯蒂斯·布朗（Curtis Brown）公司的所有同事，与 T. J. 凯莱赫（T. J. Kelleher）以及基本书局（Basic Books）出版社和珀尔修斯图书集团（Perseus Books Group）的卓越团队合作再次令我感到愉快和满意，此团队包括（但不限于）桑德拉·贝里斯（Sandra Beris），凯西·纳尔逊（Cassie Nelson），克莱·法尔（Clay Farr），米歇尔·雅各布（Michele Jacob），特里什·威尔金森（Trish Wilkinson），尼科尔·贾维斯（Nicole Jarvis）以及尼科尔·卡普托（Nicole Caputo）。

最后，如果没有我的朋友和家人的爱与支持，所有这一切都不可能实现，更不会令人感到如此快乐。

前　言

"注意（种子）！"

Preface

"Heed!"

伯爵，我别无他言，

我只是您最忠实顺从的仆人。

——威廉·莎士比亚（William Shakespeare），

《终成眷属》（*All's Well That Ends Well*，约 1605）

查尔斯·达尔文（Charles Darwin）搭乘英国皇家海军舰艇"贝格尔号"（HMS *Beagle*）航行了 5 年，致力于藤壶的解剖工作长达 8 年之久，他一生中大部分的时间都在思考自然选择的意义。著名的博物学家、神父格雷戈尔·孟德尔（Gregor Mendel）在摩拉维亚（Moravian）经过了整整 8 个春天的时间，人工培植了 1 万株豌豆，才最终将他的遗传学论点发表出来。在奥杜瓦伊峡谷（Olduvai Gorge），利基家族（Leaky family）的两代人花费了几十年时间筛分沙土和岩石，只能拼凑出少量的重要化石。揭开进化的秘密往往是很辛苦的，这是一项耗时漫长的事业，需要耐心细致的思考和观察。不过，有些事情从一开始就十分明确和清晰。举个例子，熟悉小孩子的人都知道标点符号的起源，它是从感叹号开始的。

对于一个幼儿来说，说出强调、命令语气的动词是最自然的事。事实上，只要恰当地变调，任何一个词都能变成一种命令——高兴而持久地一声大叫，重音放在看似不会停顿的感叹号颤音上。在成长过程中，孩子们会使用他们学来的逗号、句号或分号来表达话语和文章的细微变化，感叹号则是与生俱来的。

我们的儿子诺亚（Noah）就是一个很好的例子。他刚开始说话的时候，说出的词都是我们意料之中的，比如"动！""多！"以及最为普通的"不！"，但是，他最初掌握的词汇也反映出一个不同寻常的兴趣：诺亚对种子十分着迷。伊丽莎（Eliza）和我都记不清他的这种兴趣是从什么时候开始的了，他好像一直就很喜欢种子。无论是点缀在草莓表皮上的，还是从番瓜里面挖出来的，或者他从在路边灌木丛里采摘的野蔷薇果实里咀嚼出来的，诺亚看到的任何种子都值得他注意和评论一番。事实上，确定哪些东西有种子，哪些东西没有种子，是他最早学会的对世界进行分类的方法之一。松果？种子。番茄？种子。苹果、牛油果、芝麻面包圈？都有种子。浣熊？没有种子。

由于我们家里常常发生这样的对话，所以当我准备选定新书内容的时候，种子这个想法自然而然地出现在我的候选名单上。起决定性因素的或许是诺亚的发音，他的发音增加了他对植物观察的必要性。他小小的舌头还不能轻易地发出齿音，但是他并没有发出咬舌音，而是选择用强有力的"h"音代替"s"音。结果这变成了双重命令——每次他剥开某块果肉的时候，他都会朝我举起里面的种子并且大喊："注意（种子）！"*日复一日，这样的情景不断重复，最终我领会了他的意思：我注意到了种子。毕竟，小诺亚已经接管了我们生活中的其他部分。让他负责为我们做职业决定岂不更好？

很幸运，他给我布置的题目深得我心，多年来我一直想写这样一本书。当我读博士的时候，我研究的内容包括大型热带雨林中树木的种子传播和种子掠食。我知道那些种子不仅对树木很重要，对传播种子的蝙蝠和猴子，对吞食种子的鹦鹉、啮齿动物和猯猪，对猎食猯猪的美洲豹，等等，都至关重要。研究种子使我对生物学的理解更加充实，也让我了解到，种子的影响力远远超越了森林或田野的范围；种子在任何地方都至关重要。它们超越了我们在幻想中建立在自然世界和人类世界之间的分界线，它们如此频繁地出现在我们的生活中，而且形式多样，使得我们差点意识不到我们是多么依赖它们。讲述种子的故事提醒我们记住我们与自然之间的基本联系——包括与植物、动物、土地、四季以及进化过程本身的联系。而且，在我们这个时代，人类历史上第一次有超过半数的人口生活在城市里，对于这样一个时代而言，重申人与自然的这些联系尤为重要。

然而，在继续讲述下一段内容之前，我必须插入两点说明：第一点说明很重要，它有助于我与我许多研究海洋生物学的朋友保持良好的关系。在 1962 年拍摄的电影《叛舰喋血记》（*Mutiny on the Bounty*）中有一场令人难忘的戏，叛变的水手们将船长布莱（Captain Bligh）流放，让他随一艘船漂流，然后将他的每一株令人怨恨的面包果树

---

* 诺亚的发音是 "heed"，意思是注意，他想说的是 "seed"，意思是种子。——译者注

（breadfruit）幼苗扔下了船。[1]（在船员们的口粮已经很少的情况下，布莱还是定时给这些植物浇灌淡水。）当这些幼苗从船边掉落的时候，摄影机拍摄了它们在邦蒂号（*Bounty*）的尾流中漂浮的痕迹：一片辽阔平静的大海上漂浮着零星的可怜兮兮的绿色小点儿。这些幼苗似乎没有什么生存的希望，这反映出种子生存策略的局限性。种子植物或许能在干燥的陆地上取得胜利，但对于覆盖这个星球四分之三的海洋来说，情况则大为不同。在海洋中，水藻（algae）和微小的浮游植物（phytoplankton）占据了统治地位，而海洋中这些植物的其他结种子的近亲，也仅仅局限于少数几个浅水区的品种、偶尔漂浮着的椰子以及水手们丢弃的一些东西。种子在陆地上不断进化，它们的许多显著特征决定了自然历史和人类历史的进程。但是，我们最好记住，在开放的海洋中，这些植物行为依然是新奇的。

第二点反映了种子的一个具有争议的领域，这个领域超出了本书讨论的范畴和目的。在读研的时候，我的课程中有一门一个学分的研讨课，这门课意在让学生们熟悉遗传学实验室里的设备。我们这些学生每周有一个晚上聚在一起，身穿白色实验室外套，花几个小时练习使用各种实验管材以及发出呼呼、哔哔声响的机器。在一个简单的练习中，导师向我们展示了如何将我们自己的 DNA 与一个细菌细胞的 DNA 拼接在一起。随着细菌菌落（bacterial colony）不断地分离和增加，我们的 DNA 也将被无限地复制，这就是克隆（cloning）的基本方式。当然，尽管我们仅仅使用了微量的 DNA，而且实验结果并不精确，但我还是清楚地记得我当时的想法："我不应该在一门一个学分的课上克隆自己。"

比较直接的基因控制（genetic manipulation）技术的出现，开启了植物和植物种子的新纪元。从玉米和大豆到莴苣和番茄，我们熟悉的这些农作物都经过了实验，实验中通过结合北极鱼类（为了防冻）、土壤细菌（为了制造出自身的杀虫剂）甚至是"智人"（*Homo sapiens*）（为了产生人类胰岛素）的某些基因，这些农作物都发生了改变。现在，种子可以作为知识产权获得专利，也能够携带终止基因（*terminator genes*），防止出现为了日后种植而保留种子的老做法。转基因（genetic modification）技术是一项关键的新技术，但我只会在书中做简要介绍。[2]相反，本书要探究的是为什么我们一开始就如此在意。现代遗传学同样可以帮我们获得不长羽毛的鸡、在黑暗中发光的猫和产出蜘蛛丝的山羊，为什么种子成了讨论的焦点呢？为什么民意调查显示，人们更愿意改变自身的基因组（genome），或者他们孩子的基因组（为了医学目的），而不愿意改变种子的基因呢？

这些问题的答案可以回溯到几百万年以前，它们将种子的历史和我们自身物种和文化的历史奇妙地交织在一起。对我来说，写这本书的挑战不在于回答这些问题，而在于决定我要使用哪些素材，摈弃哪些素材。[如果想看更多的趣闻逸事和信息，你一定要阅读每一章的注释。在本书中，你只有在注释这个部分才能听到例如嵌齿象（gomphotheres）、滑溜水（slippery water）或吹笛者的蛆（piper's maggot）这样的内容。]在整本书中，我们将会看到引人入胜的植物和动物，以及许多将种子融入自己生活的人，他们中有科学家、农民、园丁、商人、探险家和厨师。如果我的描述足够准确，读到最后你会理解我的想法，也会理解诺亚似乎从一开始就意识到的事实：种子是一个奇迹，值得我们研究、赞美、惊叹，以及为它标注无数的感叹号（！）。

强大的能量

INTRODUCTION

The Fierce Energy

想想橡子蕴含了多大的能量！

在泥土中埋入一颗橡子，它就会长成一棵巨大的橡树！

如果你埋的是一头羊，它只会慢慢腐烂。

——萧伯纳（George Bernard Shaw），

《萧伯纳的素食食谱》（*The Vegetarian Diet According to Shaw*，1918）

　　我放下手里的锤子，凝视着这粒种子，没有一丝划痕。它的黑色表皮看上去就和我当时在雨林地面上捡到它时一样地光滑和完整。在雨林中水滴声和虫鸣的环绕之下，这粒种子静静地躺在泥土和覆盖层中，看起来即将生根发芽，不久就会枝繁叶茂。而现在，在办公室的荧光灯下，这个家伙看上去一副坚不可摧的样子。

　　我拿起这粒种子，它在我的手掌中显得小巧精致——比核桃稍大一些，但更平整，颜色暗黑，它的外壳如同回火钢一般又重又硬。边缘有一条纵向生长的粗缝，但再怎么用螺丝刀戳和撬，都无法让它裂开。拿长柄的管道扳手用力挤压也不行，现在，用锤子砸它似乎也不起作用。显然，我需要更有分量的工具。

我的大学办公室所处的位置，原先是林业学系植物标本馆的一个角落，在这个已经被很多人遗忘的地方，靠墙排列着许多布满灰尘的金属柜子，柜子里陈列着干燥的植物标本。一群退休的教职员每周都会在这里举行一次聚会，一边品尝咖啡和面包圈，一边回忆以前的研究旅行、最喜欢的树木以及几十年前系里教职员之间如何钩心斗角。我的办公桌也有年头了，那时人们使用焊接钢、镀铬金属和两倍重的福米卡家具塑料贴面（Formica）制造办公室家具。这张桌子的大小足以放得下一大堆油印机和电传打字机，而它的结实程度足以抵御核武器攻击的冲击波。

我把种子放在这张办公桌庞大而笨重的一个桌脚旁，抬起桌子，然后放开手任凭它砸下去。伴着轰隆一声巨响，它砸落到地面上，把种子从一侧弹了出去，种子击中了墙面又被弹到了柜子底下，一转眼不见了踪影。当我把它捡回来的时候，它黑色的表皮看上去丝毫未受损伤。于是，我一次又一次地努力尝试——轰隆！——轰隆！——随着每一次尝试的失败，我的挫败感急剧上升。最后，我蹲下身子，把种子压在桌腿和墙壁中间，开始用锤子疯狂地对着它乱砸。

不过，当时有一位林业学教授比我还要愤怒，他突然冲进我的房间，满面通红地大喊："这里到底发生什么事了？我正在隔壁给学生上课呢！"

很显然，我需要找到一种更安静的方法打开种子。何况我要打开的可不止一粒种子。在壁橱里还有两个篮子装着几百粒种子，更不用说那 2000 多片树叶和树皮碎片了，每一粒、每一片都是我在哥斯达黎加（Costa Rica）和尼加拉瓜（Nicaragua）的森林里经过数月的野外调查煞费苦心收集而来的。我的博士论文的主要内容就是将这些标本转化为数据。可照目前的情况来看，这几乎难以实现。

最终，我发现用木槌和石头凿子使劲敲一下就能凿开这些种子了，但使尽浑身解数打开第一粒种子的经历，让我学到了有关进化的重要一课。我问自己：种子的外壳为何超乎想象地难以裂开？种子的全部意义不就是让自己散落在野外，让幼苗萌发出来吗？无疑，种子之所以进化出厚重的外壳，并不只是为了让一个倒霉的研究生有挫败感。这些问题的答案是最基本的，就像一只孵蛋的母鸡要保护它的一窝蛋，或者一头母狮子要保护它的幼崽一样。对于我正在研究的这棵树而言，下一代意味着一切，进化的需求值得它投入所有的能量和适应性的创造能力。而在植物的历史中，种子的发明是确保植物保护、传播和延续它们后代的最重要的事件。

在商业界，人们评价一个产品成功与否的主要标准是其品牌的辨识度和使用的广泛性。我在乌干达的时候，住在一座泥土堆砌的小屋里，距离一条铺设的马路有 4 个小时的路程，这座小屋位于一片叫作"无法穿越的丛林"（Impenetrable Forest）的边缘。即使如此，出门走不到 5 分钟的路，我还是能买到一瓶可口可乐。营销主管们总是幻想着他们的商品随处可见，而在自然界里，种子就是随处可见的。从热带雨林、高山草甸到北极冻原（arctic tundra），种子植物在地表景观中占据主体地位，对整个生态系统起到了决定性的作用。毕竟，"森林"这个名称指的是其中的树木，而非跳跃其中的猴子或展翅飞翔的鸟儿。每个人都会把著名的塞伦盖蒂（Serengeti）称为"草"原——而不是长满草的"斑马"原。每当我们停下来调查自然系统的基础结构时，我们总会发现，种子以及结种子的植物发挥着最为关键的作用。

在热带地区的一个下午，一瓶冰镇的苏打水味道好极了，而可口可乐的类比只能用来解释种子的进化。不过，这个类比也有另一个方面的真实性：和商业竞争一样，自然选择必将得到优秀的产品。最佳的环境适应能力跨越时间和空间传播开来，并相应推动了进一步的变革，理查德·道金斯（Richard Dawkins）将这个过程恰如其分地称为"地球上最伟大的表演"。有些特征十分普遍，几乎成了不言而喻的原则性特征。比如，动物的头部有两只眼睛、两只耳朵、某种类型的鼻子和一张嘴。鱼鳃从水中吸取溶解氧，细菌以分裂的方式进行繁殖，昆虫的翅膀总是成对地出现。即使是生物学家也很容易忘记，这些基本的原则曾经是全新的，是经过了坚持不懈、反复试错的进化过程之后出现的巧妙而新颖的特征。在植物界，我们对种子和光合作用有着最为理所当然的想法。就连儿童文学作品也是如此。在露丝·克劳斯（Ruth Krauss）的经典作品《胡萝卜种子》（*The Carrot Seed*）一书中，一个沉默的小男孩不理会别人对他说不可能，耐心地为他栽种的植物浇水、除草，终于一棵胡萝卜长出来了，"正如小男孩早就知道的那样长出来了"。[1]

克劳斯的作品以其简约的绘画风格改变了图画书的传统类型，并因此而闻名。尽管如此，她的故事还是告诉了我们一些意义深远、有关我们与自然之间关系的内容。就连孩子们都知道，即使是最小的籽也包含了萧伯纳（George Bernard Shaw）所说的"强大能量"——长成胡萝卜、橡树、小麦、芥菜、红杉，以及其他 35.2 万种[2]利用种子进行繁殖的植物所需的活力和全部指令。我们十分信任这种能力，种子因而在人类活动中占据了独特的地位。如果没有栽种的行为和收获的预期，我们所熟知的农业将不会出现，我们人类也将依然停留在狩猎者、采集者和放牧人这样的小群体上。的确，有些专家相信，假如世界上没有种子，"智人"可能永远不会进化。这些微小的植物学上的奇迹为现代文明铺平了道路，它们引人入胜的进化和自然发展过程一次又一次地塑造、重塑了我们人类自身，在这一点上，它们的贡献或许比其他任何自然物体的贡献都要大。

我们生活在一个充满种子的世界。从我们早餐的咖啡和面包圈、我们制作服装的棉布，到我们临睡前喝的一杯可可，种子全天候地伴我们左右。种子为我们提供了食物和燃料、酒类饮品和毒药、石油、染料、纤维和香料。没有种子，就不会有面包、米、豆、玉米或坚果。它们是真正意义上的生命的支柱，是全世界日常饮食、经济活动以及生活方式的基础。在野外，它们也占据了主导地位：种子植物目前占所有植物群（flora，或称植物区系）的90%以上。它们极为普遍，以至于我们很难想象，其他类型的植物曾经主导地球1亿年以上。回溯过去，我们发现，微不足道的种子在植物群中进化着，这些植物群以孢子为主，其中的树枝状石松类植物（club mosses）、木贼类植物（horsetails）以及蕨类植物（ferns）构成了规模巨大的森林，这些森林如今已经变成了煤炭。种子植物虽然出身卑微，但此后一直稳步发展，逐渐取得了优势地位——从最初的松柏植物(conifers)、苏铁植物（cycads）、银杏植物（ginkgos），以及后来品种多样的有花植物——直到现在，孢子植物和藻类植物已经退居二线了。种子所取得的这种戏剧性的胜利引出了一个问题：它们为何如此成功？哪些特征和习性使得种子以及结种子的植物如此彻底地改变了我们的星球？这些问题的答案架构起本书叙述的内容，它们不仅说明了种子在自然界中繁盛的原因，也揭示了种子对人们如此重要的原因。

种子的营养。种子储备了一棵植物幼苗的最初食物，也就是根、芽、叶最初生长所需的一切能量。任何一个曾经将球芽甘蓝（sprouts）放在三明治上的人都认为这个事实是理所当然的，但在植物的历史上，它则是关键性的一步。将那种能量集中在一个紧凑的、方便移动的包裹中，这既拓展了进化的可能性，也帮助种子植物散布到地球各处。对于人们来说，开启蕴含在种子中的能量，为现代文明铺平了道路。迄今为止，人类饮食的基础就在于借用种子食物，窃取它们为植物幼苗准备的营养品。

种子的结合。在种子出现之前，植物的有性繁殖毫无生气。即使发生了有性繁殖，植物也是快速地、避人耳目地进行，而且通常是自体繁殖。克隆以及其他无性繁殖方式很普遍，无论是哪种繁殖行为，都很少以可预见的或彻底的方式混合基因。随着种子的出现，植物突然开始在露天环境下繁殖后代，以各种创造性的方式将花粉传播到卵子上。这场革新意义深远：它结合了母株（the mother plant）的双亲基因，将这些基因包裹起来，成为方便移动的、准备发芽的后代。孢子植物（spore plants）只是偶尔地进行杂交，而种子植物总是反复地混合它们的基因。进化潜力是巨大的，而孟德尔通过仔细研究豌豆种子解开了遗传的奥秘也并非是巧合。如果当时孟德尔没有做著名的豌豆实验，而是做了"孟德尔的孢子实验"的话，也许科学界依然等待着了解遗传学的机会。

种子的耐力。园丁们都知道，贮存种子过冬可以在来年春天种植。事实上，许多种子需要经过一次寒潮、一场大火，甚至要经过动物的内脏才能萌芽。有一些品种的种子在土壤里坚持了几十年时间，只有在光线、水分和营养都适合植物生长的情况下才会发芽。种子植物的休眠习性使它们与其他所有的生命形式都不同，这种习性使它们具备了极大的特殊性和多样性。对人们来说，掌握休眠种子的贮存和控制技术，为农业铺平了道路，也决定了国家的命运。

种子的防御。几乎所有的生物体都会为保护下一代而战斗，但植物为它们的种子装备了令人惊讶的、有时是致命的防御体系。从难以穿透的外壳和锯齿状的尖刺，到为我们提供辣椒、肉豆蔻（nutmeg）和多香果（allspice）的化合物，更不用说像砷（arsenic）和番木鳖碱（strychnine，即士的宁）这样的毒素了，种子的防御体系发生了一些令人不可思议（用处也很惊人）的适应性改变。对这个话题的探究，阐明了自然界里一个重要的进化力量，也表明了人们如何借鉴种子的防御手段达到自己的目的，从塔巴斯科辣椒酱（Tabasco sauce）的辛辣，到药物，再到最受欢迎的种子产品——咖啡和巧克力。

种子的传播。种子有无数种传播方式，有的被暴风巨浪抛起，有的随风旋转，还有的包裹在果肉中移动。种子为了便于传播而做出的适应性改变，使它们得以在全球范围内生长，推动生物多样化发展，并使人们在历史发展过程中获得了极为重要和宝贵的产品，比如棉花、木棉、维可牢尼龙粘扣（Velcro）和苹果派。

本书既是一次探索，也是一次邀请。正如种子一样，本书缘起于不起眼的小东西，随着自己的好奇心不断增加，我越来越有兴趣跟随种子在进化论、博物学和人类文化中所铺设的崎岖道路上前行。在我从事研究的丛林和实验室中，在我那个痴迷于种子的儿子的坚持下，我全身心投入，渐渐展开有关种子的故事，我得到了一路走来所遇到的园丁、植物学家、探险家、农民、历史学家和修道士的引导，更不用说神奇的植物本身以及依赖这些植物生存的动物、鸟类和昆虫的引导了。不过，尽管自然界中的种子有着许多引人入胜的故事，但它们的一大特点就是随处可见。种子是我们这个世界中必要的一部分。因此，无论你喜欢喝咖啡配巧克力曲奇饼干，还是喜欢吃混合坚果、爆米花、椒盐脆饼干配一杯啤酒，我都要邀请你坐下来，吃着你最喜欢的、来源于种子的零食，开始我们的旅程。

种子的营养

Seeds Nourish

燕麦，豌豆，豆子，大麦在生长，
燕麦，豌豆，豆子，大麦在生长，
大家是否知道
燕麦，豌豆，豆子，大麦怎么生长？

首先，农民播下种子，
然后站起身子休息一下，
他跺一跺脚，拍一拍手，
然后转身看看他的土地。

——传统民歌

第一章

种子的一天

The Triumph of Seeds

Seed for a Day

> 我对种子信心十足。只要告诉我你有一粒种子，
> 我就准备期待它创造奇迹。

> ——亨利·戴维·梭罗（Henry David Thoreau），
> 《种子的传播》（*The Dispersion of Seeds*，1860—1861）

物理学告诉我们，当一条蝰蛇（viper）发动攻击的时候，它向前猛扑的距离不会超过它自身的长度。[1] 它的头部和身体前段十分灵活，尾部却无法动弹。然而，任何受到过毒蛇攻击的人都知道，这些蛇可以在空中飞行，就像非洲祖鲁人（Zulu）刺出的长矛或电影中忍者掷出的短剑。袭击我的这条蛇从一片枯叶中跃起，落到我的皮靴旁，速度之快，我几乎看不清它的毒牙，更无法判断它意图袭击的位置。我认出这是一条矛头蝮蛇（fer-de-lance），在中美洲（Central America）地区以其毒性

图 1.1　矛头蝮蛇（学名 *Bothrops asper*）。佚
名（19 世纪），复制品，1979 年，多佛出版
社（DOVER PUBLICATIONS）。

较强且脾气暴躁而闻名遐迩。不过，我必须承认，在这次个人防卫中我
用一根棍子打中了它。

　　出人意料的是，在研究雨林种子的过程中，常常会发生用棍子打
蛇这样的事。原因很简单：科学喜欢笔直的路线。路线以及它们所隐
含的关系，在从化学到地震学的各种领域中都会出现，但对于生物学
家来说，所有路线中最常用的就是调查样带（transect）。无论是统计
种子，调查袋鼠，定位蝴蝶，还是搜索猴子的粪便，如果想要保证你
的观察不出现任何偏颇，沿着调查样带笔直向前走，往往是最好的方
法。这种观察方式的好处是，直接穿越沼泽、灌木丛、荆棘丛以及其

他任何我们可能会尽量避免的物体，这样就可以对一路上我们所遇到的一切进行取样。但这种方式也是很可怕的，因为我们会遇到一切，其中包括毒蛇。

前方传来了砍刀砍断藤蔓的响声，那是我的野外调查助手乔斯·马西斯（José Masis）正在猛砍我们刚刚在丛林中遇到的障碍物，以便开辟出一条通道。我有时间听他砍树，是因为那条差点咬到我靴子的蛇做了一件令人极度不安的事。它消失了。矛头蝮蛇背部斑驳的褐色花纹是极为高超的伪装，要不是我一直按照笔直路径穿越森林，弯下身子靠近地面，并在树叶覆盖层中到处搜寻，我是不可能看到这么多矛头蝮蛇的，更不用说睫毛蝰蛇（eyelash vipers）、猪鼻蝮蛇（hog-nosed pit vipers）和偶尔出现的大蟒蛇（boa constrictor）了。在有些调查样带里，似乎蛇比种子还多，乔斯和我掌握了一些技巧，把这些蛇轻轻推走，甚至用木棍抬起它们，轻轻地扔到一边。现在，在我脚边的某个地方有一条怒气冲天、不见踪影的毒蛇，新的问题出现了。我应该是站着不动，期望这条蛇不会再次攻击我，还是应该跑？如果要跑，朝哪个方向跑？迟疑不决地度过了紧张的一分钟后，我冒险迈出了一步，接着两步。很快，我就平安无事地继续在我的种子调查样带上前进了（尽管是在我自制了一根更长的、用来打蛇的木棍之后）。

科学研究往往是发现时的激动瞬间与长期的单调重复相结合的过程。一个小时过去了，我的缓慢搜寻才有了回报。就在我面前的小路上，一棵大香豆树（almendro）[2] 刚刚发出嫩芽，最初吸引我来到这片雨林的就是这种参天大树迷人的博物学。尽管它与北美洲（North America）和欧洲（Europe）的坚果树木没有关系，它的名字却翻译成了"扁桃"，

图 1.2　发芽的香豆树种子（学名 *Dipteryx panamensis*）。
照片，2006 年，索尔·汉森（Thor Hanson）。

指的是果实中心肥大的种子。*我在野外调查手册上记录下这棵小植物的尺寸和位置，然后俯下身子仔细观察它。

很难在实验室里撬开的种子外壳倒扣在地上，在生长中的幼芽的压迫下整齐地分裂成了两半。深色的茎向下弯曲接近了泥土，茎上的两片子叶正开始舒展。虽然看上去出奇地碧绿和纤弱，但它们为夹在叶子中间隐约可见的浅色嫩芽提供了丰盛的营养。不知是何缘故，这个不起眼

---

* "*almendro*" 为西班牙语，与英语中的"扁桃"（almond）同义，但实际上并非一种植物。——译者注

的小东西有潜力长到远高于我的林冠层之上，而它在最初的成长阶段完全依靠种子的能量获得营养。在我观察的每个地方，都会出现相同的情况。植物是构成雨林中生物多样性的核心，而绝大多数植物是以同样的方式开始生长的，这就是种子的馈赠。

对香豆树而言，从种子到树木的转化似乎尤为不可思议。成年树木的高度通常会超过 150 英尺（约 45 米），根基部分的树干直径有 10 英尺（约 3 米）。它们的寿命长达几个世纪。它们的木材如钢铁般坚硬，足以使电锯变钝或断裂。当它们开花的时候，鲜艳的紫色花簇在树冠上怒放，然后落下来给地面铺上一层紫色地毯。[我第一次做有关这种树的科学报告时，拿不出这些花朵的合适照片，但我用我所能找到的最接近它们颜色的相似物清晰地表达了我的观点：玛吉·辛普森（Marge Simpson）*假发套的颜色。]香豆树能够长出很多果实，因此它们被认为是一个关键物种，对于所有动物来说都是至关重要的食物来源，无论是猴子、松鼠，还是濒危的大绿金刚鹦鹉（Great Green Macaw）。它们的减少会改变一片森林的生态环境，导致一系列的变化，甚至会使依赖它们而生存的当地物种面临灭绝的危险。

我之所以研究香豆树，是因为在其生长范围内，从哥伦比亚（Colombia）向北至尼加拉瓜（Nicaragua），它都面临着日益加剧的挑战，其一是人们为了放牧和农耕清除了森林，其二是人们增加了对这种树的大密度、高质量的木材的需求。我的研究聚焦于香豆树在中美洲快速发展的乡村环境下如何生存。[3] 它在小型碎片化雨林中是否能坚持下去？它的花朵是否还能受粉，种子是否还能传播，后代是否还能成活？

---

* 美国动画片《辛普森一家》的人物之一。——译者注

抑或在牧场和小片森林中与世隔绝的这些雄伟而古老的树木仅仅是"活的死物"（living dead）？如果这些庞然大物无法成功地繁殖，那么它们与其他森林物种之间错综复杂的关系就会开始瓦解。

　　我的这些问题的答案就蕴藏在种子之中。只要乔斯和我能找到足够数量的种子，它们的遗传学特征就能告诉我们一切。我们遇到的每颗种子和幼苗的 DNA 中都蕴含着有关母本的线索。通过细致的取样以及确定它们与成年香豆树的关系，我希望能找出哪些树木正在育种，它们种子的去向，以及当森林碎片化后情况会如何改变。这个项目持续了很多年，为了这个项目，我去热带地区调查了 6 次，搜集了几千个样本，并且在实验室中度过了数不清的日日夜夜。最后，我写出了一篇专题论文、几篇学术期刊文章，以及几则极为鼓舞人心的有关香豆树未来的消息。但就在我对所有样品进行分析、写完所有论文、获得学位之后，我才意识到我遗漏了一个最基本的内容。我依然没有真正了解种子是如何工作的。

　　许多年过去了，我也做过很多其他的研究项目，但这个谜团一直困扰着我。尽管所有的人——从园丁、农民甚至到儿童书中的人物都相信，种子会长大，但又是什么让它们长大的呢？在那些等待长成一棵新植物的小巧包裹之中究竟蕴藏着什么呢？当我最终决定要把这些问题弄个水落石出的时候，我的脑海中立即闪现出那棵刚刚发芽的香豆树，它硕大种子的每一个部分都清晰可见，就像教科书里的图片一样。再去哥斯达黎加找一棵鲜活的幼苗是不现实的，但香豆树并不是唯一拥有巨大而容易发芽的种子的植物。事实上，几乎任何一家杂货店、水果摊或墨西哥餐厅都至少会供应一种雨林树木的大种子（以及果实）。

　　在一次出色的角色分配中，电影《噢，上帝》（Oh, God!）中的"上帝"一角由乔治·伯恩斯（George Burns）获得。当被问及他所犯的最大错误之时，"上帝"伯恩斯充满冷幽默地迅速答道："牛油果。我应该把它们的果核造得小一点。"负责制作牛油果色拉酱的大厨们肯定同意他的观点，但对于全世界的植物学教师来说，牛油果果核的大小正合适。在果核薄薄的褐色表皮内，有很大的空间供种子放置它的所有组成部分。任何一个想要学会让种子萌芽的人，只需准备一个干净的牛油果果核、三根牙签和一杯水。早期的农民也掌握了这种简单的方法，他们至少三次培育了从墨西哥南部雨林和危地马拉雨林中获得的牛油果。⁴早在阿兹台克人（Aztecs）或玛雅人（Mayans）崛起之前，在中美洲人们的日常饮食中就有牛油果奶油味十足的果肉了。我也享用了牛油果，在为我的实验做准备的时候猛吃了一通美味的三明治和墨西哥玉米片。我拿着一打新鲜的果核和一把牙签，朝着浣熊小屋（The Raccoon Shack）走去，准备开始做实验。

浣熊小屋位于我们家的果园里，那是一座老旧的棚屋，四壁用沥青纸和废木料围成，因原先住在这里的动物而得名。浣熊们曾经在此悠闲地生活过一段时间，每年秋天果园里的苹果丰收的时候，它们总能大饱口福。然而，我们不得不通知它们离开，因为当我身为人父之后，家中狭小的空间让我必须在外面找到一个办公空间。现在小屋通了电，有了壁炉、软管水龙头以及许多摆放架子的空间——为了我的牛油果萌发新生命所需要的一切。但我想要的不仅仅是萌芽，我还知道它会生根长大。我首先需要了解的就是，在这粒种子里究竟是什么让这一切发生，以及这样一个精巧复杂的系统是怎样进化的。幸运的是，我恰好认识对此有所研究的人。

20世纪60年代中期，卡罗尔·巴斯金与杰里·巴斯金夫妇都进入

图 1.3   9000 多年前，墨西哥和中美洲培育的牛油果。在如图所示的阿兹台克人盛宴中，牛油果一直是当地传统饮食之一。佚名［《佛罗伦萨典籍》（*Florentine Codex*），16 世纪末］。维基共享资源（WIKIMEDIA COMMONS）。

范德堡大学（Vanderbilt University）攻读植物学，他们俩在研究生院开学第一天的时候相遇了。"我们很快就开始约会。"卡罗尔告诉我。正当他俩坐在一块儿的时候，教授走过来布置研究论题，需要他们两人共同完成。"那是我们第一次合作，因此很特别。"卡罗尔记忆犹新。那也标志着他们第一次专注于一个将会决定他们事业的论题。尽管他们坚持认为，他们的恋爱很典型——共同的朋友，相似的兴趣——但这场恋爱培养出的学术上的伙伴关系很不一般。卡罗尔比杰里提前一年完成博士学位的学习，但之后两人的发展几乎是同步的，他们发表了 450 多份有关种子的科学论文和专著。这个世界上没有人比卡罗尔更有资格引导我展开牛油果果核的研究之旅了。

"我告诉我的学生们,种子是一个带着午餐藏在一个盒子里的植物婴儿。"我们的对话一开始,卡罗尔就这样说道。她说话的时候带有南方口音的拖腔,解释问题的方式很随意,她会围绕困难的概念聊一些搭边儿的内容,而答案似乎就会不言自明。难怪肯塔基大学(University of Kentucky)的学生将她评为学校最优秀的科学教师之一。我打电话联系上了卡罗尔,她的办公室没有窗户,到处堆满了一叠又一叠的论文和书,甚至堆到了隔壁的实验室。(杰里最近刚从同一个院系退休,显然他需要把他成堆的书和论文搬回家,放在他们家厨房的桌子上。"只有两个干净的小地方可供我们吃饭用,"卡罗尔笑着说,"要想招待客人就成问题了。")

卡罗尔所说的"盒子里的植物婴儿"这一类比,恰到好处地捕捉到了种子的本质:轻便,受保护,营养良好。"但由于我是一位种子生物学家,"她继续说道,"我想进一步说明,这些植物婴儿中有些吃光了它们的午餐,有些吃了一部分,有些一口都没吃。"现在,卡罗尔开启了一个了解吸引她和杰里近半个世纪的各种复杂情况的小窗口。"你的牛油果果核,"她刻意补充道,"已经吃光了它的午餐。"

一粒种子包含了三个基本组成部分:植物的胚胎(embryo,婴儿)、种皮(seed coat,盒子),以及某种营养组织(午餐)。通常,萌芽的时候盒子打开,胚胎一边从午餐中汲取能量,一边向下发根,并且长出最初的绿叶。不过,有种情况也很普遍,那就是植物婴儿提前吃完了午餐,将所有的能量转换成最初的一片或多片叶子,称为"子叶"(seed leaves,或 cotyledon)。这些就是我们所熟悉的花生、核桃或豆子可以对半分开的两个部分——胚叶很大，占据了种子的绝大部分空间。就在我们交谈的时候，我从桌上一堆牛油果果核中拿起了一个，用我的拇指指甲打开了它。看到了里面的情况，我理解了卡罗尔的意思。浅色的、坚果状的子叶占满了每一半果核，它们包围着一个微小的块结（nub），其中包含着稚嫩的根和芽。对于种皮来说，这个果核仅仅是装饰——它薄如纸片，并已经开始成褐色薄片状剥落。

　　"杰里和我研究种子怎样与它们的生存环境相互作用。"卡罗尔说，"种子为什么在某个时间做某件事。"她继续解释说，牛油果的生存策略有些与众不同。大多数种子用较厚的保护皮防潮，种子成熟的时候会变干。没有了水分，胚胎的生长接近于停滞，这种发育不良的状态可以持续数月、数年，甚至数个世纪，直到适合萌芽的条件出现。"但牛油果不一样，"她警告说，"如果你让那些果核变干，它们就会死去。"卡罗尔说的这句话提醒了我，我的牛油果果核是有生命的。和所有的种子一样，它们是活的植物，只不过停止了生长，等待着合适的时间在合适的地方扎根、生长。

　　对于一棵牛油果树来说，最合适的地方是可以让它的种子永不干燥、季节总是适合发芽的地方。[5] 它的生存策略是依靠持续的温暖和湿度，这样的条件你在一片热带雨林中可以找到——或者将它们悬挂在浣熊小屋里的一杯水上。由于不需要经历长期的干旱或寒冷的冬季，牛油果种子经过最短暂的停顿就会再次开始生长。"牛油果的休眠期可能仅仅是等待萌芽过程开始所需要的时间，"卡罗尔解释道，"那不会很久。"

　　在我的牛油果果核出现任何生命迹象之前的几周内，我尽量把她的话铭记于心。它们成了我沉默而不变的伙伴：两排褐色块状物默默地排列在窗下的书架上。尽管我拥有一个植物学的高级学位，但我也曾经

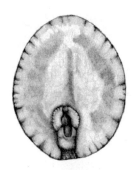

图 1.4 牛油果（学名 *Persea americana*）。牛油果果核薄如纸片的种皮内，两片巨大的子叶包围着一个微小的块结，其中含有根和芽。牛油果在雨林中进化，在雨林浓密的树荫中，树苗需要依靠种子的巨大能量才能发芽和长大。插图绘制，2014 年，苏珊娜·奥利芙（Suzanne Olive）。

害死过不少室内植物，我开始为它们担心了。但是像任何优秀的科学家一样，我安心于搜集数据，用数字和笔记填满一张精心设计的电子数据表。尽管没有发生任何变化，但在处理每粒种子、尽职尽责地监测它的重量和尺寸的时候，我仍然能得到某种满足。

当这一切发生的时候，我不敢相信。经过了毫无变化的 29 天之后，三号果核的重量有所增加。我重新校准了天平，但它再一次显示出了我测量到的、最鼓舞人心的 0.1 盎司（约 2.8 克）。[6] "大多数种子在即将萌芽前会吸收水分。"卡罗尔确定地说，这是一个令人愉快的过程，叫作"吸胀"（*imbibing*）。为什么这个过程总是需要花费很长时间——

直是人们讨论的话题。在有些情况下，水需要攻破厚厚的种皮或清除掉化学抑制成分。其中的原因也可能更加微妙——这是种子生存策略的一部分，可以区分短暂的暴雨和植物生长所需的持续湿度。无论原因是什么，我真想敬自己一杯酒，因为我的牛油果果核一个接着一个地开始吸收水分了。它们表面看上去没有什么变化，但内部确实正在发生着什么。

"我们只知道一点儿里面正在发生的事，但不是全部。"卡罗尔承认。当种子吸收水分的时候，它就开启了一系列复杂的行动，使植物从休眠期直接进入生命中最为迅猛的生长期。严格来说，"萌芽"仅仅指水分摄入与第一次细胞扩增之间那苏醒的时刻，但大多数人更广泛地使用这个术语。对于园丁、农学家甚至词典编纂者来说，萌芽包含了初生根（primary root）的出现以及最初的绿叶、光合叶（photosynthetic leaves）的出现。从这个意义上来说，直到用尽了储藏在内部的营养之后，种子才算完成了自己的工作，即转化为一株有能力为自己制造食物的独立幼苗。

我的牛油果还有很长一段路要走，不过在几天之内，果核就开始裂开了，果核内膨大的根将褐色的两半外壳向外翘起。从胚胎中微小的块结里萌发出的每一条初生根，都在以惊人的速度生长——这个不断探索的浅色物体朝着下方冲去，在几个小时内长度就增至三倍。在绿叶长出来之前，每一粒果核都萌发出了一条健康的根，一直伸长至水杯底部。这并非巧合。其他的萌芽细节或许会各有不同，但水的重要性是永恒不变的，植物婴儿的首要任务就是从稳定的水源中汲取水分。事实上，种子为根系生长事先做好了准备——它们甚至不需要为此创造新的细胞。听上去似乎难以置信，但这和小丑演员们一直随身带着气球是一样的道理。

　　刮破一根新鲜的牛油果的根，就会得到像精美色拉萝卜刨片一样又薄又卷的条状物。我把其中一条放在显微镜下观察，清晰地看到一排排的根细胞——细长而狭窄的管状物，特别像小丑演员用来制作出动物造型的长条形气球。就像小丑演员一样，种子内部的胚根知道，他并不会带着已经充满气的气球去参加聚会。即使小丑演员的口袋再大，也不可能装得下那么多充满气的气球。相反，未充气的气球则完全不占空间，无论何时何地，在需要的时候都能充满空气（或水）。

　　实际上，未充气的气球和充满气的气球在尺寸上的差别很令人震惊。我在本地玩具店买到的一袋标准的希令动物气球玩具（Schylling Animal Refills）包含 4 个绿色、4 个红色、5 个白色，以及蓝色、粉红色、橙色混杂的一共 24 个气球。没充气的时候，它们正好能放入我围成杯状的双手中：这么一捆色彩鲜艳、富有弹性的气球直径不超过 3 英寸（约 7.5 厘米）。当我开始吹气球的时候，我很快就体会到优秀的小丑演员为什么会随身携带一个氦气瓶或一个便携式空气压缩机了。45分钟之后，我扎紧了最后一个气球，此时的我头昏眼花，气喘吁吁，四周环绕着各种颜色的气球。现在，这堆吱吱作响、不受控制的气球有 4 英尺（约 1.25 米）长，2 英尺（约 60 厘米）宽，1 英尺（约 30 厘米）高。将它们头尾相接，它们可以从我办公桌开始，延伸出门，穿过果园，经过大门，一直铺到马路上，总长度为 94 英尺（约 29 米）。它们的体积增长了近 1000 倍，能够形成一根长度达到橡胶气球原始长度 375 倍的狭窄管子——全部是由空气增加后形成的。给种子提供水分，它的根细胞就会发生同样的情况，一边膨胀一边伸展得越来越长。整个过程可以持续数小时或数日——这是一个充满巨大爆发力的生长过程，此时末梢细胞甚至还不需要进行分裂以创造出新的细胞。

植物将寻找水分作为首要任务是很容易理解的。没有水分，植物会暂停生长，光合作用会渐渐停止，植物也无法从泥土里吸收养分。但种子之所以以这种方式生长，或许有更加微妙的原因，咖啡的例子最能说明问题。家中有早起幼儿的人都知道，咖啡豆含有大量强烈的、很令人兴奋的咖啡因。不过，虽然咖啡因能给疲倦的哺乳动物带来精神刺激，但它也以阻碍细胞分裂而闻名。事实上，咖啡因完全阻断了细胞的分裂过程，它是一个很有效的工具，研究者们利用它控制从鸭跖草（spiderworts）到仓鼠等各种生物的生长。在咖啡豆中，这种特质对于维持休眠是很有效的，但是到了萌芽的时候这显然就成了一个问题。解决方法是什么？发芽的咖啡种子将吸收到的水分分配给根和芽，使它们迅速膨胀，促使它们正在生长的末梢安全地躲避含咖啡因的咖啡豆带来的抑制作用。[7]

牛油果果核含有少量浓度不高的毒素以防止害虫的侵袭，但并不会减慢已经开始的生长过程。在几天时间内，我观察了根的生长及分叉过程，然后第一片绿色嫩芽出现了，小小的嫩芽从每粒果核顶部的裂缝处生长出来。卡罗尔告诉我："准确地说，接下来一个阶段叫作子叶能量大转移。"她向我解释了，最初作为种子"午餐"的物质现在是如何为急剧向上生长的过程提供能量的。几周之内，我发现自己照料的已经不是种子，而是幼苗了，这些幼苗与我养育了几个月的果核没有什么相似之处。作为家长，我想起了我的儿子小诺亚在成长过程中经历过的几次改变，也突然想到卡罗尔曾经提起的一件事。在事业刚刚开始的时候，由于太忙碌，她和杰里决定不要孩子。现在我意识到，在研究种子的过程中，他们全身心地投入到了植物婴儿变化无常的生命过程中。

巴斯金夫妇几十年的研究工作向我们展示了，我们究竟可以了解多少有关一颗发芽的种子内部正在发生的情况。2000多年前，"植物学之父"泰奥弗拉斯托斯（Theophrastus）提出的问题对科学家们来说一直是个挑战。作为亚里士多德（Aristotle）的学生和继任者，泰奥弗拉斯托斯在雅典学园（Lyceum）进行了全面的植物研究工作，出版的专著几个世纪以来都是权威之作。他研究了从鹰嘴豆到乳香木的一切，详尽地描述了萌芽过程，并对种子寿命以及"种子本身、土壤、环境状况和每粒种子的种植季节"[8]有何区别等问题进行了思考。在之后的漫长岁月中，研究者们解开了有关休眠、苏醒和生长的许多疑问。人们确定，发芽的种子吸收水分，通过细胞膨胀伸展其根和芽。紧随其后的是一个细胞迅速分裂的阶段，这个阶段由种子的食物储备提供能量。但是触发和协调这些行动的确切信号依然带着神秘的光环。

随着休眠新陈代谢的复苏，萌芽化学（Germination chemistry）牵涉到各种各样的反应，产生了各种荷尔蒙（hormones）、酶（enzymes）以及其他将储存的食物转化为植物体的必要化合物。对于牛油果来说，储存的食物包含了从淀粉、蛋白质到脂肪和纯糖的一切——这个混合物营养十分丰富，在育苗期结束之前苗圃根本不需要施肥。把幼苗移栽到盆土的过程中，我发现它们的子叶依然紧紧依附在茎的底部，就像一双双举起的手。生根长叶后几个月甚至几年之后，年轻的牛油果树依然能够从母本为它们装备的午餐中不断地获取维持生命的能量。牛油果给予它的后代如此慷慨的馈赠并非巧合。像香豆树一样，牛油果进化出了在雨林浓密的树荫中发芽的能力，雨林中的光线微乎其微，而大量的食物储备对幼苗极为有利。如果生活在沙漠或高山草甸上，它们的情况（以及它们的种子）将会完全不同，因为在那些地方，每棵幼苗都能快速接触到大量日光。

　　种子的生存策略变化多端，它们的形状和大小适应了地球上栖息地的细微差别。这一特征使种子成为吸引人的主题，但同时也很难让人们就植物的哪个部分构成了种子这一问题达成一致意见。对纯粹主义者来说，种子仅仅包括种皮和种皮之内的组织。种皮之外的一切都是果实。然而，实际上种子常常会利用一部分果实组织来起到保护作用或其他类似种子的作用，而且它们的结构相互融合，很难区分或根本不可能区分开来。就连专业的植物学家往往也会得出一个更直观的定义：内含植物婴儿的小硬块。或者更简单的：农民为了种庄稼而播撒在地里的东西。这种功能性的定义方法将松子与西瓜子或玉米粒等同起来，同时不必在技术上细究每个相关的植物组织各起到了什么作用。这种典型的定义方法很适合本书，但是本书也将介绍种子的各种不同的内部组织。

　　由于进化的产物完美地适应现实，我们很容易将这个过程想象为缓慢前进的、类似于某条大型装配线的运转过程，将每个齿轮和链轮装配到特定位置，发挥特定的功能。但是，正如任何一个喜欢电视节目《废物拼装大赛》（Junkyard Wars）、电影《百战天龙》（MacGyver）或者鲁布·戈德堡装置（Rube Goldberg devices）的人都知道，我们可以对普通的物体进行重新构想并赋予新的功能，几乎任何东西都能在必要时发挥作用。自然选择的反复试错是永无休止的，这意味着各式各样的适应性改变都有可能发生。一粒种子也许是一个带着午餐藏在盒子里的婴儿，但植物想出了数不胜数的方式发挥自己的作用。这就像一个交响乐团，小提琴在大部分时间里演奏着主旋律，但是还有巴松管（bassoons）、双簧管（oboes）、钟琴（chimes）以及其他20多种能够完美演奏乐曲的乐器。马勒（Mahler）偏爱法国号（French horn），莫扎特（Mozart）常常为长笛作曲，在贝多芬（Beethoven）的《第五交响曲》（*Fifth Symphony*）*那著名的四音阶"da-da-da-dum"中也能听得到定音鼓（kettledrums）的重击声！

　　长有两片巨大子叶的牛油果是一个非常普通的种子类型，但是草、百合以及其他很多我们熟悉的植物只有一片子叶，而松树的子叶则有24片之多。大多数种子的午餐是受粉后产生的名为"胚乳"（*endosperm*）的营养物质，但其他各种内部组织也能起到相同的作用，包括"外胚乳"（*perisperm*）[丝兰（*yucca*）、咖啡]、"下胚轴"（*hypocotyl*）（巴西坚果）或者是松柏植物偏爱的"雌配子体"（*megagametophyte*）。兰花完全不装备午餐——它们的种子直接从泥土里的真菌中窃取它们所需的食物。种皮可以像纸片一样薄，比如牛油果的种皮，也可以又厚又硬，比如南瓜、番瓜和葫芦的种皮。相比之下，槲寄生（*mistletoe*）用黏糊糊的物质代替了种皮，而其他许多种子则借用了周围果实硬化的内层组织。[9]就连最基本的状况，比如盒子里婴儿的数量都会各有不同，从里斯本柠檬到仙人球之类的物种，有时会把多个胚胎装入一粒种子之中。

　　种子类型之间的区别决定了植物王国中的主要分类，在之后的几章内容以及书后的词汇表和注释中我们还将提及它们。[10]不过，这本书的大部分内容集中于种子的共性特征，它们拥有保护、传播和养育幼苗的共同目的。其中最后一个目的最为直观，因为正如每个人所知，种子里的食物除了幼苗之外，还会被很多其他食客分享。

　　在乔斯和我进行野外调查的这片哥斯达黎加丛林中，我们常常会走到最近的一棵香豆树边度过午餐休息的时光。它们巨大的支撑根给我

---

* 即《命运交响曲》。——译者注

们提供了靠背，它们伸展的树荫为我们遮蔽了阳光和雨水。但同样重要的是，香豆树边是观察野生动物的最佳场所。种子坚硬的外壳散落在树下，个个残破不堪，有些是被鹦鹉摔碎的，有些是被各种各样的大型啮齿动物咬开的。当猯猪靠近的时候，我们总能听到它们的脚步声，它们会把很多种子抵在牙齿之间发出嘎嘎的响声，以便找准位置一口咬开种子。这种声音就像台球相互撞击发出的声响。

　　生香豆树种子给我的印象是有点干燥而无味。但是有一次伊丽莎和我烤了一盘香豆树种子，它们甘甜的坚果香味在整个房子里弥漫，口味也很不错。通过一些选育手段，使它们的外壳更加好剥，香豆树种子在我们家的食品储存室里将会占有一席之地，与核桃和榛子并列其中。毕竟，那种实验正是把坚果、豆类、谷物和不计其数的其他种子带进全世界人们的食物柜的一个过程。谈到窃取植物婴儿的食物，最娴熟的动物莫过于"智人"了，而种子在人类饮食中的重要性也是毋庸置疑的。无论走到哪里，我们都带着种子，种植它们，培育它们，将所有的土地用于繁殖它们。正如卡罗尔·巴斯金所说："当人们问我种子为什么重要时，我会问他们一个问题：'你们早餐吃了什么？'"那顿早餐很可能来自一片草地。

第二章

生命的支柱

The Triumph of Seeds

The Staff of Life

> 神说，看哪，我将遍地上一切结种子的
> 菜蔬和一切树上所结有核的果子，全赐
> 给你们作食物。
>
> ——《创世记》1∶29

　　位于南达科他州（South Dakota）的拉什莫尔山（Mount Rushmore）上刻有 4 位美国前总统的巨大花岗岩头像。英国的一些山坡上也有史前雕像——巨人石像或白垩岩石蚀刻出的万马奔腾的景象。中国的大足石刻包含了成千上万座精雕细刻的石雕佛像，而镶刻在秘鲁纳斯卡省（Nazca Province）荒原上的巨大地画图形包括猴子、蜘蛛、一只秃鹫以及可以从太空中看到的巨大而优美的螺旋图形等。在爱达荷州（Idaho），山丘是有山眉的。尽管不及巨人石像或总统雕像一样宏伟，爱达荷州的山眉依然是最罕见的地貌特征之一。

我闭着眼睛站在一片山眉之中，举起一个绘图的框架，快速地转了一圈并把它扔了出去。它"嗖"的一声落在了陡峭的山坡上，这个长方形塑料框架此时围住了一个濒危的生态系统：帕劳瑟大草原（Palouse Prairie）上随机挑选出的 1 平方英尺（约 930 平方厘米）的土地。我在它的旁边蹲了下来，拿出笔记本，开始清点。我做笔记的页面很快就写满了内容，因为我清点出将近 20 种不同的植物，它们挤满了这一小块土地。我看到了勿忘我（forget-me-not）、鸢尾花（iris）、扁萼花（paintbrush）和紫菀（aster），但最重要的就是草——浓密的绿色羊茅草（fescue）和纤细的六月禾（June grass）在微风中摇曳。即使没有植物学知识，人们也知道大草原是种植草的最佳场所。这对草原来说既是荣耀又是灾难，因为人类最重要的活动莫过于种植草了。

能够证实这种说法的例子比比皆是，就在这片山眉的边缘之外，一直延展至地平线的不再是杂乱的草原植物，而是人工培育的绿色田地。这些田地里也有草—— 一种高大的中东品种，Tricetum，我们熟悉的名字叫作小麦。在全世界，无论人们走到哪里，都带着小麦；如今它成了一种基本农作物，种植面积超过了法国、德国、西班牙、波兰、意大利和希腊国土面积的总和。当欧洲移民到达由爱达荷州北部以及毗邻的华盛顿州组成的帕劳瑟地区时，他们很快意识到了小麦的潜力。帕劳瑟绵延起伏的沙丘状丘陵地带由古代风积物形成，山丘的表土很适合谷物生长，是不需要灌溉的天然草场。人们很快开始在草原上犁地，仅仅一代人就把这片区域变成了小麦高产区。少数几块原始草原因位置特殊仍然难以耕作，它们在最为陡峭的山坡边缘之下排列成行。从远处看，它们就像狭窄的深色线条，为每座山丘的顶端勾勒出了边缘，整个地形看

图 2.1 帕劳瑟绵延起伏的沙丘状丘陵地带上分布着几片原始草原，它们所处的位置是世界上谷物产量最高的地区之一。维基共享资源。

上去就像惊奇地抬高了的一条又一条长满草的"眉毛"。

我的植物调查工作为一个由昆虫学家、土壤和蠕虫专家以及社会科学家组成的跨学科团队提供了植物学的背景资料。这个项目旨在更好地了解和保护仅存的几块帕劳瑟草地，并提升它们在当地的形象——以草为傲的草原地区。[1] 在辨认羊茅草、雀麦草（brome）、野燕麦（wild oat）、旱雀麦（cheat）和早熟禾（bluegrass）的过程中，我就像参加了一个速成班。在山眉中每度过一个小时，我就需要在显微镜下花费更多的时间，这样一来，通过区分各种叶子的细微差别以及生长在花朵部分和种子上各种各样的毛、突起和褶皱，我认识了很多不同的品种。在帕劳瑟地区工作的经历让我了解到了草的多样性，但是草，特别是它们的种子，如何塑造了人类社会则给我留下了更为深刻的印象。

对于游客来说，一座座伫立在农场小镇上的谷仓是他们在帕劳瑟摄影时所能拍摄到的最经典的画面之一。对于当地人来说，这些谷仓是经济状况的体现——丰收时农作物种子将谷仓装得满满当当，或是歉收时空荡荡的谷仓提醒人们困境迫在眉睫。在秋季收割的时节，学校的出勤率下降，城镇银行的告示牌交替显示时间、温度以及影响小麦期货的现货价格。同样的情况和景象出现在每一个小麦高产国，从中国中部平原，到阿根廷草原，再到尼罗河（Nile）中游的灌溉河岸。小麦并不是唯一具有影响力的草类农作物。玉米、燕麦、大麦、黑麦、小米和高粱也是草，更不用说几千年以来亚洲饮食的基础——大米了。在日本、泰国和中国的部分地区，当地语言中"大米"这个词可以有双重含义：可以表示"一顿饭"、"饥饿"或是"食物"。所有的谷物加在一起为人类饮食提供了超过一半的卡路里，占据了70%的耕种土地。[2]它们在产量前五位的农业商品中占了三种，它们也为牲口、家禽、猪，甚至养殖的大虾和鲑鱼，提供了大量饲料。当先知以西结（Ezekiel）预言耶路撒冷（Jerusalem）会发生饥荒时，他说上帝将会"断绝他们的粮"（《圣经·以西结书》4：16）。到了17世纪，"生命支柱"（Staff of Life）这个词已经成为所有主要谷物或由谷物制成的食物的代名词。在21世纪，情况也未曾改变：草籽依然为全世界提供食物。[3]

人与草之间紧密连接的纽带可以追溯到农业的起源之时，那时植物采集者们开始从身边各种各样的野生物种中挑选和控制他们的主粮。实际上，在每一个早期文明的建立过程中，谷物都占据着重要位置：新月沃土（Fertile Crescent，1万年前）种植大麦、小麦和黑麦，中国种植水稻（8000年前），美洲种植玉米（5000至8000年前），非洲种植高粱和粟（4000 至 7000 年前）。有些人认为，人类对谷物（以及其他种子）的依赖开始于更早的时期，但无论这种依赖始于何时，我们食用草本植物的习惯与其种子内部的特质息息相关。牛油果果核肥大的子叶在阴暗的树荫下提供缓慢而稳定的生长能量，与牛油果果核不同，草籽为适应平原的生活而进化着，在平原上快速地开始生长才是成功的关键。它们又小又高产，而且发芽快，这些特质使草成为一种理想的粮食作物，并使它成为任何开阔土地上的优势植物。观察草籽的生长无须牙签或水杯，只需一堆木柴和 1 月份的一场暴雨。

每个人都需要有一个兴趣爱好。然而，生物学家在休假时总是面临杂事缠身的风险。我到户外观察鸟类，捕捉蜜蜂，或搜索植物，算是在度假吗？我是一个爵士乐队的贝斯手，但如果计算我的业余时间你会发现，有一样东西占据了我的大部分时间：柴火。我们住在一座 1910 年建造的农舍里，这座农舍曾经被锯成两半，装上一辆平板拖车，沿着一条乡间道路运送了 5 英里（约 8 公里），到达了目前所在的位置。重新搭建起来后，这座农舍虽然外观很美，但四处透风，不管使用多少玻璃纤维棉絮都无法保温。因此，我几乎每天都要锯木，劈柴，堆起柴火，或重新整理柴火堆，每年都要烧掉 4 垛柴火用于烧饭和保暖。

为了寻找燃料，我变成了一个十足的木材乞讨者，每一次暴风过后我都会沿着路边捡拾木材，或是缠着邻居和亲戚讨要他们剩余的木料。无论什么木料我都要，所以我很乐意清理那些杂乱地堆放在我朋友家院子里的浆果鹃树（madrona）原木。浆果鹃树是石南属植物（heather），外形就像巨型杜鹃花，它们弯曲的树干和树枝覆盖着美丽的淡红色树皮。当我开始清理工作的时候，让我感到奇怪的是，这棵浆果鹃树是绿色的。靠近细看，我很快发现了原因。一年多来，这些原木和树枝散落在满是高大青草的户外环境下，草籽聚集在原木和树枝的每一个裂缝中。现在，这些种子正开始发芽。最近刚刚下过雨，每个微小的颗粒都吸饱了雨水，冒出了绿油油的尖芽，使得木头表面看上去就像布满了绿色的绒毛。如果茨欧鼠尾草娃娃盆栽（Chia Pet）的制造者要制作一个以木柴堆为主题的商品，那一定和这堆浆果鹃树原木一样。

我拔出其中一棵小草，发现了一个残存的微小种壳，它很单薄，呈分裂状，与之相连的绿色嫩芽底部变得苍白。草并没有将精力投入到肥大的子叶中，而是给后代提供了适量的午餐，并转而依赖自己的繁殖力——撒播一群又一群种子，期待有所回报。一棵吸收了丰盛食物的牛油果树，每年可以结出 150 颗含有单粒种子的果实，而我最近数了数生长在我们家车道边、看上去最纤细的本特草（bent-grass），一共有 965粒种子。储藏在草籽中的食物为幼苗提供了快速成长的能量，但并不能保证它长期能在阴暗处生存。相反，草类幼苗依靠不断寻找开阔的空地生存。[4] 它们喜欢泥土，但也能在人行道上、排水沟里或旧轻便卡车的踏板上萌芽。有些品种在沙地或泥塘里也能苗壮成长，或在河岸边移动的沙砾上快速生长。对于世界各地的攀岩者来说，草籽常常给他们带来"园艺"工作，从攀岩者和植物都想紧紧抓住的细小裂缝中拔除新生的草丛。

与大众的看法不同，实际上，观察草的生长可以是饶有趣味的——这个过程兼具了勇气和韧性。尽管不想错过免费的柴火，我还是把这一堆长满青草的浆果鹃原木留在了原地，让一切继续发展。6 个月后，草地在夏天的烈日下经受着炙烤。我回到原地找到了浆果鹃原木堆，但看不到原本绿意盎然的景象了。几乎每一棵小草都在炎热的环境下枯萎了，在根系还没来得及向下生长并接触到稳定的水源时，它们就耗尽了那一丁点儿午餐。但有一种植物活了下来。在靠近原木堆底部的地方，有一根末端开裂的木头，在那裂缝中有一簇绒毛草（velvet grass）生长出来，长长的花柄向上竖起，在微风中摇曳。我小心翼翼地抬起这根木头，看到了根系穿越裂缝，找到下方土壤的位置。通常，在木柴堆上撒播种子无疑是给种子里包裹着的植物婴儿判了死刑。但是绒毛草的这个成功案例以及它即将产出的几百粒种子，则为草籽策略的合理性提供了佐证。

尽管草的肆意挥霍，使其不具备牛油果、坚果、豆类和其他丰满种子的丰盛午餐所带来的安逸而营养丰富的吸引力，但它无疑是个成功的策略。[5] 大多数品种的小颗粒具备了大批繁殖和生存的能力，它们可以经受住干燥和长期休眠，这些特点帮助草在地球上任何一处树木和灌木无法生存的干旱地区生长。就连南极洲都有原生的草，如果将地球上所有的有花植物列出来，其中将近 5% 都是草。不过，随处可见这一特点并不是最主要的。尽管高产种子，但草对人们的重要性缺少不了化学的小窍门。这种窍门就蕴藏在它们储备午餐的方式中。

解剖一粒草籽需要稳定的双手，如果你想尝试一下，我建议你下午不要喝咖啡了。在几次尝试中，我的手因紧张而发抖，导致 6 粒小麦种子掉到了桌子底下，最后我终于干净利落地切开了一粒，看到了里面的关键特征：大量淀粉颗粒在显微镜下犹如块状玻璃一般闪闪发光。在种子储存能量的所有方式中，从油或脂肪到蛋白质，没有什么比淀粉更适合成为人们的主食了。它由葡萄糖分子长链组成，就像糖珠串在一根脆弱的项链上。人类肠管中的酶，甚至我们唾液中的酶，都能轻易地破坏这根项链，释放糖分。不过，只要稍稍调整淀粉的化学结构，我们就能得到纤维素（cellulose），即组成茎、树枝和树干的难以消化的植物纤维。纤维素和淀粉的区别仅仅在于它们的葡萄糖链（glucose chains）相互连接的方式不同，一些原子改变了位置，从而使脆弱的纤维变成了像钢丝一样难以消化的纤维。[6]如果没有淀粉脆弱的葡萄糖连接力，以及我们破坏这种连接的能力，那么草籽就会像木屑一样经过人类的消化道。一粒草籽中的淀粉含量可以达到70%，是支持植物生长可快速获得的能量，但现在为半数以上的人类活动提供了能量。

鉴于草的品种很丰富，而且它们高产的种子含有大量淀粉，因此我们的祖先学会利用它们也不足为奇。对于任何地方的人们来说，在从狩猎和采集改为种植植物的过程中，似乎总有一两种草是关键。随后出现的文明让我们更加依赖草的卡路里，之后，少数精挑细选出来的品种开始遍布全世界的田地和花园。虽然历史学家一直认为，谷物饮食是近代出现的现象，是农业革命的产物，但有新的观点认为，草籽和其他植物早在游牧和狩猎—采集时期就是人类重要的食物了。

"我们完全有理由认为种子一直是人类饮食的一部分，"理查德·兰厄姆告诉我，"别忘了，黑猩猩吃种子。"作为哈佛大学（Harvard University）生物人类学教授，兰厄姆对此十分了解：20世纪70年代初，他发表了第一篇有关黑猩猩摄食习性的论文，自那以后他就一直在野外进行相关研究。我第一次遇到兰厄姆是在乌干达（Uganda）的一次灵长类动物学研讨会上。在那次研讨会上，他和简·古多尔（Jane Goodall）在开始做主题发言之前，用黑猩猩的高声大喊和尖叫声互相打招呼，令人印象深刻。20年后，他依然懂得如何吸引人们的注意力。我打电话到他在哈佛大学的办公室，尽管有紧迫的研究任务和大量的教学工作，他还是热情洋溢地解释着他那不同寻常的新理论。

"我曾经试着吃过黑猩猩的食物，"一开始他就回忆起早期在乌干达基巴莱森林（Kibale Forest）所做的野外调查，"我可以这么跟你说，那天晚上我感到很饿。"最初，兰厄姆以为他只是不适应水果、坚果、树叶、种子和偶尔的生猴子这些组成黑猩猩日常饮食的食物。但是当他将观察所得放在人类进化的背景之下考虑时，他得出了一个深刻而全新的观点。重要的并非食物的种类，而是准备食物的方式。"我确信，我们无法依靠生食在野外生存。作为一种物种，我们完全依赖于生火烧饭。我们是会烹饪的类人猿。"[7]

尽管观点十分大胆，但他的表达很谨慎，在讲述事例的过程中，他表现出了一个习惯在野外进行长时间观察的人的耐心。"在从事类人猿研究工作的过程中，我得出了自己的观点。我认为人类就是改良后的类人猿。"他谈到了我们与类人猿相比大为缩小的牙齿、缩短的肠子和变大的脑子。他告诉我，食物经过烹调后能够大幅地增加能量——烤过或煮过的肉、坚果、植物块茎和其他灵长类动物食物提高了消化吸收率，小麦和燕麦提高约 33%，鸡蛋可以提高 78%。兰厄姆的理论提出，烹饪是区分"高级智人"（the genus *Homo*）与其类人猿祖先的关键性变革。通过食用容易消化的、经过烹饪的食物，我们的祖先不再像类人猿那样需要大型臼齿和大型消化道来处理富含纤维的生食。而且，有了更多能量之后，我们一下子就可以满足更大的大脑的新陈代谢需求了。

尽管兰厄姆的观点仍有争议，但它的逻辑如同洪钟一般穿透了嘈杂的、竞相出现的众多假说。大多数人类学家历来强调狩猎—采集者的矛与弓箭，认为狩猎技术的提高和富含蛋白质的饮食导致牙齿和大脑的尺寸发生了变化。但是兰厄姆坚称，无论多少生肉（或其他生食）都不足以给现代的人科动物提供营养，更不用说推动它们的进化了。"完全吃生食，"他解释道，"你根本没时间从事狩猎这样的高风险活动。如果我们祖先的饮食像黑猩猩一样，那他们每天至少要花费 6 个小时围坐在一起咀嚼食物。"

会烹饪的类人猿理论不再强调肉类的重要性，从而提升了采集者的形象，他们采集的食物范围更广，从树根和蜂蜜到水果、坚果和种子。[8]"植物块茎也许是备选的食物，"兰厄姆沉思道，"但他们更偏爱他们能够找到的任何香浓的种子。"他说明了黑猩猩如何在森林大火之后找到被火烤过的缅茄树（*Afzelia* trees）豆子，以及在水果、坚果或蜂蜜高产季节放弃狩猎的普遍做法。然而，谷物何时变为主食这个问题仍然无法确定。它们有巨大的潜在热量，特别是经过烹制之后，但是需要高效的收割和大量的加工。需要更多的证据才能得出一个确定的答案，或者如兰厄姆所说，需要"考古学的支持"。不过，由于人们都在关注，因此这种支持几乎无处不在。

对于任何一个对早期人类社会感兴趣的人来说，近代狩猎—采集者的习性提供了非常宝贵的情况对比。[9]来自温暖气候地区的群体，40% 至 60% 的热量来自植物类食物。许多人依赖草籽，不仅仅限于小麦或稻米等我们熟悉的农作物的野生祖先。在澳大利亚，土著利用各种各样的草制作面包和粥，例如臂形草（arm millet）、黍（hairy panic）、岩蕨草（mulga grass）、龙爪茅（star grass）、黑麦草（ray grass）和画眉草（naked woollybutt）。居住在现为洛杉矶一带的美国土著，直到西班牙传教士时期都在收割加那利鹬草（canary grass），而它的近亲五月草（maygrass）在东部沿海地区为土著部落的饮食提供了淀粉。2 万多年以前，居住在加利利海（Sea of Galilee）附近的人们就使用石器研磨和加工野生大麦，10.5 万年以前在莫桑比克（Mozambique），人们也用相似的方式将高粱加工成食物。不过，最吸引人的古代谷物或许来自以色列的盖谢尔贝诺特雅各布遗址（Gesher Benot Ya'aqov），遗址中的迹象表明，生火和控制火的行为可以追溯到 79 万年以前。在那里，研究人员在刮削器和烧黑的燧石堆中发掘出了少量烧过的种子：针茅草（feather grass）、山羊草（goat grass）、野燕麦（wild oat）以及大麦。这个发现表明，直立人（*Homo erectus*）时期就出现了在炉火边烧制可食用谷物的行为，几十万年之后，我们人类这个物种才开始进化。[10]

假如理查德·兰厄姆是正确的，假如这种考古学的支持能够继续下去，我们也许会发现，通过食用烹熟的谷物获得的热量提升，在人类进化中起到了重要的作用。但是不管人类何时开始食用草籽，当我们安定下来进行农业耕作的时候，草籽就被确定为主粮了。然而在那时，我们的祖先放弃了岩蕨和画眉草，只选择了几个比较有发展前景的种类。叙利亚现代城市阿勒颇（Aleppo）附近的阿布胡赖拉丘（Tell Abu Hureyra）古代遗址是这种转变的最佳例证。狩猎—采集者最初随季节而建立的一个小村庄，经过很长一段时间之后，成了拥有 4000 至 6000 名永久居民的农业化城镇。每一个时期的活动都留下了清晰的记录，这些记录完好地保留在沉积物层和废墟层中。早期居民食用 250 多种不同的野生植物类食物，120 种是种子，其中至少有 34 种不同的草籽。不过，当人们开展固定的农业耕作时，食用的植物种类就缩减至小扁豆、鹰嘴豆和小麦、黑麦、大麦等少数几个品种。[11]

无论何时，无论何地，只要有农业革命，相似的模式就会出现：不再食用多种多样的野生食物，而改为食用几种主要谷物和其他农作物。除少数情况外，精挑细选出来的草具有几个共同的重要特征。它们是一年生植物，这种孤注一掷的生存策略鼓励植物将所有的资源用于生产种子。[12] 由于只有一个生长季可供生存和繁殖，一年生植物无须长出持久的茎和叶，但必须产出又大又多的种子以使自己成为吸引人的种植对象。事实上，随处可见的结大种子的一年生植物，或许恰恰预示了农业的出现。在世界上其种子较重的 56 种草中，32 种出现在新月沃土以及欧亚大陆的其他地中海沿岸地区（Mediterranean zone），那里是许多早期文明繁盛的地方。正如地理学家贾雷德·戴蒙德（Jared Diamond）所说："这一事实本身就对解释人类历史进程大有帮助。"[13]

戴蒙德认为，易于驯化的草的出现，使地中海沿岸地区具有了环境优势，有助于那里的人们发展早期的、优势的文明。非洲、澳洲和美洲的一些地区相对而言缺乏这些谷物，延迟了这些地区的农业发展，产生的严重后果极大地阻碍了这里的人们与欧洲和亚洲文化的交流。然而，不管这种转变是何时发生的，草与文明之间的根本联系从未消失。自从成了我们的基本饮食之后，谷物就完全融入了全世界的经济、传统、政治和日常生活。细究历史我们会发现，谷物是变革性事件的根源。

在罗马共和国（Roman Republic）后期，领导者们通过举办盛大的娱乐活动以及分发免费的或有补贴的小麦来安抚不满的民众，这是一种分散注意力的策略，古罗马诗人尤维纳利斯（Juvenal）称之为"面包与马戏"。谷物补贴的成文规定最早出现在盖约·格拉古（Gaius Gracchus）的《谷物法》（Grain Law）中，之后这项法规作为整个帝国的一个重要政治工具持续了数个世纪。国家虚构出一个象征粮食救济的女神——谷神（Annona）。她的形象常常被制作成雕像或出现在硬币上，拿着几捆小麦倚靠在船头，象征着谷物持续不断地进入首都。虽然历史学家们认为西罗马帝国的最终消亡有很多原因，从物价飞涨到领导者的心理健康缺陷，但没有人怀疑，谷物短缺加速了它的衰落。长期依赖

图 2.2 虚构出来的女神——谷神象征着政府每年赠予国民的礼物，是罗马早期的政治宣传手段之一。在来自公元 3 世纪的这些硬币上，谷神拿着几捆谷物和一个象征丰饶的山羊角。左图中，她的脚正倚靠在一艘驶进罗马的谷物船弯曲的船头上；右图中，她站在一个篮子旁边，篮子里装满了分发给人们的救济品。照片，2014 年，伊利亚·兹洛宾（Ilya Zlobin）。

从北非进口粮食的罗马，第一次看到埃及的粮食被转移到了君士坦丁堡（Constantinople），后来又在汪达尔人（Vandals）入侵迦太基（Carthage）的时候失去了其余的供给品。物价飞涨，在 4 世纪和 5 世纪期间，首都至少发生过 14 次争夺食物的大暴动和饥荒。公元 408 年，西哥特人（Visigoths）围攻罗马的时候，谷物救济削减了一半，然后又削减至三分之一，最终整个都城被占领。两位著名的历史学者曾经说过："面包，或者说面包的缺乏，最终毁灭了这个西方帝国。"[14]

　　14 世纪当黑死病（Black Death）在亚洲和欧洲肆虐的时候，陷入困境和恐慌的人们将它归咎于各种原因，从地震到痤疮。直到后来，流行病学家才发现，这种疾病来自栖居在普通黑鼠毛里的小跳蚤。[15] 但即使是这个发现也无法解释疫情的传播。毕竟，普通大鼠在整个生命过程中，从出生地出发，最多只能跑到几百码以外的地方，因此，这种疾病是如何在几年之内从中国传到印度和中东，并一直向北传到斯堪的纳维亚半岛（Scandinavia）的呢？答案不在于大鼠活动的范围，而在于它们的饮食。黑鼠几乎什么都吃，但它们依赖各种谷物健壮地成长，无论哪里只要有谷物，它们都会跟随而去。虽然大多数跳蚤只能存活几周时间，但大鼠毛里的跳蚤则能生存一年或一年以上，它们的幼虫也学会了吃谷物。因此，即使轮船的航行时间很长，所有染病的大鼠也许都会在航程中死亡，但它们身上的跳蚤存活了下来（跳蚤的幼虫在货舱里大快朵颐），随时准备在每一个停泊的港口传染新的大鼠和人。尽管考究的陆路商人会让他的商队远离鼠害，但仍然会有跳蚤安全地藏匿在谷物中。在最高峰时，疫情的快速传播表明，它一定是通过空气传播的——通过咳嗽和喷嚏直接在人体间传播。但历史学家们仍然相信，疫情是伴随着谷物贸易开始的，只有最遥远的闭塞之地以及波兰这样封锁边境的王国没有出现疫情。周期性的疫情爆发一直持续到 20 世纪，爆发的地区包括格拉斯哥（Glasgow）、利物浦（Liverpool）、悉尼（Sidney）和孟买（Bombay）——它们都是谷物贸易活跃的繁忙港口城市。

　　起义和暴动的历史也集中于草，因为谷物短缺常常是将怨恨不满转化为公开叛乱的导火索。4 世纪初的中国皇帝晋惠帝（公元 290—306 年在位）听人禀报说老百姓们没有饭吃，据说他问道："那么他们为什么不吃肉呢？"后来，晋惠帝在"五胡乱华"时失去了一半的领土。尽管历史学家们质疑玛丽·安托瓦内特（Marie Antoinette）是否曾经说过"让他们吃蛋糕"这句话，但没有人怀疑小麦和面包的短缺对于触发法国大革命、俄国革命以及影响了欧洲和拉丁美洲 50 个国家的1848 年革命（Spring of Nations，也称"民族之春"）起到了一定的作用。这种趋势一直持续到现在。在经历了高温热浪、洪水、火灾以及世界上最大的几个小麦生产国农作物歉收的第二年，"阿拉伯之春"（Arab Spring）革命浪潮首先在突尼斯（Tunisia）这个世界上小麦人均消费量最大的国家爆发，这并非巧合。2011 年，突尼斯的小麦进口量减少了近 20%，价格飙升，在革命爆发前几个月，整个国家蔓延着针对食物危机的骚乱。在利比亚、也门、叙利亚和埃及的反抗运动爆发之前也发生过针对谷物价格的抗议和骚乱，在埃及，"aish" 这个词即表示面包又表示生活。相比之下，阿尔及利亚政府积极应对食物危机，对谷物进行了大规模的投资，2011 年增加了 40% 的小麦进口量，平抑了价格，还建造了大型仓储设备储备粮食以抵御未来的粮食短缺。尽管整个地区依然持续动荡，尽管 2012 年的粮食骚乱使新埃及政府感到不安，但阿尔及利亚政权依然稳固。

　　当然，"阿拉伯之春"爆发的原因并不是单一的，但是小麦价格的基础作用完整地体现了谷物政治。阿布胡赖拉的狩猎—采集者们开始农业耕作的一万多年之后，他们参与培育的草继续推动着历史向前发展。采集者们留下了意义深远的传统。在新月沃土甚至全世界，谷物的获取对国家命运起到了微妙而广泛的作用：收成差的时候，政府的力量就会削弱。（狩猎者们留下来的传统并没有如此深远的意义。没有一个帝国会因为缺少羚羊而衰落。）但是，草籽对现代生活的影响并不需要通过一场革命或一次瘟疫才能体现。在收割期，对种植谷物的乡村进行一次走访，那生动的场景就能展现出草籽在我们文化中所扮演的角色。

　　"你现在看到的是 200 万蒲式耳（bushel）的软质小麦。"萨姆·怀特说。我们坐在他的敞篷小卡车后部，从一个堆得满满当当的大型建筑的门口朝里看。凉爽而干燥的空气飘过谷物的海洋，拂过我们的脸颊。我快速地计算了一下，每蒲式耳的价格在 9 美元上下，仅仅这一仓库谷物的批发价值就超过了 1800 万美元。加工成面粉并包装成每包 5 磅重

图 2.3　小麦（学名 *Tricetum* spp.）。由中东原生野草发展而来的小麦，现在在全世界的农耕土地中所占的面积超过了其他任何一种农作物。和其他可食用草类的单个籽粒一样——从大米和玉米到燕麦、小米和高粱——每一粒微小的小麦粒实际上都是一个完整的种子状果实，名为颖果。插图绘制，2014 年，苏珊娜·奥利芙。

的面粉袋后，它将为一个食品杂货店带来 1 亿多美元的销售额。如果将这些面粉烘焙成面包、椒盐脆饼干、家乐氏果酱馅饼干（Pop Tarts）、奥利奥饼干或者其他几千种以小麦为基本原料的产品之一，那么结账单上的数字还会更高。在萨姆把巨大的仓库卷门关上之前，我举起相机抓拍了一张照片，但没拍出效果。这些谷物看上去就像一堆沙子；看不出它有三层楼高，有两个足球场长。一张照片也无法说明整个地区分布着几百座库房和筒仓，每一座都塞得满满当当。

　　每一个在脆皮法式长棍面包上咬过一口的人，或每一个把意大利面条卷在叉子上的人都模糊地意识到，他们的餐食来源于一座农场。但是很少有人停下来思考田地与市场之间令人发怵的逻辑关系。萨姆谷仓里的谷物很值钱，不过大门上的挂锁几乎是多余的——毕竟，谁会偷走重达 6 万吨的东西呢？贮存、加工和移动这种规模的谷物需要基础设施，而我回到帕劳瑟正是为了了解这个由筒仓、卡车、道路、铁路、驳船和远洋货船组成的体系。

"现在所有小麦都在里面了，"当我们爬进萨姆的卡车时他告诉我，"大麦也在里面了。"为我担任一天向导的萨姆·怀特是太平洋西北农民合作社（Pacific Northwest Farmers Cooperative）的高级管理者，该合作社由 800 名种植者组成，他们在爱达荷州的小镇杰纳西（Genesee，人口有 955 人）和周边地区共同拥有 26 处仓储和加工设施。他从小开始就在田间耕作，但在大学毕业后转而从事商业方面的工作，在复杂的全球市场上销售帕劳瑟谷物已经超过了 20 年。萨姆长得健壮结实，有着浅棕色的头发和饱经风吹日晒的面孔，他很喜欢自己的工作：帮助当地农民将他们的农作物卖出最好的价格。这并非易事。"在我父亲那个年代，如果一年中每蒲式耳的价格有 2 美分的变化，那就是很大的事情了。现在，你每天都能看到 30 到 40 美分的价格浮动。"最重要的是，农民与他们辛勤栽培出来的农作物之间形成了牢固的纽带关系，感情因素往往会影响他们的商业意识。"说实话，"他说道，"如果他们的妻子能决定什么时候出售农作物，往往会更好。"

我们驾车驶出了小镇，道路两边是留有金黄色麦茬的田地以及收割机的轮胎痕迹。当我们经过熟悉的草原山眉时我笑了，它们粗犷的野草和灌木丛勾勒出山顶的外形，就像长着浓密叶子的圆括号。一场野火正在附近的比特鲁特山脉（Bitterroot Mountains）燃烧，烟雾与远处拖拉机扬起的灰尘混合在了一起。几个月都没下雨了，不过秋季的种植已经开始，到处都是刚刚犁过的田地——大片大片的黑土地等待着接收分配给它们的种子。萨姆告诉我耕种方法、肥料和农作物轮作方面的内容，接着又回到商业上来。"我们在这里种植的农作物，90% 以上最后会出现在亚洲。"他说。这个统计数据让我惊讶，但也很合理。因为尽管帕劳瑟完全位于内陆，距离海岸超过350英里（约563公里），但它距离一个海港只有几分钟的路程。

萨姆将卡车驶上了一条繁忙的公路，很快我们就开始往山下冲去。每年几百万吨帕劳瑟谷物沿着同一条路线，进入一处崖壁陡峭的峡谷，在这个峡谷中，克利尔沃特河（Clearwater River）在刘易斯顿城（Lewiston）汇入了蛇河（Snake River）。在那里，我们站在高高耸立的水泥筒仓以及一个悬吊在河面上的大型传送带下方。它在我们上方发出轰鸣声，沉着而连贯地将小麦投进一艘等待着的驳船货仓中。周围的空气中飘浮着金黄色的麸皮，在阳光下闪耀，然后落在平静的水面上成为漂浮物。

"需要三到四艘驳船才能拖一次！"萨姆用盖过噪音的声音喊道，接着他解释了谷物怎样一路经过蛇河和哥伦比亚河（Columbia rivers）到达太平洋。19世纪初，刘易斯（Lewis）与克拉克（Clark）也曾在同一条航线上行进，但是这些著名的探险家在这条航线上经历的是激流险滩，而现代轮船经过的是水闸和水坝以及一连串狭长的、直线形的湖泊。当记者布莱恩·哈登（Blaine Harden）在20世纪90年代中期乘坐一艘拖船开始航程的时候，他的船长曾经冷静地预言过："等你到达波特兰（Portland）的时候，你一定会感到无聊透顶。"[16]

蛇河上的大坝，以及大坝背后平静的湖泊，也许会使河流上的航行显得无趣。但它们也体现了谷物的政治力量。哥伦比亚河上的大坝提供了大规模的灌溉体系，并为这个地区生产了一半的电力，而在蛇河上，水利和水力发电则仅仅是一种锦上添花。为了运输货物，人们在刘易斯顿城下游地区建造了4座大坝，而从刘易斯顿城运出来的货物就是谷物。1945年，尽管背负着战争债务，美国国会仍然认为帕劳瑟小麦和大麦的运输是政府的头等大事。美国国会同意建造"必要的大坝"，开放蛇河下游来满足航运需要，这是一项规模很大的基础设施建设计划，这项建设计划持续了 30 年，按照现在的货币计算要花费 40 亿美元以上。[17] 在 1975 年的剪彩仪式上，爱达荷州州长塞西尔·安德勒斯（Cecil Andrus）站在刘易斯顿城的码头上，预言爱达荷州的新海港将会"通过国际贸易来丰富我们的日常生活"。后来的出口激增证明了他是正确的，也证明了小麦和大麦除了能让人们建造起大坝，还能做得更多：它们也能在千变万化的政治形势中保护大坝。

在州长发表演讲后几周之内，田纳西州（Tennessee）蜗牛鱼（snail darter）这样的稀有鱼类获得了当时刚刚通过的《濒危物种保护法案》（Endangered Species Act）的保护，全国的大坝建造工程都受到了影响。20 世纪 90 年代，爱达荷州也受到这个趋势的影响，因大坝和死水而大批死亡的 4 种蛇河鲑鱼和虹鳟都进入了濒危物种名单。随后发生的"鲑鱼大战"说明了谷物是如何继续主导国家政治的。拆除蛇河大坝成了渔业和环保团体的一个战斗口号，一时间似乎即将成为野生鲑鱼拯救行动的最终结果。但是，尽管拆除大坝的想法得到了法院判决的支持以及副总统阿尔·戈尔（Al Gore）等人的支持，但它还是渐渐淡出了人们的视线。相反，政府多花了几十亿美元用于建造鱼梯和鱼类孵化场，甚至转移鱼类，使它们绕过大坝。有时候，小鲑鱼们乘坐油罐卡车，但它们更常见的移动方式和谷物一样——坐驳船。

在刘易斯顿城和附近的几个社区，我们依然能看到"拯救我们的大坝"这样的标语，但是字迹已经模糊，似乎成了多余的东西。现在，事件双方的任何一方都不认为大坝会被拆除。当我就这个争论询问萨姆的时候，他只是简单地说："大坝仍然是我们运送产品的一个重要组成部分。"在我的印象中，萨姆是一个谦逊的人，但这也许是他当天最为轻描淡写的一句话：自从1975年安德勒斯州长剪彩之后，蛇河、哥伦比亚河运输网已经成为世界上第三大繁忙的谷物运输走廊。

尽管数十亿美元的大坝计划也许听上去很夸张，但政治家们不遗余力地支持种植、运输和销售我们都依赖的草籽已经不是第一次了。促使罗马人虚构出"免费小麦"的女神——谷神的经济和文化力量，现在依然促使全世界的政府持续进行谷物买卖。从俄罗斯和乌克兰到澳大利亚和阿根廷，由国家支持的企业在运输系统、出口终端以及产品补贴方面不断投入大量资金。在中国，这种做法至少可以回溯至公元前5世纪刚刚开凿中国大运河的时候，那是一条1104英里（约1777公里）长的航道，用于向都城源源不断地运送小麦和大米。无论任何时候，这件事都势在必行。按照农业游说者们的说辞，节省公路支出意味着路面上会多一些坑洞，削减农业支出则意味着人们没有饭吃。

帕劳瑟一天旅程即将结束的时候，萨姆和我经过杰纳西小镇边的一排谷仓，并来到了一个四周由金属搭建的建筑前，里面十分热闹。"你想看看鹰嘴（garbs）吗？"他问。

"当然想。"我回答道，我希望自己的理解是正确的，"鹰嘴"是业内人士称呼鹰嘴豆（garbanzo beans）的行话。

很快，我就站在了一座嘈杂的工厂里，不时躲避着装满豆类的叉车。我们看着鹰嘴豆在传送带上嘎嘎作响，经过清洗机和分拣机，最后落入一个电子眼，这个电子眼会发现一切瑕疵，并用一阵压缩空气吹走不合格的豆子。最后的产品被包装进一只只载重100磅（约45千克）的麻袋，麻袋上有"快船牌"（Clipper Brand）帆船纹饰，然后被装进在外等候的卡车。之后它将会向西到达西雅图和海洋另一边的亚洲港口，或者向东到达弗吉尼亚州的一个鹰嘴豆泥工厂。

"豆类是农作物轮作的重要组成部分，"当包装工厂的喧闹声消失在我们身后时，萨姆解释道，"大多数种植者会种植秋小麦和春小麦，然后种植许多小扁豆、鹰嘴或干豌豆。"轮作有助于控制害虫，但同样重要的是，豌豆和豆子将氮固于土壤之中，而这自然会为接下来种植的谷物提供肥料。草和豆类的这种搭配和农业一样历史悠久，无论在何处，人们驯化植物的时候总是反复使用这一方法。在新月沃土，鹰嘴豆、小扁豆和干豌豆都是与小麦和大麦一起发展的。在中国，早期种植水稻的农民后来又搭配种植了大豆、赤豆和绿豆。中美洲的玉米和斑豆搭配在一起，而非洲小米和高粱总是与豇豆和落花生密切合作。这种协同配合不仅仅是一个很好的种植方法，它还延伸到了人们的餐桌上，使得富含淀粉的谷物与富含蛋白质的豆类在味道和营养上完美地相互补充。读过素食食谱书第一页的人都知道，大米和豆子的组合，或者小扁豆和大麦色拉的组合都能提供"完全蛋白质"。[18]某一种特定的谷物中可能缺乏的基本营养素，一般都能在搭配的豆类中找到，反之亦然。不过谷物和豆类成分的显著差异也引出了有关种子生物学的基本问题。

既然草在自然界中如此成功，对人们如此有用，那么为种子装备富含淀粉的午餐显然是一个很不错的进化观点。因此，为什么不是所有的植物都这么做？为什么豆子和坚果以蛋白质和植物油的方式储藏能量？为什么一粒棕榈果仁含有50%以上的饱和脂肪？为什么荷荷巴（jojoba）的种子会滴落液态蜡？草的淀粉或许是人类的主食，但植物显然有许多其他方式为它们的种子以及为我们提供食物。令人感到愉快的是，探索种子中包裹的食物的最佳方式之一，就是去一次附近的糖果售货区。

第三章

有时候你像个疯子

The Triumph of Seeds

Sometimes You Feel Like a Nut

> 上帝给我们坚果，但没有打开它们。
>
> ——德国谚语

20世纪70年代末，彼得保罗制造公司（Peter Paul Manufacturing Company）将"快乐扁桃仁"（Almond Joy）糖果棒的建议零售价提高至25美分。尽管这个数与我当时每周的津贴一样多，但我从不后悔用这些工资购买广告歌中概述的这个"富含牛奶巧克力、椰子和香脆坚果"的甜食。那时，我从不曾想到，我未来的职业会出现这种令人羡慕的时刻：有机会作为一项业务支出购买我喜欢的糖果棒。当时我忽略的一个事实现在看来却很重要：从第一口咀嚼到的烤制扁桃仁，到耐嚼的香甜巧克力，再到最后的椰子，品尝一根快乐扁桃仁糖果棒，完全是基于种子的一次体验。我们很容易把快乐扁桃仁糖果棒与本杰明·富兰克林（Benjamin Franklin）形容啤酒的逻辑等同起来——"那是上帝爱我们的证明。"——不过它们的故事还不止于此。其中所包含的种子不仅口味好，还完美地展示了植物为后代装备午餐所使用的许多不可思议的方式。

现在，一根快乐扁桃仁糖果棒在我们本地杂货店中的售价为85美分，在售卖机上的售价超过1美元。但你仍觉得这些钱花得很值，因为每个包装中实际上含有两小块。这样一来，购买者有机会和朋友分享，或者留着以后再吃，尽管不清楚是否真有人这么做过。对我而言，有了两小块，我就能先吃一块，再留一块进行分析。切开糖果棒后就能从横切面看到，它的中心是碎椰子肉（来自一棵泛热带棕榈树），顶部是杏仁（来自亚洲的一棵蔷薇科树木），周围包裹着薄薄的一层巧克力［来自新大陆（New World）热带雨林的一棵小树］。我从每一层上刮了一些碎屑下来，备好一张显微镜载玻片，但是看了一眼我就知道，这些都不是糖果棒里面最主要的种子产物，最主要的是玉米糖浆，一种从草本植物——玉米的种子中提取的甜味剂，它常常被用来替代蔗糖（顺便一提，蔗糖也来自一种草本植物）。[1] 但是前一章内容已经告诉我们，草无处不在，它们满是淀粉的种子很容易被转换为糖。这根糖果棒的其余组成部分告诉我们，种子为什么形成了这么多储存能量的其他方式，以及我们为什么都应该为此感到庆幸。

牛奶巧克力涂层中包含可可油以及深色的、苦味的浆体，糖果制造者们称之为可可液、可可块或直接称之为巧克力。这两种产物直接源自成熟可可豆中的巨大子叶。用热压机挤压可可豆，它的一多半质量就会以可可脂的形式滴落，可可脂是一种拥有重要特征的脂肪，在室温下是固体，在 90 华氏度（32 摄氏度）以上是液体。由于一般人体温度为 98.6 华氏度，所以巧克力真的会在你口中融化。烘焙并研磨可可豆就会得到可可液，它可以与不同重量的可可脂、牛奶和甜味剂混合起来，为我们提供在任何备货充足的糖果售卖区都能买到的各种风味的巧克力。在成分表中，我还发现了另外一种熟悉的可可产物——可可粉，热压可可豆提取可可脂之后，剩下的干可可豆碎渣经过研磨就能得到可可粉。[2]

在野外，可可豆生长在一种喜阴的小型树木的肥厚豆荚里，这种树木原生于墨西哥南部、中美洲和亚马孙河流域的森林中。在哥斯达黎加寻找香豆树种子的时候，我常常会偶遇一片可可树林。站在调查样带上抬头看去，我会发现，突然间我的身边都是可可树的豆荚——这些奇怪的、葫芦状的果实从树干和树枝上直接长出来，颜色也是多种多样，有橘黄色、紫色、黄绿色和桃红色。难怪可可树吸引了玛雅人、阿兹台克人以及其他早期美洲人的注意力，他们从可可豆中开发出一种有兴奋剂作用的能量饮料，而他们对这个物种的崇敬体现在它的属名中，可可属（*Theobroma*），意思是"上帝的食物"。欧洲人和世界其他地区的人们经过了几个世纪才真正品尝到它的味道，但是现在，从危地马拉到加纳、多哥、马来西亚和斐济的任何地方都生长着可可树，全球巧克力的年销售额超过 1000 亿美元。德国人年均消费的可可豆超过 20 磅（约 9 千克），在英国，人们在糖果上的花费超过面包和茶叶。从生态学角度来说，拥有一个巨大而油腻的种子是很有道理的。和香豆树或牛油果一样，可可树的种子进化出能在黑暗的森林中发芽和生长的能力，而在黑暗的森林中，幼苗必须储备巨大能量才能生存。但是，我在可可种植园、植物学教科书或糖果棒中看到的一切，都不能解释为什么这种能量以脂肪而非淀粉的形式出现。

　　我的注意力转向快乐扁桃仁糖果棒成分表上标注的下一种原料——椰子肉，它来自世界上最大的种子之一。尽管任何一个对棕榈树和热带沙滩魂牵梦萦的人都熟悉椰子，但它其实很神秘。植物学家称它是"国际化的"，这是一个19世纪才开始使用的词，那时全球性的帝国和快速航运的出现使人们一下子有机会可以了解整个世界。对于一种植物来说，"国际化"几乎是最高的赞誉了：传播如此之广，如此成功，人们根本不清楚它来自何处。椰子树之所以取得了这样的成就，是因为它的果实起到了会漂浮的大块种子的功能。每一个有浮力的外壳都包围着一个拳头大小的果仁，这个果仁中只有一种富含营养的液体，热衷于保健食品的人们称之为"椰子水"。无论哪个品牌推广者创造了哪种说法，我们都不能责怪他回避了更为准确的、技术上的说法："非细胞型胚乳"（*acellular endosperm*）。[3]尽管"胚乳"这个词在广告中不那么朗朗上口，但我们不能低估它的市场潜力。当椰子树的种子成熟的时候，它的很多液体就会变硬，成为固体的胚乳，名为"椰干"（*copra*），这种为我们熟知的白色果肉不仅为糖果棒和奶油派增色不少，也为菲律宾炖菜、牙买加面包和南印度酸辣酱增添了风味。从果肉中挤出汁水，就得到了椰浆（coconut milk），它是整个热带沿海地区制作咖喱和酱汁的一种基本原料。只要简单加工，就能从椰干中榨出占本身重量一半多的椰子油，它是世界上五大植物油之一，也是一种常用添加剂，从人造奶油到防晒霜等各种产品都会用到它。

　　对于一位好莱坞布景师来说，用椰子作为道具布置热带环境的背景准没错。在电影《脱线家族》（*The Brady Bunch*）、《蝇王》（*Lord of the Flies*）等作品中它们被当作水杯使用，在电影《金刚》（*King Kong*）、

图 3.1　椰子。世界上最大的种子之一，提供包括从解渴的饮料到食用油、护肤品和驱蚊剂等各种产品。洋流和人们将它们传播到整个热带沿海地区，这个物种的起源依然是个谜。插图绘制，2014 年，苏珊娜·奥利芙。

《南太平洋》（*South Pacific*）以及由埃尔维斯·普雷斯利（Elvis Presley）主演的风靡一时的《蓝色夏威夷》（*Blue Hawaii*）等作品中它们变成了胸罩罩杯的样子。20 世纪 60 年代的情景喜剧《盖里甘的岛》（*Gilligan's Island*）中有一个教授的角色，他用椰子制作出了很有用的物品，比如充电器和一个测谎器。他的发明似乎并不夸张，因为用椰子能制作出很多真实的产品，包括纽扣、肥皂、炭笔、盆栽土、绳子、布料、钓鱼线、地垫、乐器和驱蚊剂。由于椰子用途广泛，因此马来西亚的岛民称椰子树为"有一千种用途的树"，而在菲律宾的一些地方，椰子树直接被称为"生命之树"。但是，就精巧程度而言，种子本身奇特的生态系统是任何东西都无法比拟的。

当一颗成熟的椰子从树上掉落下来的时候，它总是会砸到沙滩上。野生椰子树耐盐、耐热，适应流动的土壤，这些特质帮助它们在热带海滩边茁壮成长，而潮汐和风暴则会定期地将它们的种子带入海洋中。一旦漂浮在海面上，一颗椰子至少可以存活三个月，它会乘风破浪地漂浮几百英里，甚至可能是几千英里。[4] 在此期间，胚乳继续凝固，但仍有足够的椰子水帮助种子在冲上了干燥的沙滩后萌芽。有了液态的胚乳保持内部湿润，有了富含植物油的椰干提供能量，一只幼小的椰子可以在没有任何外界资源的帮助下连续生长几周时间。在热带地区的市场上，我们常常能看到有人将发了芽的椰子作为苗木销售，这些苗木上新生的树叶已经有几英尺高了。

椰子树的水上适应能力使它与众不同，但这依然没有解释为什么它的种子需要如此丰富而油腻的午餐。毕竟，如果把淀粉或可可脂装进那个巨大的纤维状果壳里，它们也能漂浮起来。在研究扁桃仁的过程中，我也很快发现了同样的基本问题。中亚地区的桃树、杏树和李树的一种近亲经过驯化成了扁桃树，它最初被带到了地中海地区，之后遍布了全世界。[5] 人们喜欢它与众不同的味道和营养价值，因为除了植物油之外，扁桃树种子还将 20% 以上的能量储存为纯粹蛋白质。但为什么呢？是什么推动种子进化出如此多样的营养策略？显然，在我吃剩下的快乐扁桃仁糖果棒中，我找不到这个问题的答案。尽管我不需要任何人帮我吃糖果棒，但很显然，现在我需要有人帮助我了解种子的生命机理。我决定，是时候联系那个人了，他的名字一次次地出现在我的研究中，不止一位专家曾经称他为种子世界的"神"。

"那个问题？"他笑着说，"我总是在博士生资格考试中问那个问题。至今为止还没有人回答出来！"

　　曾任卡尔加里大学（University of Calgary）植物学教授、现任圭尔夫大学（University of Guelph）植物学教授的德里克·比利 40 多年来一直在用种子问题难倒学生。对我们来说幸运的是，他自己的研究为我们提供了很多答案。从生长、休眠到萌芽，比利实验室对种子生物学的各个方面进行了研究。不过，尽管取得了这么多的学术成就，他告诉我，他的事业是令他意想不到的。

　　"我们以前生活的地方没有绿色，"比利一边回忆他在英国兰开夏郡（Lancashire）"古老而肮脏的烟雾之城"普雷斯顿市（Preston）度过的童年时光，一边解释道，"我们居住的是你们所说的联排房屋。房子前面没有院子，后面只有几块混凝土连接到一条小巷上。"假如比利的祖父没有迁居到乡下，比利的生活也许会大不相同，他的祖父在乡下种植番茄，繁育获过奖的菊花和大丽花。看望祖父、给祖父的花房浇水成了比利"作为孩子的最大乐趣"。这种乐趣点燃了他对世界上的绿色植物以及生长出绿色植物的种子的热情。那份热情让他创造出几百篇研究论文和 4 本著作，其中包括 7 磅重的、多达 800 页的《种子百科全书》（Encyclopedia of Seeds），在我自己的研究中，这本书也一直陪伴着我。我知道我找对了人，但在与他通话的几分钟之内我也意识到，我想要得到的答案并不简单。

　　"这种进化似乎并没有逻辑。"一开始他就告诉我，淀粉、油、脂肪、蛋白质和其他能量策略在植物王国中似乎是随机分布的。这些策略的进化程度相差无几，因为最近进化出来的许多物种，有着与古老物种相同的储藏能量的基本方式。更为复杂的是，种子通常含有几种不同的能量，母株会根据降水量、土壤肥力或其他生长条件的不同而改变能量的比例。生长环境相似或者生长过程相似的植物也并不一定依赖相同的策略。众所周知，草籽富含淀粉，但是庄稼地里最常见的野草是一种叫作油菜的一年生芥菜，它的小种子可以产出大量的加拿大低酸菜籽油（canola oil，像"椰子水"一样，"加拿大低酸油菜"这个名称是为了品牌推广而创造出来的。大概没有人认为一种叫作"菜籽油"的产品销路会很好吧。）[6]

"有一个普遍的原则，"最后他承认，"在重量相同的情况下，储存油和脂肪的种子拥有的能量最大。从脂类中获得的能量比从一大堆淀粉中获得的要多。"他也告诉我，种子通常在萌芽之后才能获得这种能量。大多数种类的种子会准备足够的糖分以触发胚胎的生长，然后开始更为复杂的获取储备能量的过程。淀粉能够相对容易地转换成糖分，但要将蛋白质、脂肪或油转换成一种对细胞活动有帮助的形式，则需要经过一系列的过程。我们身体的工作方式也是这样，因此你能看到，铁人三项的参赛者会大口吞下香蕉、谷物棒，甚至是果酱三明治，而不是大块的培根或几杯橄榄油。就种子进化而言，这种方式着重于新发芽的植物及其生长条件所需的资源。然而，尽管那可以解释像可可豆和扁桃仁这样生长在森林里的种子，为什么利用脂肪和油在树荫下为自身生长提供缓慢而稳定的营养，但它无法解释开阔田野中的芥菜种子为什么利用完全相同的物质进行快速生长。"也有例外。"我们正在通电话，但我几乎能看到比利正在摇头，"凡事总有例外。"

英国物理学家威廉·劳伦斯·布拉格（William Lawrence Bragg）曾经说过，科学不在于获得新的事实，而在于"发现新的思维方式"。与德里克·比利的交谈解决了我提出的有关种子能量学的问题，他并没有告诉我新的信息，而是提醒了我一个有关进化本身的重要而基本的事实。查尔斯·达尔文曾经写过这样的内容："人类上升到有机生物体系的最高点后……感到一丝骄傲也是情有可原的。"这种说法符合当时的时代，那时，任何一位体面的维多利亚时代（Victorian）绅士都很自然地认为，体面的维多利亚时代绅士处于进化阶梯的最高一层。问题在于，进化阶梯和最高点的概念，说明的是一种趋于完美概念的方向性过程。当然，达尔文对进化有着更为细致入微的理解，但这种概念在大众的认知中根深蒂固，也出现在漫画、通俗的叙述甚至严肃的学术作品中。尽管身边有很多直接证据证实情况是相反的，但人们还是会不自觉地想起这种概念。如果进化朝着单一方向发展，那么我们该如何解释生物多样性——2万种不同的草，3.5万种蟋蟀，多种多样的鸭子、杜鹃花、寄居蟹、蠓虫和黄莺？为什么地球上最古老的生命形式，细菌和古生菌，比其他所有物种加起来都更为多样和多产呢？如果时间充裕，进化更有可能给我们提供多种多样的解决方式，而非一种理想的形式。

我的错误在于，我以为种子已经完善出储存能量的"最佳"方式了。我原本以为，经过自然选择，许多种可能性都被淘汰了，只留下一种、至多几种策略，每一种策略都适应一个特定的环境（森林、田野、沙漠等）。而现实情况要复杂得多，也有趣得多，就像进化本身一样——是展现所有可能性的一个优雅而永无止境的过程。就像种子可以在不同的部位（子叶、胚乳、外胚乳等）装备它们的午餐一样，能量也可以有很多形式。如果它们只能提供淀粉，毫无疑问，种子在自然界中仍然会很成功，我们也仍然会把它们作为我们依赖的主食。但如果没有油、脂肪、植物蜡、蛋白质和其他能量，种子的用途就不会如此广泛，它们也就无法在这么多陆地生态系统中占主导地位了。人们将无法从豌豆、豆子和坚果中获取全世界超过45%的蛋白质。我

图 3.2　1881 年 12 月 6 日《笨拙》（*Punch*）杂志上的这幅滑稽漫画作品中，达尔文正在一旁观看。名为"人就是一条虫子"的这幅作品，呈现了一个人类形式螺旋上升的进化过程，从虫子到猴子再到人们认为的进化顶点，一位戴大礼帽的维多利亚时代绅士。维基共享资源。

们也无法享用油炸食物，在油毡地上走路，为我们的房子刷漆，给火箭和赛车引擎加润滑油，或者惊叹于维梅尔（Vermeer）、伦勃朗（Rembrandt）、雷诺阿（Renoir）、凡·高（van Gogh）和莫奈（Monet）的艺术作品。所有这些活动都依赖种子中的油。就连种子中最不常见的能量来源，对人类来说都具有宝贵的用途。南美洲的象牙棕榈装备午餐的方式是增加胚乳内部细胞壁的厚度，有时细胞壁甚至将细胞内的活性物质挤了出来。因此它的种子非常坚硬，可以被切割打磨成纽扣和首饰，雕刻塑像，或代替真象牙用于生产棋子、骰子、梳子、拆信刀、装饰手柄以及精致的乐器。[7]

"成功本身就是一个终点。"比利告诉我。进化的不断循环确保种子形成新的策略，凡是能发挥作用的都有可能出现。奇怪的是，这一点让我再次想起快乐扁桃仁糖果棒，以及最初让我对它们着迷的那朗朗上口的广告歌："有时候你像个疯子，有时候你不像。"在广告中，"疯疯癫癫的"人一边跳伞或骑马倒退，一边吃着快乐扁桃仁糖果棒，交替出现一些刻板类型的人吃着芒兹（Mounds）糖果棒，这种糖果棒与前者几乎一样，只是少了扁桃仁。这些广告画面加上那种被神经学家奥利弗·萨克斯（Oliver Sacks）称为"脑虫"（brain worm）[8]的令人难以抗拒的曲调，推动了快乐扁桃仁糖果棒和芒兹糖果棒的销量，使它们位于美国糖果销量前列。但它们也为我们提供了有关进化的重要一课。为了满足甜食爱好者，通过调整食品配方，商家可以推出不止一种的成功产品。同样，为了给幼苗提供营养，也有很多种可能的解决方式，而进化就像巧克力工厂里富有创造力的主厨一样，最终它会找到这些解决方式。

在结束快乐扁桃仁糖果棒实验之前，我浏览了一下成分表上的辅料，又注意到两个值得一提的种子产品：大豆中的卵磷脂以及蓖麻籽中的聚甘油蓖麻醇酯（PGPR，polyglycerol polyricinoleate）。[9]它们都是种子内部储存脂肪的衍生物，卵磷脂在调动能量储备方面起到了重要作用。将它们添加到巧克力棒中，能够使巧克力口感顺滑，并起到乳化剂的作用，使糖微粒悬浮在可可脂中。大豆卵磷脂也出现在其他各种产品中，从人造奶油、冰冻比萨饼到沥青、陶瓷和不粘喷雾油。人们甚至将它作为保护心血管健康的营养品食用，被宣传为一种降低胆固醇的纯天然方式。

在乳化剂之后，整个成分表的最后列出了几种防腐剂、焦糖色素以及有关过敏原的警示，但我还是没看到我正在寻找的最后一种种子产物。为了找到它，我需要将注意力从我的糖果棒转向它的一个副产品：由布雷耶冰激凌公司（Breyer's Ice Cream Company）制造的、注册商标为"快乐扁桃仁乳糖椰子冰激凌"（Almond Joy Fudge-and-Coconut-Swirl）的产品。在它的成分表上，与脱脂奶和人造香料标注在一起的，是瓜尔胶（guar gum），这种提取物具有奇特的性质，能够影响冰激凌的质地、无麸质面包以及印度北部的摩托车价格。或许它比其他任何例子都能更好地展示种子储存能量的多样性，以及它们触及我们生活的令人意想不到的方式。

瓜尔胶来自一种外形杂乱的、主要生长在印度"沙漠之州"拉贾斯坦邦（Rajasthan）的瓜尔豆（cluster bean）。植物学家将它归类为含胚乳豆类（endospermic legumes）植物，这个种类的植物很少，它们的种子不像我们所知的豆子、花生和其他豆科植物那样拥有巨大的子叶。相反，瓜尔豆的种子将能量储存在富含高度支化的碳水化合物的胚乳中。在化学教科书里的示意图中，那些分子看上去就像伦敦地铁的线路图，但对于生长在拉贾斯坦邦沙漠的瓜尔豆幼苗来说，它们是一种简单而基本的适应性改变。

"这些组织起到了双重作用，"德里克·比利告诉我，"首先，它们可以被分解为食物，成为可供植物生长的葡萄糖。但它们还形成了一种包围着胚胎的、起到保护作用的湿润层。"他向我解释了瓜尔豆种子内部的支化分子是如何拥有一种惊人的抓水和储水能力的。对于瓜尔豆这样的沙漠植物而言，这种技巧将每一次罕见而珍贵的暴雨都转化为一次至关重要的萌芽机会。这是一种经历了多次进化的习性——槐豆（locust bean）能做到，葫芦巴（fenugreek）也可以——但都出现在气候干燥的地方。

拉贾斯坦邦的农民们种植瓜尔豆已有几千年，他们将它用作家畜的饲料，偶尔将绿色的豆荚用来烧菜。但是当人们意识到，瓜尔豆种子中的瓜尔胶作为食物增稠剂效果是淀粉的 8 倍时，瓜尔豆的命运改变了。[10] 经过萃取和净化，不久之后，瓜尔胶就出现在各种产品中，从我的快乐扁桃仁冰激凌到番茄酱、酸奶和即食燕麦片。到了 2000 年，用于食品工业的印度瓜尔豆出口量达到 2.8 亿美元，而未来的出口量仍会激增。

"水力压裂"（fracking）这个术语指的是一种获取油和天然气的过程，在工业中全称为"高压水力压裂法"（hydraulic fracturing）。这个过程包括在地面钻孔，一直钻至基岩层，利用增压液体压裂岩石，并使富含油气的裂缝保持开裂状态。当人们从经过水力压裂的油井中向外抽泵的时候，宝贵的碳氢化合物就会随之泵出。在过去 10 年中，这个曾经鲜为人知的技术已经发展成为一个价值数十亿美元的全球项目，开发了大量全新的页岩油气矿和煤层气矿。经济学家预计，它将有效地终止北美对国外石油的依赖，从根本上改变世界能源市场。据粗略估计，仅美国一个国家的钻探企业，如今每年用水力压裂法钻探的油井就达到 3.5 万个。钻探者向每一口油井泵入几百万加仑的压裂液（fracking fluid），这是一种含有水、沙子、酸和化学品的黏稠混合物，将它们黏合在一起的只有一种物质：瓜尔胶。

在拉贾斯坦邦，仅仅几年之内，瓜尔豆的批发价就上涨了 15 倍以上，有时候每周都会翻一倍。曾经用瓜尔豆喂牛的勉强维生的农民们突然发现，他们卖瓜尔豆的钱足够买一台电视机了，接着又能买一辆摩托车了。现在，很多农民都在建造新房子或带着全家出国度假。2011 年和 2012 年发生的瓜尔豆短缺导致北美几家钻探企业关闭，石油巨头哈里伯顿公司（Halliburton Corporation）曾警示股东们，瓜尔豆价格目前占水力压裂成本的近三分之一，并将"超出预期地影响公司第二季度的利润"，当周公司股价就下跌了近 10%。紧缩的供应和飙升的价格迫使很多食品工业企业到别处寻找增稠剂。不出所料，它们在其他干旱国家"含胚乳的"豆类种子中找到了替代品，包括长豆角（carob，来自地中海地区的一种槐树）、刺云实（tara，来自秘鲁沿海地区的一种灌木）以及肉桂（cassia，来自中国的决明子）。这三个品种的好运——以及它们种植者的财富——将会在瓜尔豆热潮的裙摆效应下激增。

任何一位圣贤都不太可能预见到，磨碎瓜尔豆种子并将它们泵入地下将会创造大量财富。就连 2007 年的印度农作物报告，都没有把高压水力压裂法列为一个潜在的市场。瓜尔豆的故事，说明了种子进化中的革新能够推动种子用途上的革新。从一粒瓜尔豆的储水能力中我们获得了一种工业增稠剂，突然之间，我们开始利用种子能量提取化石能量。对于石油工业来说，它象征着某种意义上的回归，因为世界上产量最大的水力压裂工地位于宾夕法尼亚州，而最早在商业上取得成功的油井就是 1859 年时在那里钻探的。对于种子来说，在宾夕法尼亚州丘陵起伏的乡村下方钻探，标志着一种更为久远的回归。

如果高压水力压裂法的目标是化石而不是碳氢化合物，那么开采宾夕法尼亚州马塞卢斯页岩（Marcellus Shale）的油井会间歇性地喷出小蜗牛和蚌壳。不过，它们开采不到任何一粒种子。因为那些岩石是在一片没有植物的海床上形成的，它们形成的时间比种子开始进化还要早几百万年。像其他新的适应性改变一样，种子一开始是个怪东西，是一场大戏中微不足道的小演员。它们出现在石炭纪（Carboniferous，3.6亿—2.86亿年前）早期，在那个时期，大多数植物通过孢子（spore）进行繁殖。我们了解那些孢子植物的最佳方式是研究它们的遗留之物：广袤的沼泽森林被石化成了被称为煤的有光泽的黑色岩石。在宾夕法尼亚州，位于年代较近的岩石中的煤矿直接覆盖在页岩之上，形成了一个很厚的岩层，它为美国的工业革命提供了燃料，也促使地质学家们将整个时期命名为"宾夕法尼亚纪"（Pennsylvanian）以表达对它的敬意。[11] 想要一瞥种子的进化过程，钻探者只需钻探较浅处的油井，在残渣中戳戳弄弄。

矿工们一直知道，他们生活在化石的世界里，但科学家们也开始有了这样的认识。最近，古植物学家团队——化石植物的专家们——已经开始对古老的矿井进行勘探和测绘，重新定义我们对种子进化方式和进化地点的认识。他们已经意识到，了解石炭纪生态系统的最佳方式就是步行穿过这样一个生态系统，而唯一可以实现的地方就在一座煤矿中。

种子的结合

Seeds Unite

科学的原理和法则并不显露在
自然表面，它们隐匿着，
必须用一种能动的和苦心的
探究技术从自然界中夺取过来。

——约翰·杜威（John Dewey），
《哲学的改造》（*Reconstruction in Philosophy*，1920）

第四章

卷柏掌握的技能

The Triumph of Seeds

What the Spike Moss Knows

> 形成单一煤层所需的大量植物残骸使人们相信，石炭纪时期的植被比地球历史上任何一个时期的植被都更为丰富和茂盛，这些植被在炎热多云的气候条件下生长在大范围的沼泽地中。
>
> ——爱德华·威尔伯·贝里（Edward Wilbur Berry），
>
> 《古植物学》（*Paleobotany*，1920）

"把你带进一座煤矿几乎是不可能的。"比尔·迪米凯莱说道。他所说的正是我最不愿意听到的话。"因为安全法规问题和全球气候变暖问题，煤炭企业受到了双重指责。"他解释道。这些企业并不欢迎他的团队中出现新面孔，尤其不欢迎喜欢追问、会写书的生物学家。

我想要漫步穿越一座石炭纪森林的希望破灭了，但我无法质疑比尔的判断。作为史密森尼博物馆（Smithsonian）化石植物的负责人，多年以来，他带领团队进入煤矿进行调查。比尔与来自不同高校和政府机构的同人一起，发现了伊利诺伊州（Illinois）有一条长 100 英里（约 160 公里）的古代河谷，河谷森林的每一处细节都完美地保存在煤矿顶部的岩石上。"我们只需抬起头，为这些植物绘制分布地图，"他告诉我，"看看哪种植物在哪里生长。"他的话听上去很简单，但是浮现在那些地图上的森林可并不简单。事实上，它重新定义了种子进化的背景。他继续说下去，对我来说有一个好消息，那就是在地表上也有很多地方能够看到一些与之相同的化石。"告诉我你的想法，"他说道，"我帮你问问。"

六个月之后，在一座沙漠峡谷的底部，我站在比尔身边，看着几十位来自世界各地的古生物学家沿着斜坡向上攀登，目标是岩石上的一处深色裂缝。"对于一个来自新墨西哥州（New Mexico）的人来说，这只是一个煤层。"他笑着说。不过，尽管它的规模无法与他在伊利诺伊州发现的煤矿相比，暴露在岩壁上那薄薄的矿层还是在某一方面与之极为相似：它们都是碳化了的古代沼泽森林遗迹，森林中美丽的植物样本都保存在周边的岩石中。

很快，随着人们到达煤层并开始挖掘，整个峡谷回荡着锤子敲打岩石的声音。那天正好是一次研讨古生物学家所称的"石炭纪／二叠纪（Carboniferous / Permian Transition）过渡期"会议的第一天，这是地球历史上的一个关键时期，气候突然之间从炎热、潮湿变为干燥、多变。专家们传统上认为，这是种子的一个胜利时刻。巨大的木贼类植物以及遍布在石炭纪沼泽中的其他孢子植物都依赖于温暖而湿润的环境。它们无法适应二叠纪变化无常的气候，这给种子植物提供了扩散繁殖的机会，它们超越了孢子植物，成为地球上主要的植物群。这是个美好的故事，但是对于比尔以及越来越多的专家来说，只有一个问题：这种说法完全是错误的。没有人否认孢子植物在二叠纪时数量有所减少，但是种子的真正胜利也许在这之前很久就已经出现了。

"以前我常常去野外，期待某种事情发生，"他告诉我，并向我说明了教科书上的知识如何使人们的思想有了先入为主的概念，"现在，我去野外寻找。我发现，只要挖个洞，看看我发现了什么，这样做更有成效。"作为史密森尼博物院的一名古生物学家，比尔·迪米凯莱在30年中挖了很多洞。身着卡其布马甲、头戴棒球帽的他显得结实而健壮，在新墨西哥州的挖掘现场，他走来走去，由于经验丰富，他的效率很高，他很少挥动锤子，却总是对一个新发现评头论足。"伙计们你们挖到了，嘿。"我一度听他喊道，"你们挖到了！"比尔保持着属于一位年轻科学家的热情，但是与他交谈了几个小时之后，我了解到在他漫长的职业生涯背后真正支撑他的东西：永不满足的好奇心。对于我问的每一个问题，他似乎都有几十个自己的问题。这些问题不断迸发出来，充满了能将旧思想冲刷干净的新想法。就像野外的任何一位古生物学家一样，他通过移动大量岩石发现了许多新知识。

这种方式让比尔发现了伊利诺伊州这座煤矿里的新情况。煤矿中大部分森林遗迹看上去就像一座典型的石炭纪森林，遍布着树木一般大小、与现代木贼类植物和石松类植物关系密切的孢子植物。只要沿着古代岩层向上，即使只是向上一点点，他和他的同事就能看到更多种子植物化石。他们在更高处的斜坡上遇到一条满是植物残渣的边渠，那是一堆松柏植物。没有人怀疑孢子植物在煤炭森林中的优势地位，但石炭纪地貌中只有小部分是沼泽。在山坡和高山这样的高地生长着什么呢？

"嘿，比尔！"有人喊道，这个人挥手示意我们注意斜坡底部的一块厚岩石。我来到新墨西哥州最想看到的内容都汇总地呈现在那块石头

图 4.1　这些来自新墨西哥州煤层的化石概括了远古时期孢子和种子之间的斗争。它们展现了一棵名为芦木的巨大木贼类植物的茎部生长在一棵早期的种子蕨的茎部旁边。这两种植物在石炭纪巨大的湿地森林中并列生长在一起。照片，2013 年，索尔·汉森。

上了。"很好，斯科特。"比尔俯下身子边仔细看边说。（尽管参加会议的人来自相距很远的地方，比如中国、俄罗斯、巴西、乌拉圭和捷克共和国，但是石炭纪／二叠纪专家们的世界很小，他们互相之间几乎都直呼其名。）这块石头恰好从中间一分为二，呈现出肩并肩排列的两种植物茎部的镜像——一棵芦木（*Calamites*）属的巨大木贼类植物，以及一棵早期的结种子的植物，名为"种子蕨"（*pteridosperm*, seed fern）。芦木的轮廓十分明显，它深色的脊和沟就像现代木贼类植物按比例增大的茎秆。种子蕨的树干看上去就像蜥蜴皮，在黄褐色岩石表面的映衬下，显现出鳞片状的黑色和橙黄色。这两种物种都早已灭绝了，但对我来说，看到它们一起出现的景象，仿佛让我看到了远古时期孢子和种子之间的斗争。

我抓拍了一张照片，然后摸索着爬上山坡，加入了搜寻小组。煤层上的崖面能够很容易地被敲碎，很快，我就找到了化石——几棵蕨类植物和木贼类植物，但大多数是杂乱而无法辨认的树叶、茎秆和锥形的树枝。古生物学家们在我周围兴奋地工作和交谈着。我眼里看到的只是灰尘和杂乱，但我知道，他们眼中正在重现一个古代世界。我试图将芦木和种子蕨想象为有生命的植物，我的脑海里立即浮现出教科书上有关石炭纪的图像：一片雾气重重的沼泽地，覆盖着巨大的、顶部长满苔藓的树木，就像苏斯博士（Dr. Seuss）图书中的某些场景，沼泽地中居住着像马一样大、类似蝾螈的两栖动物。这是一个连恐龙都尚未出现的时期，更不用说哺乳动物和鸟类这些我们更为熟悉的生物了。蜻蜓和一些蜘蛛出现了，但蚂蚁、甲壳虫、大黄蜂或苍蝇还没出现。尽管没有蚊子的沼泽地听上去很吸引人，但缺少了某些东西的森林会显得很奇怪。然后我想到，如果比尔是对的，那么石炭纪的地貌可能看上去更像发源地。

"它应该叫松柏纪（Coniferous）！"在我们的一次交谈过程中他突然喊道，"现在的证据的确显示，煤炭是次要元素。"当比尔的团队开始质疑传统认识的时候，他们也看到了一种隐藏的植物群吸引人的迹象，这个群落由松柏植物以及生活在高于沼泽地的山坡上的其他种子植物组成。尽管这种森林也许覆盖了除潮湿地带的所有地方，但它几乎没有留下任何线索——只有偶尔出现的、从高处被冲刷下来的树叶和树

图 4.2 一座石炭纪煤炭森林的典型景象，展现了一个以蕨类植物、木贼类植物和其他孢子植物为主、有很多沼泽地的世界。现在有证据显示，世界上只有小部分地区是潮湿炎热的，而松柏植物和其他种子植物在广阔的高地生境占据了主要地位。佚名 [《我们的原生蕨类植物及其盟友》(*Our Native Ferns and Their Allies*)，1894]，插图由艾丽斯·普里克特 (Alice Prickett) 提供，技术顾问汤姆·菲利普斯 (Tom Phillips)，伊利诺伊大学厄巴纳 – 香槟分校 (UNIVERSITY OF ILLINOIS, URBANA-CHAMPAIGN)。

枝。"陆生植物 (terrestrial plants) 有一个问题，"他解释道，"它们无法很好地保存下来。"形成完好的化石需要颗粒细小的沉积物和水，这些要素在以孢子植物为主的沼泽地中很普遍，但在其他地方很罕见。因此，巨大的木贼类植物和石松类植物或许在石炭纪化石记录中占据了主要地位，但那并不意味着它们在石炭纪中占据主要地位。

新的气候研究也佐证了这个情况，否认了石炭纪是一个只有炎热潮湿天气的单调时代这种刻板印象。相反，这个时代在湿热难耐的气候与冰川气候之间反复地转换。煤炭只在最潮湿的时期堆积，而潮湿的时期会被漫长而干燥的时期中断，那时种子植物就会覆盖更广阔的地域。以这种观点来看，孢子植物不再具有重要的地位，而变成一个相对异常的现象——在地理学和持续时间方面都是次要角色。但因为它们生长在沼泽地中，所以它们留下了数量巨大的、不成比例的、最终误导了人们的众多化石——这就是古生物学家所说的"埋存偏好"（*preservation bias*）。

"索尔在哪儿？"我听到有人喊，"捷克人找到了一些种子！"我和这个团队在一起才半天时间，但几乎每个人都知道我所从事的工作，而刚刚出现在现场的我就在这个直呼其名俱乐部里有了一席之地。随行领队走过来，递给我一小块石头，上面分布着黑色的痕迹。透过我的手持透镜，它们看上去就像被薄膜包围的西瓜子。我问比尔它们是什么，但他只是耸了耸肩说："你最好就叫它们带翅膀的种子。"化石种子很少有名字，他解释道，因为人们发现它们的时候，几乎从来没有发现过它们的母株。那天的晚些时候，当我在阿尔布开克（Albuquerque）的新墨西哥州自然历史科学博物馆（New Mexico Museum of Natural History and Science）里凝视那些放在托盘里的化石的时候，我明白了他的意思。那里有几十年间收集而来的大量种子，标签上标注着："种子？""胚珠（ovule）？""部分球果？"或"未知子实体"。有一个很出名的例子，一棵众所周知的古代植物的"种子"最后被发现是一只千足虫（millipede）的化石碎片。

"老兄，我希望有人研究古代种子，"后来在会议的社交时间里（一间满是化石的仓库里提供葡萄酒、啤酒和餐前小食），一位博物馆负责人告诉我，"我们有一粒看着像芒果核的种子，却像帆船一样有个巨大的龙骨，外面还覆盖着毛。什么样的植物会结出这样的东西？！"

我完全同意。研究古代种子将会开启一扇窗，通往比尔所说的隐藏起来的植物群。毕竟，对于博物馆里的每一粒不知名的种子来说，一定都有一棵长在高于沼泽地的山坡上的种子植物，让它的后代掉落到了下面的污泥中。而且，在这些种子出现的时期，它们所有的关键特征也正在进化——营养、传播、休眠、防御。对于种子生物学家而言，比尔的理论中最令人激动的一方面，就是它对了解种子进化的贡献。

传统观点认为，种子出现在石炭纪初期，甚至可能更早。接着，在超过 7500 万年间，没有发生什么特别的情况。人们必须承认，种子植物虽然有很多优势，但在二叠纪气候变化之前，它们只能在煤炭沼泽中勉强维生。这种说法仍未解决两个显而易见的问题：首先，如果种子代表了一种如此巨大而成功的进化改变，那么为什么它们在这么长的时间里仍然微不足道呢？其次，如果像营养、防御和休眠这样的种子特征很适应干燥的、季节性的气候，那么它们在沼泽地里怎样进化呢？将种子进化地点重新定位到高地之后，这些问题就不存在了。突然间，种子策略成了一种合乎常理的适应性改变，早期的革新者得以在大片空闲的栖息地上生长。现在，比尔以及他越来越多的同事认为，种子植物在石炭纪中占据了主要地位，散布并繁殖成为各种各样的形式，化石记录对此只有少许暗示。种子植物在二叠纪的"迅速"兴起终于能说得通了。当气候保持永久干燥之后，种子植物很快占了上风，原因就是：它们早就在那儿了。

"我真的花了很长时间来拼接这些碎片。"比尔告诉我，他强调了他的很多合作者的功劳。但是推翻科学上的固有观念总是会引发各种争议。"我有几位同事强烈地反对我的观点,"他承认,"但我努力地表现出友善,保持微笑,不停地重复我的观点。我的论文导师总是告诉我:'不要争辩,只要继续工作。'"比尔似乎真心采纳了这个建议。在野外调查之后,会议转移到了室内,人们就自己的研究做了学术报告。会议中常常爆发激烈的辩论,但比尔总是置身事外(他的脸上确实常常带着微笑)。不过,我后来听到他重申自己的观点,但说法稍有变化:"永远不要和傻瓜争论—— 一个旁观者看不出差别。"

如果比尔的几位同事真的"强烈反对"他的观点,至少我在阿尔布开克没有看到他们。在会议中与我交谈的每一个人都赞同一个观点,那就是石炭纪气候是不断变化的,而煤炭森林虽然很有趣,但并不是景观中的主体部分。一位名为霍华德·福尔肯 - 兰(Howard Falcon-Lang)的平易近人的英国人提出,松柏植物的起源应该再早几千万年,支持了种子植物在高地上快速进化的观点。有一位加拿大研究生说,他的导师告诉他要"接近比尔,尽量学习他的理论"。而来自布拉格的斯坦尼斯拉夫·奥普鲁斯蒂尔(Stanislav Opluštil)说得最好。他告诉我,他曾经对传统观念深信不疑,但现在他认为这个问题已经解决了。"比尔改变了我的想法。"

离开新墨西哥州的时候,我对石炭纪的印象完全改观了。大蜻蜒和蜻蜓仍然不变,但现在,我想象着,它们生活的背景看上去更像发源地:一片松柏植物森林。比尔·迪米凯莱的研究告诉我们,种子进化的地点不在沼泽地里,而是在干燥的高地之上,这就使种子对干燥的适应性改变变得合情合理了。但是,从孢子到种子仍然有一段很长的进化过程。为了真正理解那次飞跃,我们必须问一些有关植物私生活的无礼问题。

当孢子植物进行有性繁殖的时候，它们通常在黑暗、潮湿的地方进行，常常是自体繁殖。例如，一棵蕨类植物每年会脱落几千个甚至几百万个孢子，它们是极其微小的光点，就像从叶子的边缘和下侧掉落的烟尘一般在空中飘浮。每一个孢子由单一的厚壁细胞组成，没有额外的保护措施或储存的能量。只有当它掉落在合适的潮湿泥土中时才会发芽，即使在这种情况下，它也不会长成我们所知的另一棵蕨类植物。相反，蕨类植物的孢子会长成一种完全独立的、难以辨认的植物，一个比手指甲还小的绿色心形块结。正是这个植物，"配子体"（*gametophyte*），拥有蕨类植物有性繁殖的必要装备。

当配子体产生卵子的时候，它们也会释放出游动的精子，它能在土壤的浑水中移动一两英寸（2—5厘米）。只有当精子和附近的一个卵子在这段旅程中结合之后，受精过程才会发生，一棵新的、样子看上去很熟悉的蕨类植物才会发芽生长。这种机制的细节各有不同，但所有孢子植物都将有性繁殖这个任务交给了独立的下一代，而它们都需要有水才能让它们的精子找到卵子。这些特征在湿润的天气中能够正常发挥作用，可一旦石炭纪的大沼泽开始变得干燥，它们就有了问题。繁殖成了挑战，而因为它们的生命周期有两个阶段，这就使它们适应气候变化的难度增加了一倍。

"如果孢子植物想要进行重要的适应性改变，"比尔解释道，"那么它们的两个生命周期都必须适应这个情况。这是很困难的。"换言之，微小的配子体不仅看上去不同，它对泥土、湿度、光线或其他环境条件的要求也很不同。"我曾经告诉我的学生们：'想象一下你的精子或卵子长大成为三分之一大小的你自己，然后那些缩小版的你自己必须通过有性繁殖才能生出另一个你。如果它们看上去很不同怎么办？如果它们完全独立并且不知道你的存在怎么办？如果你决定去别的地方生活怎么办？如果它们不想也不能去那个地方，那么你也不能去！'"

　　从某种角度来说，种子似乎是为了应对孢子的局限而进化出来的。它们没有将有性繁殖过程放到泥土中进行，而是结合了母株的亲本基因，给这个后代装备了食物，将它放在一个耐用的、起保护作用的包裹里进行传播，这个包裹能够经受住风雨，并在条件合适的时候发芽。最后，它们甚至用花粉代替了游动的精子，不再需要水了。能够看到的古代种子化石极少，专家们对这种转变的细节仍有争论。但所有人都一致认为，这种转变发生在石炭纪早期。[1]尽管岩石中没有保留全部的过程，但在我们周围生存下来的、甚至不断繁衍的孢子植物后代中，我们仍然能找到鲜活的例子。我并不需要远赴一个会议才能看到它们——它们就生长在我家后院。

　　在每天去往浣熊小屋的短暂路途中，我能看到孢子植物，从草坪上的苔藓到一小片欧洲蕨（bracken fern），它们在长年累月的割草、除草、火烧和鸡的劫掠下活了下来。但我想要看到的一种特别的孢子植物生长在几英里外俯瞰大海的一处峭壁上，那是大多数游客来到岛上聚集在一起观看逆戟鲸（orca whales）的地方。在1月份的一个晴朗的早晨，我带上一个三明治朝那里走去，我想要寻找一棵稍微小一点但很不寻常的物种——华莱士卷柏（Wallace's spike moss）。

　　我沿着小路向前走，潮水泛着波光和涟漪在崖壁下平静地延伸到远方。我忍不住停下脚步提前吃午餐，我找到了一处开阔地，能让我在冬日阳光下尽情地感受温暖，这在我们居住的森林区是很难得的享受。不过，还没来得及打开三明治的包装，我就发现，我想要寻找的目标正从我身边的岩石裂缝中探出头来。说实话，我知道找到它毫不

图 4. 3　华莱士卷柏（学名 *Selaginella wallacei*）和所
有种子植物的共同祖先一样，这棵卷柏经历了区分
雄孢子和雌孢子的进化飞跃。图中右上描绘的是雄孢
子，花粉的初期形式，它们就像一抹灰尘一样离开育
儿袋。在它下面描绘的是更大的雌孢子。插图绘制，
2014 年，苏珊娜·奥利芙。

费力。我经常来到这片区域进行野外调查，曾经有一次，我自豪地看
着我的植物学学生们忽视了一群经过身边的逆戟鲸，专注地看着这些
微小的植物。（他们在这座岛上长大，所以他们很熟悉鲸，但这是他们
第一次见到卷柏！）

　　我蹲下来仔细观看。卷柏的祖先可以追溯到煤炭森林时期的巨大
植物。尽管这种植物只能长到几英寸高，但紧挨着它娇小茎部的叶子如
果放到我在新墨西哥州看到的化石上会很合适。而卷柏掌握的技能，使

它有别于其他任何一种曾经存在过的孢子植物。我把枝丫的末梢摘了下来，在阳光下举起它，使劲儿眯起眼睛看。接着，我揉了揉眼睛叹了口气。我必须承认，我已经到了一旦忘了带放大镜就无法享受观察孢子的乐趣的年纪了。

回到浣熊小屋，在解剖显微镜的帮助下，我清楚地观察到了我所寻找的东西。在显微镜下，孢子泛着光，在每一片叶子底部，它们被包裹在布满斑点的金黄色囊袋中。不过，经过放大的微小物体看上去往往很美。这些孢子与众不同之处是它们的大小，更确切地说，是它们组合在一起的大小。在茎部的低处，每个孢子看上去都庞大笨重，边缘光滑，就像河里的大石头，但在靠近枝丫末梢的地方，它们则很微小，像红棕色粉末状污迹一样从金黄色囊袋中溢出来。卷柏掌握了种子植物祖先都必须学会的技能：怎样区分性别。大孢子是雌性，是卵子的初期形态，而小孢子是雄性，是精子的初期形态。[2]这种机制不仅增进了基因的结合，还让植物开始"包裹午餐"，将它们的能量投入到一个将会形成新植物的雌孢子之中。雄孢子和雌孢子仍会开展一段旅程，并长成配子体，为了游动的精子它们仍然需要水，而这种巧妙的适应性改变在孢子植物中至少进化了四次。而在其中的一次进化中，种子出现了。

就像发掘一块完美的化石一样，观察卷柏也是对过去的一瞥。作为一种古代种系的现代使者，它们不协调的孢子反映出种子进化过程中关键的一步。[3]有了性别的区分，其他的情况也就不难想象了。随着时间的推移，早期种子植物学会了不抛下它们的雌孢子，而是抓住它们不放，让卵子直接在叶子顶端发育。雄孢子继续传播，经过几次改进后成为随风传播的花粉粒。当花粉落在一个卵子上的时候，植物突然发现，它拥有了一粒种子所有的基本元素：一个授过花粉的婴儿，经过保护、养育以及传播，它会直接生长成为下一代。这种机制使种子植物在天气变干燥的时候拥有了有利条件。孢子需要有水才能满足它们游动的精子和喜爱潮湿的配子体，而种子植物只需一阵风就能繁殖了。而它们耐力持久、储备充足的后代落在土壤中，等待着适合它们萌芽和生长的环境条件的到来。

　　有关种子进化的化石记录依然模糊不清，但如同卷柏一样，其他现代植物也能帮助我们填补这些空白。很多人都知道，银杏树是一种很常见的观赏植物，也是草本药物的原料，银杏能够提高记忆力，改善血液循环。但它也是早期种子植物家族中唯一幸存下来的、花粉仍然能够产生游动精子的植物，是孢子时代遗留下来的产物。一批类似棕榈树的苏铁植物也保留了这个特征，其中有一种植物拥有肉眼就能看见的巨大精子。[哥伦比亚沿海地带的哥伦比亚苏铁（chigua）的精子有着几千个飘动的尾巴，比其他任何动植物的精子都大。]这些植物与松柏植物以及几种鲜为人知的物种一起，组成了裸子植物（gymnosperm），或者称为"裸子"（naked seeds），这样命名是因为它们的种子不经任何修饰地直接在叶子或球果鳞片表面发育成熟。[4]

　　从石炭纪的干燥时期一直到恐龙时代，裸子植物是全世界植物群的主体，如今，它们依然极为普遍。每一个喜爱意大利香蒜酱（pesto）里的松子的人都熟悉裸子。在温带森林里或温带森林附近生活的几十亿人也熟悉它们，在温带森林中，松树、冷杉、铁杉、云杉、雪松、柏树、贝壳杉以及其他松柏植物所覆盖的陆地面积，依然比其他任何植物都多。尽管这些历史悠久的树木和灌木分布十分广泛，但在很早以前它们就已经将植物多样化的桂冠传给了一群更为年轻的种子革新者。

当一些裸子植物学会遮盖自己的时候，种子进化中的最后一个重要步骤发生了。它们的遮盖方式和人们沐浴之后遮盖自己的方式一样，原因也很相似。当我儿子诺亚还是婴儿的时候，我们给他买了一个蓝色的塑料浴盆，3 岁的他还在用这个浴盆。现在，他可以自己爬出浴盆了，但每当他爬出来的时候，我都会用一块柔软的大毛巾快速地把他包裹起来。我这么做并非出于对裸露身体的反感，而是因为他裸露的小身体看上去很脆弱。对我而言，这触发了我作为家长的本能反应，那就是保护他，养育他。尽管植物不会有意识地为了拿毛巾而东奔西跑，但相同的进化驱动力引导裸子植物的一个支系将它们的裸子包裹了起来，它们折叠起内部的叶子，围住了发育中的卵子。植物学家称这个腔室为"心皮"，有心皮的植物就是被子植物（*angiosperms*），拉丁语意为"容器中的种子"。

我在新墨西哥州没有看到任何被子植物化石。"你参加的会议不对。"一位出席会议的人粗声粗气地告诉我。那些岩石也不对，相差了几个重要地质时期。尽管用一片保护性的叶子包裹起一粒种子听上去是很简单甚至显而易见的一步，但直到白垩纪早期，被子植物才完成了这个步骤，那时距离裸子的大量出现已经过去了 1.6 亿年。相较之下，从啮齿动物、蝙蝠到鲸、土豚和猴子这样的胎盘类哺乳动物，在这段时期内用了三分之一不到的时间就完成了多样性的进化。植物学家对这种延迟依然感到费解，但没有人质疑，将种子放在一个容器中的确是个好主意。被子植物出现之后便迅速蔓延开来，这使达尔文认为，它们的崛起是一个"恼人之谜"（abominable mystery），威胁到他提出的平稳的、渐进式变化的概念。[5] 如今，它们在所有植物生命中占绝大多数，而它们的种子也是本书重点讨论的内容。

　　从进化的观点来看，从孢子到裸子植物的跨越对种子来说是最为重要的一步。比尔·迪米凯莱哀叹我们对被子植物给予了更多关注。"那忽略了很多情况，"他告诉我，"它们只是碰巧有很多而已。"但无疑，包裹裸子这个行为完善了整个体系，也带来了一系列新的机会。毕竟，一条毛巾仅仅是开始。诺亚的衣橱里有很多条纹睡衣，但人们可以用任何他们想要的东西来遮盖他们的裸体：短裤和一件夏威夷汗衫、一件酒会礼服，甚至一套盔甲。很快，种子的遮盖物从简单的叶状组织进化为复杂的结构排列，我们统称为果实。果实可以像衣服一样起保护作用，但它也具有吸引力，成为被子植物引诱动物为它们传播后代的有效方法。（我们将在第十二章探究果实、种子和包括人类在内的动物之间的关系。）

　　然而，比果实的进化更为重要的，是包裹起来的种子对受粉的影响。由于卵子隐藏在容器之中，风就不再是一个特别可靠的传授花粉的工具了。相反，被子植物越来越依靠动物，特别是昆虫，在花朵之间传播花粉。色彩艳丽的花瓣、花蜜、芳香——能与花朵联系起来的这些吸引力——都应运而生，使授粉由随意的随风飘洒转变为自然界最精密（以及最美丽）的混合基因的方式之一。这个体系推动了困扰达尔文的快速多样化的发展，也赋予了被子植物另一个名字："有花植物"。[6]

　　在自然界，有花植物充分展现了有性繁殖、种子和种子传播，不仅促进了它们自身的进化，也推动了与它们关系密切的动物和昆虫的进化。大多数情况下，各种各样的传播者、使用者、寄生者——特别是传粉者——都是伴随它们所依赖的各种各样的植物一同出现的。但植物性别的进化对人们来说也是至关重要的。如果没有控制授粉的能力并且无法结出耐力持久的种子，很难想象我们的祖先能在农业中取得成功。作家和食物研究权威迈克尔·波伦（Michael Pollan）进一步肯定了这个情况，将植物育种的实践称为永久改变了植物和人类的"一系列协同进化的实验"。[7] 波伦认为，人类对于甜味、营养、美丽甚至醉酒的渴望，都已经被编码，蕴藏在我们种植的农作物的基因之中。为了这些特质而选育植物，既满足了我们的需求，又惠及了植物，因为我们尽职尽责地将它们带出原产地，传播到全世界的花园和农田中。但我们与种子植物的亲密关系满足的不仅是我们的肚子——它还满足了人类的想象力。我们从这种长久关系中所获得的知识，也许是我们对自然界的活动方式最为深入的了解。少了这种关系，历史上最著名的一项实验可能永远不会发生。

第五章

孟德尔的孢子

The Triumph of Seeds

Mendel's Spores

> 经过挑选用于杂交的各种豌豆在茎的长度和颜色上，
> 在大小和叶片形状上，在花的位置、颜色、大小上，
> 在花梗的长度上，在豆荚的颜色、形状和大小上，
> 在种子的形状和大小上，表现出差异……
>
> ——格雷戈尔·孟德尔（Gregor Mendel），
> 《植物杂交实验》（*Experiments in Plant Hybridization*，1866）

　　"在总统日（President's Day）那天种豌豆。"和一个热衷于园艺的人生活在一起，这句谚语在我看来既是准则又是命令。对伊丽莎而言，播种豌豆标志着新的一季即将开始，她花园里的土壤总是保持着翻新的状态，提前做好了准备。今年，我们两人都有种豌豆的计划，但由于我从浣熊小屋杂草丛生的花圃里拔除了另一团草，我的豌豆种植计划显然会延迟。考虑到我仍需要准备新鲜的土壤，并需要设计出防止鸡啄的保护措施，更不用说预订种子了，我能在棕枝主日（Palm Sunday）到来

前实施我的种植计划就算幸运了。不过，按照这样的时间安排，距离摩拉维亚（Moravia）的布鲁恩［Brünn，现捷克共和国（Czech Republic）布尔诺（Brno）］的植树日更近了，在那里，我希望唤醒的一座著名花园仍然掩埋在大雪之下。

1856 年春天，当格雷戈尔·孟德尔将他的第一排豌豆幼苗养育成活的时候，撇开天气不谈，他拥有很多有利条件。[1] 在他的修道院院长西里尔·纳普（Cyrill Napp）的管理下，圣托马斯奥古斯丁修道院（Augustinian Monastery of St. Thomas）更像一所从事研究的大学，他鼓励修道士们从事各种研究，从植物学和天文学到民族音乐、语言学和哲学。他们享用美食，拥有一间馆藏丰富的图书馆，还有充足的时间进行研究。为了孟德尔，修道院院长甚至建造了一座专用的温室，并改变了橘子温室和一大片修道院花园的用途。但这位年轻的修道士也从几百万年的进化中受益，因为如果没有种子的独特特征，即使他有可能得出他的著名发现，其过程也会更具挑战性。

试想一下，假如现代遗传学之父做孢子植物的实验，会是什么样的景象？他每天都要跪在泥土中用手挖泥，寻找微小的配子体，绝望地试图抓住它们的精子和卵子。一个人怎么可能控制一种在土壤中进行有性繁殖、精子极其微小并且到处游动的植物的繁育呢？[2] 孢子植物根本不适合受人控制，这也是少数经过驯化的蕨类植物和苔藓本质上与它们的野生祖先没有差别的原因。（另一个使孢子无法为人们提供益处的特点值得我们注意：因为孢子植物不为下一代"装备午餐"，因此孢子没有营养价值。人们也许偶尔会吃到一棵孢子植物的叶子，但是——除了极少数例外情况——你无法用孢子本身制作面包、粥或其他东西。）[3]

孟德尔从未考虑研究蕨类植物或苔藓。作为一个农民的儿子，他对植物了如指掌，因此他知道，这样一种随意的交配体系无法让他了解遗传的知识。不过，他用小鼠做过实验，据说，由于当地的一位主教认为，修道士的住所里满是快速繁殖的啮齿动物很不合适，他才停止了小鼠实验。当孟德尔最终选择了豌豆之后，他发现这种体系完全符合他的实验要求。人工授粉使他能够牵线搭桥，准确地选择他想杂交的植物，然后观察它们的性状如何遗传到后代身上。与孢子不同的是，他的豌豆植物的种子，将双亲基因结合为容易被分类、研究和清点的东西。与老鼠不同，它们生长在室外，有香甜的味道，甚至为修道院的厨房提供了美味的额外食材。

当我预订的种子到了以后，我立即打开了包装，把每一种种子都倒出一些放在厨房餐桌上。它们是同一个品种的种子，但看上去各有不同，就像孟德尔的种子一样——有些是绿色带斑点的，有些略带棕色；有些皱皱巴巴，有些很光滑。[4] 在 19 世纪的摩拉维亚，孟德尔可以轻易地从当地的种子商贩那里买到 34 种不同的豌豆。我的种植空间只够种植两种豌豆，但经过一些研究，我发现了一种孟德尔本人很可能种植过的类型。符腾堡冬季豌豆（Württembergische Wintererbse / Württemberg winter pea）的名字来自以前的一个王国，位于现在的德国南部。火车线路连接起了符腾堡和附近的摩拉维亚，孟德尔购买豌豆的时候，这两个地区之间关系很好。1866 年奥普战争（Austro-Prussian War）的时候，它们甚至站在同一阵线，这一年孟德尔也出版了他的研究成果。在修道院花园里转悠的修道士的想法似乎平静如初，但孟德尔生活在动荡不安的时代。欧洲日渐衰落的几个帝国在民众骚乱和多变的政治联盟重压之下不堪重负，与此同时，学者们正与一个同样紧迫的知识剧变做着斗争：通过自然选择的进化理论。

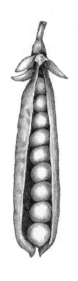

图 5.1　普通豌豆（学名 *Pisum sativum*）。对格雷戈尔·孟德尔来说，普通豌豆是一个完美的研究品种，因为它展现了很多易于控制的特征，包括两种种子形态，光滑的以及皱皮的。插图绘制，2014 年，苏珊娜·奥利芙。

1859年，第一次出版印刷的查尔斯·达尔文的《物种起源》（*Origin of Species*）在一天之内就售罄了，一年之内就有了德语翻译版。孟德尔在修道院手稿上留下的大量笔记表明，当他忙于豌豆研究的时候，他对达尔文这本书的内容非常熟悉。但他是否完全掌握了豌豆展示给他的意义仍然存在争议。尽管事后看来他似乎是一位天才，但孟德尔从未在有生之年闻名天下，他的实际想法很少被世人所知。[5]（在后来的一位修道院院长管理期间，孟德尔所有的笔记本和论文都被烧毁了，这应该是历史上最不幸的家政事件之一了。）我们确实知道他不只是一个业余爱好者。他早于别人几十年运用一丝不苟的方式以及统计学方法研究科学。他不仅将这些方法运用于豌豆，也运用于蓟（thistle）、山柳菊

（hawkweed）和蜜蜂，说明他对遗传的普遍规律确实很感兴趣。我们也知道，孟德尔认为自己发现了重要的东西。尽管他的论文发表在一份不怎么知名的摩拉维亚期刊上，但他重印了40份复印件，寄给了当时许多位卓越的科学家。其中几份复印件后来被重新发现，但仍保持着没有打开、没有阅读的状态。[6]

《日落》杂志社的《西方花园手册》（Western Garden Book）建议，将豌豆种植在泥土中1英寸深的地方，互相之间间隔2到4英寸。"靠近一些种，"伊丽莎告诉我，"鼻涕虫肯定会毁掉一些的。"在摩拉维亚，园丁们需要对付许多对豌豆有害的虫和动物，从鼻涕虫和蜗牛到象鼻虫、蚜虫，以及偶尔出现、到处劫掠的麻雀。毫无疑问，孟德尔也在每一排中多种了很多豌豆，这意味着他一定播种了数量惊人的豌豆，才种植出了他在研究过程中研究过的"1万多棵植物"。我付出的这些努力永远无法和那个数量相比，但令我安慰的是，我知道我能告诉这位修道士有关采摘豌豆的一些知识。碰巧，我唯一一次从事商业性农业生产的经历，就是操控一台17吨重的收割豌豆的联合收割机。高中毕业后的整个夏天，我都在夜班时间开着收割机，把豌豆装满一辆又一辆自卸式卡车，一周七天，每天从晚上6点工作到早上6点。这是一台缓慢的机器，我大多数时间都拿着手电筒看小说，但如果我那时有孟德尔的耐心和动力，我会站在料斗上，清点那些豌豆，记录下它们的颜色、形状和大小的每一个细微差别。

重温孟德尔的研究，我了解到的内容远不止一排应该种植几颗豌豆这么简单。他的实验展现出种子以及我们与种子的亲密关系如何深深地影响了我们对自然世界的理解。它们触发了对进化过程的深入了解，尽管与查尔斯·达尔文的研究有所不同，却同样有意义。

达尔文跟随贝格尔号长途航行，共同发现自然选择理论的阿尔弗雷德·拉塞尔·华莱士（Alfred Russel Wallace）在马来群岛（Malay Archipelago）做研究，他们都在游历远方的时候茅塞顿开，这并非巧合。要掌握一个内容如此广泛的自然规律，必须广泛了解自然。对这两个人来说，在一个不熟悉的地区观察到处生长的异国生物所带来的新奇感，有助于他们了解可能被熟悉的生物所蒙蔽的生命规律。当你在后院看到一只雀鸟，它就只是一只雀鸟。但要了解进化的具体细节，以及各个性状如何从一代传到下一代，我们需要聚焦离我们更近的东西。孟德尔的发现源自对人们熟悉的一种自然体系的再次研究。尽管他从未从事过农业耕作，但他使用了由无数园丁和农民改善过的技术，将最基本的农业知识转化成有关遗传的科学规律。

当考古学家筛滤早期沉积物的尘土时，他们会寻找能帮助他们确定耕种出现时间的种子。如果他们看到的古代谷物或坚果忽然间比野生品种大，他们知道，有人已经开始挑选具有优势性状的植物了。对于农民来说，这是世界上最自然的事了。曾经有一次，我花了一下午的时间和诺亚一起，从玉米棒上剥下干玉米粒，并把它们扔进一只金属碗中——哐零、哐当、哐啷。我们打算把它们磨碎做玉米粥，但如果我们要找一些种子留下来的话，我们的选择是显而易见的。在那些又硬又老的玉米穗中，我们找到了一个又大又肥的、很容易就从玉米棒上掉下来的玉米粒。大谷粒，容易加工——这正是需要流传下去的特征。

到了孟德尔生活的时代，植物育种已经发展到了一定阶段，每个地区都有几十个当地豌豆品种，更不用说豆子、生菜、草莓、胡萝卜、小麦、番茄以及各种其他农作物。人们也许不了解遗传学，但每个人都明白，植物（和动物）可以通过选择性育种发生巨大的改变。[7] 例如，一种像草一样的沿海芥菜，最终演变为 6 种以上我们熟知的欧洲蔬菜品种。对美味的叶片感兴趣的农民，将它变成了卷心菜、散叶甘蓝和羽衣甘蓝。通过选育带有可食用侧芽和花蕾的植物，人们得到了球芽甘蓝、花椰菜和西兰花，而通过培育肥大的茎，人们得到了球茎甘蓝。在某些情况下，改进一种农作物很简单，只要保留最大的种子，但是其他情况下，人们则需要花费心思。4000 多年前，亚述人（Assyrian）就开始小心翼翼地对海枣（date palm）进行人工授粉，中国酿酒者早在商朝（公元前 1766—前 1122）就完善了一种需要防止异花授粉的粟。[8] 或许塞拉利昂（Sierra Leone）的曼迪人（Mende people）的文化将种植植物与研究植物之间的本能联系表现得最为淋漓尽致，他们的动词"做实验"来自短语"试验新水稻"。

与之前无数的植物培育者不同，孟德尔并不愿意控制一种他不了解的体系。他的天赋在于他的好奇心、耐心、毅力以及相当高的数学技巧。在 8 年的过程中，他悉心培育豌豆，监测特质在后代中的命运：茎的长度、豆荚颜色、开花位置以及最出名的皱皮的与光滑的种子。通过仔细记录哪些亲本结出哪种后代，他发现，豌豆性状的表现是可以预测的。他的大多数同辈人，包括达尔文，都相信繁育后代会导致亲本类型的混合，而孟德尔知道，性状是通过不相关的单位遗传的。他种植的豌豆让他了解到，每个个体的每个性状都有两种变化形式，每一种都随机遗传自一个亲本。[9] 用现代的术语，我们说个体携带的每个基因都有两个等位基因（alleles）。一些等位基因是显性的（dominant），总是表现出来（例如，表皮光滑的豌豆），而其他等位基因是隐性的（recessive），通常不表现出来，除非一个个体有两个隐性的等位基因，遗传学家称为双隐性性状（double-recessive，例如，皱皮的豌豆）。如今，这些概念对于任何一个在基础生物学课上做庞纳特方格（Punnett Square）练习的人来说，至少是不那么陌生的。事实上，大多数教科书都将孟德尔的豌豆作为范例：将纯种的皱皮豌豆和表皮光滑的豌豆杂交，得到的是表皮光滑的后代，但是再下一代就会同时出现表皮光滑和皱皮的豌豆，比例是 3∶1。现在这是一项课堂练习，但是在 1865 年，格雷戈尔·孟德尔是世界上唯一一个了解这个情况的人。从豆荚上摘下最后一粒豌豆后，他将他的革命性发现做了总结，写成一篇论文，那应该是一篇至今还没有人真正读过的最著名、最有影响力的论文了。

几周之内，我种在浣熊小屋旁的豌豆顺利地发芽成长，鼻涕虫已经无法伤害它们了。到了 6 月份，它们沿着我搭在走廊上的临时格架缠绕生长了 6 英尺（约 2 米），透过书桌后的窗户，我能看到它们刚刚开出的紫色花朵。孟德尔认为豌豆花很"独特"，因为它们把自身重要的部分隐藏在两片窄窄的花瓣中。但这种安排对于人工授粉来说很理想，按照他的详细指导，我先剥落了未成熟的雄蕊，然后把我自己挑选的花粉撒到柱头上。孟德尔做这件事的时候，棉签还没有发明出来，运用他的方法，我很快明白，倒立在花中的花粉囊能够将花粉完美地传递到另一朵花上。我也清楚，他当时在花园中肯定感受到了宁静和安详，因为那著名的授粉过程发生时的情境正与我遇到的一样——清冷的春日早晨，周围环绕着鸟语和花香。

控制豌豆繁殖的最后一步，是用小袋子将花朵套起来，以免受到污染。我做的是纸袋子而非棉布袋子，除此之外，我认为我的豌豆苗圃几乎完全复制了坐落在摩拉维亚的那座著名花园。这个过程也使我回想起我在中美洲研究香豆树的日子。尽管生长在热带而且能长到 150 英尺（约 46 米）高，但香豆树也属于豆科植物，也开紫色的花。虽然我没有对任何香豆树做过人工授粉，我的学位论文依然由孟德尔的实验直接发展而来。他开启了一扇通往种子亲缘关系研究的窗口，让 150 年以后的我从种子的基因模型中了解整个种群——哪些树木在育种，它们的花粉能传播多远，以及谁在运送它们的种子。现代遗传学的工具可能有所不同，但我相信，孟德尔一定会充分理解我在雨林中所做的事情及其意义。不过，我怀疑，假如他知道前方将会遭遇挫折，他还会不会坚持他的人工授粉。

要说孟德尔的豌豆论文"砰"的一声摔落在地其实并不准确，因为那意味着它还是发出了声音。从 1866 年发表到世纪之交，《植物杂交实验》（Experiments in Plant Hybridization）在科学文章中的引用量不到 24 次。相比之下，达尔文的著作则有几千次。当孟德尔将他的发现提交给布鲁恩自然科学学会（Natural Science Society of Brünn）的时候，没有人问他任何问题。（人们认为，当地报纸上一篇有关读者"气氛热烈地"阅读他的论文的报道可能出自他的一位朋友，也可能出自修道士本人。）在孟德尔的一生中，知道他的研究的少数几个人要么怀疑要么不理解他的研究，他可能从未和任何人就他的研究进行过令他满意的交谈。更糟糕的是，他曾尝试用紫菀科的小野花山柳菊（hawkweed）复制他的发现，但孟德尔不知道，这种植物从不担心授粉这件事。[10] 相反，它们会结出奇特的、类似无性繁殖的种子，这些种子并不会显示出他在豌豆实验中细心记录下的双亲遗传特征。这个失败的选择令他更为泄气、疑惑和沮丧。传记作者形容年轻的孟德尔是一位和蔼可亲的人，受学生爱戴，喜欢恶作剧。但在晚年，据说他越来越远离社会，也越来越远离科学界。1878 年，一位四处游历的种子经销商没能说服这位老修道士谈论遗传学："很奇怪，当我询问孟德尔有关他的豌豆研究时，他故意岔开了话题。"[11]

　　虽然我们无法了解孟德尔的想法，但有件逸事表明，他对自己的研究成果很有信心，认为他的研究成果最终会产生巨大影响。1884 年他去世了，很久之后他在修道院的一位同事回忆，他很喜欢一句谚语："我的时代终将到来。"

　　在我的豌豆苗圃里，收获的时节已经到来。正是夏末时节，藤蔓在高温下低垂，豆荚发黄，豆荚里的豌豆成熟变干。虽然孟德尔常常独自工作，但他确实得到过修道院里许多见习修士的帮助，也有一位训练有素的助手。协助我的工作人员只有一个 3 岁小孩，但诺亚对任何种子研究项目的热情都很高，这使他成了一个热心的帮手。我们把藤蔓拔了出来，坐在走廊的阴凉处，开始把豆荚里的豌豆分离出来。诺亚快如闪电般地抓了一把豌豆塞进了嘴里。几年之前，我曾经犯过一个错误，我带着一条狗和我一起进行诱捕哺乳动物的项目，眼睁睁看着它抓住一只本该提供很多数据的动物，并狼吞虎咽地吃了下去。这一次，我最终还是得到了数据，因为诺亚很快又把豌豆吐了出来。这些豌豆和诺亚妈妈种在花园里的甜豌豆不一样，它们已经成熟，变得又硬又干，就像生的小扁豆一样。他没说什么，但脸上露出了厌恶的表情，似乎回想起了他说过的最早的一段话。那是在一个早晨，我给他端去早餐之后，他措辞清晰地说道："妈妈做饭，爸爸做大便。"

　　当我们剥出成堆的豆荚时，我再次对孟德尔令人难以置信的耐心以及他清点那些豌豆的工作量感到佩服。尽管我收获的豌豆不算多，产量低的原因是一次意外的虫害（在本书第八章我们将会谈到），但当我们取出最后一粒豌豆的时候，我还是感到了一丝单调乏味。不过这种单调也有迷人之处——事实上，它是整件事的关键所在。我的实验复制的是孟德尔实验的第一代豌豆：我将两种明显不同的种类进行杂交。我将表皮光滑的、圆形的符腾堡豌豆与一种种子表皮褶皱明显的、名为"比尔跳"（Bill Jump）的传统美国品种豌豆进行杂交繁殖。如果孟德尔是正确的，那么显性的表皮光滑基因应该完全压倒比尔跳豌豆的皱皮基因。而现在，经过几个月的培育，得出的结果正是我所期待的：一小罐表皮光滑、圆形的豌豆，比尔跳豌豆的基因就像消失了一般。我抓起一把豌豆，让它们顺着我的手指滑动，感受着孟德尔一定有过的感觉：充分地了解一个体系并能对它进行预测而感到的满足。

当人们知道了某一件事之后，它就不再神秘了。但孟德尔得出他的发现后几十年内，没有人像他一样审视遗传的奥秘。他在布鲁恩度过了余生，去世时依然默默无闻，而全世界的科学家们仍在努力了解双亲的性状是如何遗传到后代身上的。正如一位屡受挫折的植物学家在1899年所说："我们不再需要有关进化的一般观点了。我们需要有关特定形式的进化的特定知识。"[12] 仿佛对那个心愿有所回应，第二年，三位研究者发表了孟德尔式遗传（Mendelian inheritance）的"重新发现"，现代遗传学领域就此产生。他们各自复制了孟德尔的实验，并得出了相似的结论。他们在各自实验的过程中都使用了与孟德尔相同的方式：控制授粉，并研究种子植物的性状，这些种子植物包括：玉米、罂粟、桂竹香（wallflower）、月见草（evening primrose）以及普通豌豆的表皮光滑的种子或皱皮种子。

在自然界，种子持续进行的基因混合使它们具有巨大的进化潜力。孢子的交配是随机的，也往往是自发的，而种子则使用越来越精细的开花策略，有规律地直接结合双亲的基因。这种习性帮助种子植物变得多种多样，使种子植物几乎在每个陆地生境（terrestrial habitat）中占据了主要地位，它还加速了我们在本书中将要谈到的其他种子性状的发展。对人们来说，它增加了农作物的品种，例如菜豆和杨桃，它也让我们对进化过程有了深入了解。但是，如果缺少了我们视为理所当然的另一种特质，种子里的基因就不会起那么大的作用了。

　　培育了一代表皮光滑的豌豆让我感觉离孟德尔更近了，但是我想在接下来的一年中继续他简单而巧妙的实验，我想以和他相同的方式看到那著名的 3:1 的比例。[13] 如果庞纳特方格值得信任，那么经过培育，今年杂交的豌豆会出现一定数量的、带有纯种比尔跳豌豆皱皮外表的双隐性性状豌豆。我之所以能这么做，是因为我知道一袋干燥的豌豆可以在浣熊小屋的架子上放着，直到总统日再次到来。事实上，这些种子可以放两三年，甚至更久——它们以一种暂停活力的特殊状态进入休眠期。园丁们依赖这种特质，植物种植者们也依赖这种特质，从豌豆、雨林树木到高山草甸的野花等植物的生态系统也依赖这种特质。但在萌芽之前，一粒种子到底如何在几年甚至几个世纪里保持休眠状态，则是一个谜，科学家们才刚刚开始了解。

种子的耐力
Seeds Endure

你能再找到一个这样的市场吗？

在这里，用你唯一的玫瑰

可以买到几百座玫瑰花园：

在这里，

为了一粒种子

你得到了整片荒原？

——鲁米（Rumi），

《种子市场》（*The Seed Market*，约 1273）

第六章

玛土撒拉

The Triumph of Seeds

Methuselah

> 小麦储存量充足，在被长期围困的情况下能
> 够满足需求，酒和油也很充足，各种各样的
> 豆子和海枣堆积在一起。
>
> ——弗拉维斯·约瑟夫斯（Flavius Josephus），
> 《犹太战争史》（*History of the Jewish Wars*，约公元 75）

罗马将军弗拉维·席尔瓦（Flavius Silva）于公元 72—73 年冬天到达马萨达要塞（Masada Fortress）的基地。历史记载，他指挥着大批士兵以及几千名奴隶和军营侍从。历史并没有记录他当时的想法，但任何一个见过马萨达要塞的人都知道，那情景一定会让人觉得："哦，该死。"

位于 1000 英尺（约 320 米）高的岩石山顶之上、四周环绕着悬崖峭壁的这座要塞，拥有坚固的炮台墙、瞭望塔和一个储备充足的军械

图 6.1　这幅由爱德华·利尔（Edward Lear）绘于 1858 年的画作，名为《死海边的马萨达要塞》[*Masada (or Sebbeh) on the Dead Sea*]，展示了通往马萨达要塞的艰难道路。罗马进攻者建造的古老斜坡，也就是从画面右侧开始隆起的山脊清晰可见。维基共享资源。

库。这座要塞具有全方位的清晰视野，而通往这里的唯一路径就是一条陡峭而蜿蜒的小路，它的名字"蛇形路"给人以不祥的预感。而且，守卫马萨达的是一个由犹太起义者组成的狂热团体，名为"短刀党"（Sicarii），得名于他们刺杀敌人时所用的罪恶的匕首。席尔瓦将军一定也意识到，当他和他的军队被迫在要塞周围恶劣的、满是岩石的沙漠环境中扎营的时候，起义者们则选择在按照希律王（Herod the Great）的品味设计建造的马萨达城堡和宫殿中居住。

　　罗马人做好了长期围攻的准备。席尔瓦下令镇压短刀党——在名为"大起义"（Great Revolt）的大范围犹太人起义中坚持到最后的一些人。

在几个月的过程中，他的工兵们建造起一座至今依然清晰可见的路堤，仿佛山的西边隆起了一大片土地。建造完成后，席尔瓦的士兵们行进至山顶，用攻城槌攻破了城墙，攻占了要塞。那时，这场胜利使席尔瓦将军的职业生涯获得了一次重大提升。他担任了 8 年犹太行省（Judaea）总督，后来回到罗马出任执政官，地位仅次于皇帝。不过，回想起来，围攻马萨达这一事件为犹太人的民族主义事业、为钱币收藏家们，以及为我们了解种子休眠都做出了巨大贡献。

当席尔瓦的军团进入马萨达时，他们本以为会遇到使用短刀的勇士，但遭遇了可怕的寂静。不愿意投降也不愿意被捕的近 1000 名短刀党男女老少集体自杀了。有关他们抵抗和牺牲的故事对于犹太民族来说，已经成为近乎神话般的忍耐力的象征。[1]在筹建新国家的时候，未来的以色列领袖将马萨达作为国家统一和决心的象征。几十年中，年轻的以色列童子军和士兵都将徒步攀登蛇形路当作一件人生大事，马萨达现在已经成为以色列最热门的旅游胜地之一。假如席尔瓦重生，他会乘坐缆车到达山顶，他还会发现，从 T 恤衫到咖啡杯上都印着一句话："马萨达不再倒塌。"

对钱币收藏家和种子专家来说，比起马萨达守卫者的行为，他们留下的东西更值得纪念。最后的几位短刀党成员不想让罗马人找到任何有价值的东西，他们把财物和食物转移到一座中央仓库里，然后放火将建筑物点燃。[2]随着木质横梁和椽子被烧毁，石质城墙向内坍塌，变成了一座废墟，在近 2000 年里都没人动过。考古学家在 20 世纪 60 年代挖掘这片废墟时，发现了一批古代希伯来钱币（shekel），解决了有关犹太人钱币学的几个疑难问题。[3]意料之中的是，许多钱币上都印有犹太地区海枣树（date palm）优美的弧形树叶，这种树所结的果实既是当

图 6. 2　海枣（学名 *Phoenix dactylifera*）。人们自古就种植海枣树以获得甜美的果实，海枣树的种子也保持着长寿的记录。从马萨达要塞的废墟中找到的一粒海枣种子在休眠了近 2000 年后萌芽了。插图绘制，2014 年，苏珊娜·奥利芙。

地的一种主要食品，又是非常有利可图的出口产品。据说罗马皇帝奥古斯都（Emperor Augustus）很喜欢它们，大面积的海枣树园沿着约旦河（Jordan River）边一字排开，从加利利海（Sea of Galilee）以南一直到死海（Dead Sea）的岸边。向更深处挖掘，挖掘团队很快发现了储备物资：盐、谷物、橄榄油、酒、石榴以及大量的海枣，它们保存得十分完好，一些果肉残骸依然附着在种子上。

　　短刀党储备他们国家最著名的农作物是很自然的，但在马萨达发现海枣依然是一件大事。虽然《圣经》和《古兰经》中都有所提及，从泰奥弗拉斯托斯（Theophrastus）到老普林尼（Pliny the Elder）的每一个人都赞美过它们的甜美，但曾经生长在犹太地区品种多样的海枣已经消失很久了——它们是不断变化的气候和聚居模式的受害者。[4] 如今，几个世纪以来，人们第一次看到这个曾经被认为是希律王主要收入来源的果实，并将它捧在手中。然而，接下来发生的事更加引人注目。在博物馆员工对马萨达海枣进行清洁、贴标、编目的 40 年之后，有人决定种植一棵海枣树。

"说我极度兴奋都不足以形容我当时的感觉。"伊莱恩·索洛韦告诉我，她回想起 2005 年春季的一天，她注意到一棵孤寂的嫩芽从盆土中钻了出来。索洛韦博士是内盖夫沙漠（Negev Desert）一座集体农场基布兹（kibbutz）的农业专家，尝试种植马萨达海枣之前，她已经在职业生涯中种植了"成千上万棵树"。"我的确没有预料到它会生长出来。"她承认，"我以为那些种子和门钉一样死气沉沉。甚至比门钉还要死气沉沉！"索洛韦认为这一切要归功于她的合作者——莎拉·沙隆的想法。

"那似乎是注定的。"当我打通了沙隆的电话，她说，"说实话，我早就预料到了。"耶路撒冷时间是晚上 10 点，莎拉工作到很晚，但她仍然热情洋溢地与我交谈，还时不时地与隔壁房间的儿子交谈。她甚至为他准备了一顿饭。莎拉无穷的精力让我怀疑，是不是因为她碰过那一粒海枣种子，所以才激发出了它的生命。接受过儿科医生培训的沙隆已经成为自然医药领域的世界级专家，特别是提取自以色列当地植物的医药。她的实验室团队与索洛韦的野外团队合作，培育并测试了几十种不同的药用植物。"但我也对过去生长在这里的植物很感兴趣，"她解释说，"已经消失的那些植物。"古代医者使用犹太地区棕榈树上的海枣医治从抑郁、肺结核到普通的疼痛不适等各种病症。"让它重生，"她若有所思地说，"也许能实现更大的目标。"

令伊莱恩·索洛韦感到十分惊讶（但并没有令莎拉·沙隆感到惊

讶）的这棵发芽的棕榈树，现在有 10 英尺（约 3 米）高，名为"玛土撒拉"（Methuselah），得名于《希伯来圣经》（*Hebrew Bible*）中提到的最长寿的人物。但这位 969 岁高龄的圣经人物玛土撒拉与这棵小小的棕榈树相比，还远未达到中年。放射性碳定年法测定，马萨达的海枣可能在要塞沦陷前几十年就已经被储存起来了。玛土撒拉看上去像是一棵小树，但它近 2000 年的寿命使它成为地球上最长寿的生物体之一。在那样一个年纪，谁会舍不得娇惯一下它呢？"我们为他建造了属于他自己的带大门的花园，他有属于自己的灌溉系统、防盗警报器和保安摄像机，"伊莱恩大笑着说，"他的确是一棵拥有一切的树。"

伊莱恩使用了雄性代词"他"，因为海枣树是单性的，当玛土撒拉在 2012 年第一次开花的时候，他开出了满是花粉的花朵。为了让灭绝的犹太地区海枣完全获得重生，也需要有人让一粒雌性种子发芽。当我向莎拉询问她们是否在努力做这件事的时候，她几乎是迫不及待地宣布这个消息："是的，当然！"她大声说，"但我不能告诉你有关情况！"在科学界，当所有数据的分析、审核与发表尚未完成之前，透露任何情况都是不明智的。然而，当这本书印刷出来的时候，莎拉和伊莱恩很有可能会向全世界宣布她们的成果。幸运的话，这些发现将不仅会告诉我们犹太地区海枣为何生长了这么久，也会告诉我们它们确切的味道和甜度，以及它们是否能治疗头痛。

玛土撒拉是目前已知的自然发芽的种子中最长寿的一个。[5] 它的故事所表现出的惊人耐力，为英勇守卫马萨达的事件提供了合适的、非暴力的补充，也使犹太地区海枣有可能再次繁盛于约旦河谷（Jordan Valley）。[6] 但这绝不是古代种子唯一一次突然地、出人意料地萌发新生命。1940 年，一枚德国炸弹击中了大英博物馆（British Museum）的植物学区，这给种子寿命的研究带来了沉重的打击。当消防员扑灭了明火清理了废墟之后，博物馆工作人员返回原地，发现他们的一些标本发芽了。在热量和湿度的作用下，1793 年从中国的一棵合欢树上收集的种子发了芽，并长出了看上去完全正常的幼苗。[其中三棵幼苗被种植在附近的切尔西药用植物园（Chelsea Physic Garden），1941 年另一枚炸弹击中了它们。] 自那以后，有进取精神的植物学家们不断刷新种子的长寿纪录——在一处隐匿的私掠船战利品中发现的针垫山龙眼（pincushion protea）和其他非洲外来植物寿命为 200 年；保存在一个美洲土著拨浪鼓里的一粒美人蕉种子寿命为 600 年；从一片干涸的湖床中发现的莲花种子寿命为 1300 年。最有希望的新发现来自北极高纬度地带，在那里，一个团队最近从一棵冰冻在松鼠洞中超过 3 万年的微小芥菜中移植了活体组织。那粒种子不可能靠自己萌芽，但它的某个部分存活了那么长时间的这个事实表明，玛土撒拉的纪录一定会被打破。

"种子的寿命可能是无限长的。"当我问莎拉有关休眠的期限时，她这样告诉我。伊莱恩的回答更加通俗，但可能更接近事实。她解释说，所有种子最终都会死，大多数在几年或几十年之内就会死。但玛土撒拉是在"完美的地方"发现的——它被深深地埋藏在一座坍塌的建筑物之下，处于一个极为干燥的环境，那个环境保护它免受昆虫、啮齿动物、湿气以及有害日光的破坏。在 19 世纪古埃及学（Egyptology）风靡欧洲和北美的时候，人们宣称，与法老葬在一起的谷粒和豌豆在相似的环境条件保存了下来。当地的无良向导做起了一笔红火的生意，向游客兜售"木乃伊小麦"，从《哈泼斯》（*Harper's*）到《园丁纪事》（*The Gardener's Chronicle*）等主流杂志都吹嘘它的巨大产量和健康益处。即使今天，"图坦卡蒙豌豆"（King Tut Peas）仍是种子商品目录中的一种待售商品。尽管没有证据证明任何有关法老种子的说法是正确的，但玛土撒拉的故事表明，这些说法也许并非毫无可能。

让古代植物品种重获新生是夺人眼球的科学，但这也仅仅是种子日常行为的一个极端例子。广义来说，休眠指的是一粒种子从成熟到萌芽之间任意时间长度的停顿。包装在袋子里售卖的园艺种子是休眠的，你为了种植草坪在前院撒下的草籽也是：它们干燥、坚硬，容易储存，只要碰到一块湿润的土地它们就能发芽。如果没有休眠，农民和园丁就无法储存种子用于以后种植，谷物、豆类或坚果也无法在我们的食物柜和食品储藏室里储存这么久。我们认为这是理所当然的，但是，如果种子不能连续地放置几个月或几年的话，我们的整个食品生产系统将会是一件荒唐事。不过，尽管种子的耐力对人们以及农业至关重要，但它对植物本身更加重要。

每一个吹落过蒲公英绒毛的人都熟悉种子跨越空间传播的概念。从真正意义上说，休眠使种子能够跨越时间传播。它为植物提供了一种方法，将种子定位于一个特定的时刻，环境条件适合萌芽的一个未来时刻。拥有耐久种子的植物能够生产出不惧严冬、干旱或其他阻碍的幼苗，它们可以在下一个生长季节发芽生长。它们也可以防范洪水、大火或其他能在某一年中摧毁所有幼苗的偶然事件；休眠的种子仍将留在土壤中，等待另一次机会。这使种子植物在恶劣的、变幻莫测的或者季节性很强的气候条件下具备了明显的进化优势。它恰好符合比尔·迪米凯莱关于种子在石炭纪时期干燥、多岩石的高地上进化的理论，与短命的孢子竞争者相比，拥有休眠本领的种子优势明显。它还有助于解释，为什么休眠是种子在除热带雨林以外几乎所有环境中最主要的生存策略，热带雨林基本上一直是气候适宜的，为了避免腐烂、虫害和动物掠食的危险，种子都会很快发芽。

　　最初发明休眠的植物，也许只不过是早早地扔下了它们的种子。这些未成熟的丢弃物没有特别的适应能力——在发芽之前，它们只需要有更多的成长时间。一些植物品种仍然沿袭了这种方式，曾经种植过欧芹的园丁们都知道。它要花很长时间才能发芽，因为它幼小的胚胎必须在种子内生长好几天，才能长到足以生根的大小。随着时间的推移，大多数植物发展出了让种子附着更长时间以及让种子失去水分的习性，含水量最多可以减少 95%。这仍是减慢种子新陈代谢的最重要的因素，我们将在下一章中详细地讨论种子的新陈代谢。现在，让我们把种子的脱水看作一个起点，从这个起点开始，种子的休眠很快进化成为一系列复杂的、几乎是神秘的策略。总的来说，在本书中，休眠是广义的——发生在一粒种子成熟后到发芽前的任意时间长度的停滞期。但像卡罗尔·巴斯金一样的专家，对纯粹不活跃的种子与那些严格意义上处于休眠的种子做了重要区分。

　　"如果一粒种子真的在休眠，在适宜的气温下，你把它放在湿润的土层上它也不会发芽。"她告诉我。换句话说，休眠的种子并不只是无所事事地等待着大雨和阳光充足的日子。若要符合巴斯金的休眠定义，一粒种子必须主动地抗拒萌芽，用许多技巧延缓发芽的那一刻。这听上去是违反常理的——种子的意义不就是萌芽吗？——但它使种子拥有了一种与天气、日照、土壤条件以及其他组成它们环境的因素相互作用的精妙方法。温带地区最普遍的策略就是利用温度优势，需要的是冬天长期的寒冷效果，接着需要升温，以使种子做好在春天发芽的准备。这种策略通常与极为特别的光照条件共同作用。有些野芥菜种子可以透过 6 英尺（约 2 米）厚的积雪回应日光角度和时长的变化，而许多森林物种能够辨认出全日照（发芽的好机会）和透过树叶的远红外波长（树荫太多）之间的差别。无论有什么需求，休眠的种子只有在特定的条件得到满足的时候才可能、也才会发芽。

"这方面的进化与其说是种子推动的，不如说是幼苗推动的。"卡罗尔解释道。虽说在任何湿润条件下都可能成功萌芽，但真正重要的是接下来发生的事。如果种子在错误的季节发芽，并很快死于缺水、寒冷、高温或背阴的话，那么母株为滋养以及传播它的种子所投入的一切将会化为乌有。由于存在这些进化的高风险，能够提示休眠种子醒来的具体线索就尤为必要了。最为精妙的一些例子来自大火易发的地区，当火焰开发出一片生境并释放出灰烬养分之后，那里的植物幼苗长势最好。从金合欢和漆树到岩蔷薇和荆豆，适应这个体系的种子往往是完全不透水的，只有当明火的热量使它们的表皮开裂或去除了细小的阻塞物之后，它们才能吸收水分。有些物种也需要接触烟雾中的高温气体，或者对部分烧焦的木头所释放出的特殊化学物质做出反应。为了在实验室中模拟野火，据说萌芽专家们曾经快速加热种子，并向它们喷射烟雾。沙漠植物遇到的挑战在于，它们要区分偶尔的暴雨以及能够真正滋养一棵干渴幼苗的持续降雨。它们如何做到这一点仍有争议，但一些专家相信，它们的种皮含有"雨水测量计"，也就是一些化学物质，当这些化学物质被适量的雨水过滤掉之前，它们对萌芽有抑制作用。

对卡罗尔·巴斯金和她的丈夫杰里而言，种子生物学中最引人入胜的部分就是种子如何休眠以及唤醒它们所需的东西。"它就是让我们着迷。"她告诉我。她和杰里总共发现了种子休眠的 15 种分类和等级，每一种都有许多变化。它们因休眠原因不同（例如，不透水的种皮、未充分发育的胚胎、化学物质或环境的限制）以及休眠"深度"不同而不同（多么难以克服）。从他们位于肯塔基州的房屋后院，到夏威夷的山脉，再到中国东北的寒冷荒漠，他们不断地劳累奔波。但吸引他们回来的正是我们对这个过程本身的无知。每个人都承认，脱水很重要，科学家也知道很多相关的化学物质和基因，但是，看上去似乎毫无生命力的种子，怎样辨别霜冻、烟雾、热量、昼长以及日光中的波长比率等如此多样的事物，人们仍然无法理解。就连休眠的结束与萌芽的开始之间的基本区别都很模糊。在科学以及普通生活中，我们很有可能知其然而不知其所以然。比如，我知道打开电脑后将会发生什么。我可以打字，上网搜索，或者把我儿子最近的滑稽照片通过邮件发送给他的祖父母们以逗他们一乐。但从我一直给技术支持部打电话就能看出，我对电脑运行的原理一窍不通。种子休眠的科学比这更先进，但还有很多知识需要了解，这也是它令人激动的原因。

在我们的交谈结束的时候，我问卡罗尔，生命停滞状态（suspended animation）是否可以比作休眠。（当科学无法提供完整答案的时候，转向科幻小说寻找答案是很自然的。）"不完全是，"她回答，"因为种子仍然是活跃的。"这种说法让我不禁微笑——只有一位种子生物学家才会把一小块坚硬、干燥、毫无生气的休眠种子称为"活跃的"。但卡罗尔和其他许多人相信，种子像其他任何生物一样不断地进行新陈代谢，只不过它们的新陈代谢非常非常地缓慢。

当赫伯特·乔治·威尔斯的经典小说《当沉睡者醒来时》（The Sleeper Awakes）中的主人公睁开眼睛时，他发现世界完全改变了。200年过去了，他认识的人都死了。好在他的储蓄存款账户积累了足够的复利，使他成了历史上最富有的人。休眠可以帮助一粒种子获得相似的经历——别忘了，玛土撒拉醒了过来，拥有了属于他自己的私人花园。更常见的情况是，种子会以休眠状态度过一个季节，或几年，甚至几十年，但回报是丰厚的：适宜的生长条件，幸运的话，还会有一片肥沃的土地。在威尔斯的小说里，醒来的沉睡者遇到了身着奇怪长袍的人们，他们试图阻止他获得自己的财富。种子醒来的时候也处于一种与奇怪的同伴竞争的状态，因为在它们休眠的这段时间里，也就是许多年以前，其他各种各样的种子就已经堆积在附近的土壤里了。

在自然界中，你再也找不到一个像土壤种子库这样的环境了。如果把休眠比作生命停滞状态，那么种子库就象征着暂停的比赛：成百上千个来自不同物种和时代的野心勃勃的竞争者，都聚在一起等待着。当合适的条件突然出现的时候（尤其在大火或其他动荡之后），它们便开始了激烈的生长竞争。众多近邻之间的这种竞争，成了种子进化中的推动力，产生了各种影响，从种子大小、萌芽速度到食物储备的质量和数量。一些专家相信，种子库甚至为植物种群带来了新的基因变异（genetic variation），因为存在时间比较久的种子的 DNA 往往开始退化，并且越来越怪异。种子库不可思议的多样性和长寿甚至可以让研究种子库的人使用科学中最少使用的标点符号——感叹号。查尔斯·达尔文曾经让 537 颗种子在 3 汤匙的池塘淤泥中发芽，它们"全都在一个早餐杯中！"

因为种子库存在的时间很长，所以它们给我们提供了吸引人的一瞥过去的机会。在玛土撒拉的案例中，"种子库"是一座古代的仓库，不过，即使在自然的环境中，保存在土壤里的种子往往也会包含一些已经从陆地上消失的种类。当生态学家们想要获得有关历史上的生境——什么植物曾经在哪里生长——的时候，他们会求助于种子库。达尔文对种子的着迷，始于他观察到的蜀葵（rose mallow），一种田野和花园植物，在一座黑暗森林里正在开挖的路基上发芽。他推断，这些种子一定在土壤中"未受打扰地度过了很多年"，是在森林树木出现之前，土地被开发和耕种的时候遗留下来的。当土壤发生巨大动荡的时候，被遗忘很久的种子库会重见天日，有时会出现在令人出乎意料的地方，最戏剧化的例子就出现在这种时候。1667 年春天，伦敦人惊奇地看到他们的城市鲜花盛放。一片片金色的芥菜花和其他野花突然绽放，散布在泰晤士河（River Thames）以北，6 个月之前，伦敦大火（Great Fire）将这里的几千座房屋和建筑夷为平地，露出了光秃秃的土地和埋藏了几个时代的种子库。

　　种子库也许能让我们一瞥过去，但对于植物而言，休眠的理念仍然以未来为重点——将子孙后代传播到未来。最了解这些的也许就是园丁和农民，他们发现自己年复一年地从同一片土地上拔除野草幼苗。事实上，正是一群沮丧的农民启发了威廉·詹姆斯·毕尔教授（Professor William James Beal）进行历史上持续时间最长的科学实验之一。毕尔是密歇根农学院［Michigan Agricultural College，现为密歇根州立大学（Michigan State University）］的一位植物学家，为了回应当地农民的一个请求，他于 1879 年秋天开始了他的项目。他们想知道，要拔草和耕作多少年才能使他们田地里的野草籽消耗殆尽。为了找到答案，毕尔在他办公室附近的小山上小心翼翼地埋藏了 20 个玻璃瓶。每个瓶子里装有当地 23 个物种的 50 粒种子，挑选它们的"目的是为了在未来不同的时间对它们进行试验"。在接下去的 30 年中，毕尔每五年挖出一个瓶子，将种子种下去，并记录有多少种子还会发芽。当他退休的时候，他将这个实验移交给一位年轻一些的同事（包括一张注明被埋藏种子秘密位置的"藏宝图"）。后来的守护者们延长了实验的期限，最后一个

"毕尔瓶"直到公元2100年才能被挖出来。我们不知道最初那些农民的后代是否还在同一片田地里耕作，但如果是这样，我们知道，他们仍然会拔除蛾毛蕊花（moth mullein）和矮锦葵（dwarf mallow）这样的野草。公元2000年挖出的一个瓶子里的这两个品种的种子很快都发芽了，那时距离它们被埋在泥土之下已有120年。

现在，许多人认为毕尔的实验很新奇，是19世纪伟大的博学家时代的一种魅力延续。他的简单想法每过几年就会提醒我们，种子能够存活很长很长时间。不过，尽管现代研究方法变得更为复杂，但毕尔的研究预示了种子研究中的重大发展。以前，科学家们从未保管过这么多种子用于未来研究——来自几千个品种的几十亿粒种子。不过，现在我们不用玻璃瓶，而是把种子存放在安全性很高的地下室和寒冷的北极洞穴里。像毕尔一样，现代的种子储存者们偶尔会取出样本让它们发芽；但与这位教授不同，他们并非为了了解过去的种子库。相反，他们正在创造新的种子库。

第七章

把它放进种子库中

The Triumph of Seeds

Take It to the Bank

> 瓦维洛夫教授负责这项工作……通过游历土耳其斯坦、阿富汗和相邻国家以及大量信件往来，他收集了数量巨大的种子，包括小麦、大麦、黑麦、粟、亚麻等。中心办公室位于圣彼得堡，占据了一座大型建筑，很大程度上是一个活生生的博物馆，展示了以种子为代表的经济植物。
>
> ——威廉·贝特森（William Bateson），
> 《俄罗斯科学》（*Science in Russia*，1925）

马齿水库（Horsetooth Reservoir）填满了科罗拉多州科林斯堡（Fort Collins）以西的一座 6.5 英里（约 10.5 公里）长的溪谷。4 座大坝挡住了水流，人们可以从城镇的不同地方清晰地看到它们高大的东墙。万一其中一座或几座坍塌了，洪水就会在不到 30 分钟的时间里淹没城市中心，在这段短暂的时间里，来不及进行任何有组织的撤退。一项政府研究推断，城市的全部地区或部分地区以及下游的其他几个社区"将损毁严重"。恢复重建的花费估计高达 60 亿美元。

但有一座建筑一定会完好无损。它位于科罗拉多州立大学（Colorado State University）校园的边缘，夹在后备役军官训练中心（ROTC center）和一座田径运动设施之间。门上写的名字是"国家基因资源保护中心"（National Center for Genetic Resources Preservation），但大多数人还记得它原来的名字："国家种子库"（National Seed Bank）。漫不经心的观察者永远猜不到，它毫无特色的煤渣砖墙内建造了能够抵御地震、暴风雪、长期断电和灾难性火灾的实验室和低温地下室。万一马齿大坝决口，这座建筑还具备漂浮的能力。

"这里有双重地基，"当我们走进一扇内部大门时，克里斯蒂娜·沃尔特斯解释道，"它就像一座建筑中的建筑。"种子标本集位于这个中央核心区之内，足以抵御 10 英尺（约 3 米）深的洪水。"他们也考虑了龙卷风的问题，"她补充道，"这些墙面都是强化混凝土。一辆时速 75 英里（约 121 公里）的凯迪拉克（Cadillac）都撞不破这个地方。"

不清楚为什么会有人驾驶一辆凯迪拉克袭击国家种子库，但想到这个画面我不禁发笑。和克里斯蒂娜·沃尔特斯在一起，我总是大笑不止。她是一位精力充沛的中年女性，谈论种子的时候，她的热情和幽默完美地结合，每次玩笑之后，她的眼睛里仍会保持很久的笑意，即使我们已经转换了话题。"我们进去吧。"她说。另一扇门在我们面前快速地开启，里面有一排排可移动的长架子，就是图书馆为节省空间而使用的那种类型，当我们经过这些架子时，灯光就自动亮起。由于标本集中有超过 20 亿份标本，所以在国家种子库中，空间是很宝贵的。

"我们属于农业部（Department of Agriculture）的一部分，因此农作物肯定是重点。"克里斯蒂娜解释道。这个标本集含有任何一种能想象到的食用植物以及它们野外近亲的样本。这个想法不仅是为了储藏普通的农作物，也是为了保存对农作物有益的各种基因——从味道的细微差别和营养，到耐旱能力或抗病能力。种子库储藏几千个品种是为了一个更远大的目标：保护生物多样性以及更好地了解多样性。"这是什么？"克里斯蒂娜问。她从最近的一个架子上拿了一个银色铝箔袋下来。"啊，高粱。"她说，"我爱高粱。"

可以说，比起高粱，克里斯蒂娜·沃尔特斯更爱她的工作。1986年，她作为一位博士后研究员开始从事种子库工作，直到成为从萌芽到遗传学的整个研究项目的主管。像德里克·比利一样，她将自己对植物的热情归功于拥有一座农场的祖父。她自己的家庭经常搬家，从未开辟过花园，但她记得，她曾经请求妈妈帮她买杂货店里售卖的小型观赏植物。"它们只不过是锦紫苏植物，"她笑着说道，"你知道，有紫色叶子的那种植物！"在大学里，她对植物学的兴趣开始聚焦于种子，但过程并不总是那么顺利。一位教授建议她最好研究"真的植物"。但克里斯蒂娜坚持不懈，专门研究种子的脱水、寿命和生理机能。30年过去了，世界上真正了解一粒休眠种子内部发生的（和没发生的）情况的人少之又少。

她突然说道："我在这里已经够久了。"她把高粱放回原处，朝门口走去。我很高兴跟着她。在低温情况下，种子能够保存得更长久，大型的冷藏设备使标本集陈列室保持着冰冷状态，温度稳定在0华氏度（零下18摄氏度）。我们颤抖着走出了门，一团团水蒸气在我们脚边旋转，我现在知道外面的衣帽架上为什么挂着派克大衣和冬季外套了。我们继续参观，来到了另一间地下室，这里的种子被保存在更寒冷的液氮钢罐中。"种子有不同的个性。"克里斯蒂娜告诉我。她解释了控制温度和湿度这两个关键的储藏因素怎样帮助它们找到最合适的状态。当它们达到最佳状态时，结果会令人惊讶。一粒水稻在自然界中可以存活

3 到 5 年，但在种子库里可以存活 200 年。"世界上没有永生这回事，"她说，"没有什么是永远存在的。"但在国家种子库这样的设施中，种子极其接近永生。

当我们来到她的办公室时，我请克里斯蒂娜解释，种子是怎么做到这一点的—— 一个看上去毫无生命力的物体怎么会存活这么久。像与我交谈过的其他专家一样，她立即指出，我们对种子缺乏真正的了解。然后她把注意力转向科学家都知道的事情上。"当一粒种子完全干燥后，酶放慢了速度，分子停止了运动。"她一边解释一边开了两把椅子上成堆的书和论文，好让我们有坐的地方，"代谢活动基本上慢慢地停了下来。"然后她拿出了插图、图表，甚至还有一张脱水的种子细胞的电子显微图片。失去水分后，它们看上去就像笨拙地塞满了块状物的皱巴巴的塑料口袋。假如你曾经让你 3 岁大的孩子把杂货装进袋子，你一定看到过类似的东西。"那里面一团糟，"克里斯蒂娜说，"而且很难进行研究，因为你看不到任何东西。"但是克里斯蒂娜的研究的确说明了一个植物细胞发挥作用的必要反应，即新陈代谢的基础依靠的是水。除去水分，一切都将停止。注入水分，种子就会苏醒。

我问她，是不是可以比作一包干燥的汤粉——它本身只是一团原料，但当你加水之后，就会得到美味的食物。"是的，有几分相似，"她说，然后她皱起眉头，"不同之处在于当你注入水分后所发生的事情。汤粉会让你得到汤，随意漂浮着各种原料。而种子会让你看到内部系统的、发挥功能的细胞。脱水的种子细胞具备了记忆和重建结构的能力。这很不寻常。大多数细胞没有这种能力。"然后她朝我看看，眼睛里又出现了笑意，"如果我们让你的细胞脱水然后再注入水分，我们得到的是汤。"

对于我以及动物王国中的大多数成员来说幸运的是，生命和繁殖并不需要经历脱水。但是有一些生物学会了这种技巧：例如好几代漫画读者熟悉的某些线虫（nematode）、轮虫（rotifer）、节肢动物（tardigrade）以及一部分小型甲壳动物（crustacean）。尽管并非真像那些著名的封底广告图片描绘的那样戴王冠，涂口红，但被当作"海猴子"（Sea-Monkeys）出售的卤虫（brine shrimp）依然引人注目。像种子一样，它们干燥的卵子能够存活很多年——在野外或在邮购包裹中——当它们落入玻璃鱼缸的时候，它们的细胞准确地记得怎样重新组装自己。专家们现在认为，脱水的种子和海猴子有很多共同点，都以玻璃样的状态把重要的功能保存在细胞内。医学研究者最近模拟了这种系统，创造了首批稳定的干燥疫苗，在缺少冷藏条件的地方使用。"脱水确实启发了我们。"一位麻疹病专家告诉我。他解释道，一开始他们用卤虫做实验，但当他们将疫苗放入肌肉肌醇（*myo-insitol*）—— 一种从大米和坚果中提取的糖分——暂停其活力的时候，获得了最佳效果。[1]

休眠的机理影响了从制药到太空探索等众多领域。美国国家航

图 7.1 卤虫（学名 *Artemia salina*），生命中包含与种子相似的脱水及休眠的少数动物之一。照片，汉斯·希勒维尔特（Hans Hillewaert）/署名 – 相同方式 – 知识共享协议 3.0（CC-BY-SA-3.0）。维基共享资源。

空航天局（NASA）的科学家们为了长期的太空任务而研发储存种子的新方式以及生存策略。当宇航员们把一盒罗勒种子拴在国际空间站（International Space Station）外部的时候，这些休眠的小种子状态良好，一年多后仍能正常地发芽。不过，大多数种子库研究的目的更为实际：让人们在快速变化的世界里填饱肚子。种子库起到大型图书馆的作用，当农民和植物种植者需要某种农作物特征时可以求助于它们。当 2004 年的海啸淹没了从印度尼西亚到斯里兰卡的沿海稻田后，种子库很快提供了重新种在田地里的耐盐品种。而当 20 世纪 80 年代俄罗斯麦蚜虫威胁到美国的谷物时，研究者们对 3 万多个种子库里的品种进行了筛选，以找出对麦蚜虫具有天然抵抗力的类型。随着商业性农业生产越来越专注于少数几种大量生产的农作物，种子库提供了针对疾病爆发、自然灾害以及全世界食用植物多样性持续减少的重要防范措施。在未来几年，预计它们还会对我们适应另一个全球趋势起到关键作用。

我访问科林斯堡（Fort Collins）时是 5 月中旬，但感觉像是 8 月份。温度计测得的温度在 90 华氏度（32 摄氏度）上下，创造了一系列高温纪录，好几天温度都比平均温度高 20 华氏度。两周之前，也创造过另一个气象纪录——降雪量的纪录。在这样的背景下，我和克里斯蒂娜·沃尔特斯的对话自然转向了气候变化。"这已经影响了我们的收集方式和收集物。"她告诉我。我问她能不能举个例子，她马上回答："高粱。会有很多高粱。"她解释了这种高大的非洲草类是如何自然地适应温暖气候的，"它是耐热、耐干燥的谷物，我们会越来越多地种植它。"为将来做准备，种子库里的标本集中已经包含了 4 万个不同的高粱样本。

如果克里斯蒂娜是对的，那么种子库将会在气候变化时期起到关键作用，能让我们轻松地转而种植适应温暖气候的备选农作物。但它们也

图 7.2. 在国际空间站进行的这项实验将 300 万粒罗勒种子暴露在太空的寒冷真空环境中超过一年。之后它们被传递到科学家和学院团队手中，并成功地发芽。照片，美国国家航空航天局国际空间站试验 3（NASAMISSE 3），由美国国家航空航天局（NASA）提供。

能保护农业免受灾难事件的伤害——比如战争、自然灾害或能使整个农业体系陷入停顿的政治剧变。2008 年，科学家们揭开了位于挪威北极地带（Norwegian Arctic）的一个新的国际种子仓库的面纱。这座建在斯瓦尔巴群岛（Svalbard archipelago）一个山坡深处的种子库将种子保存在寒冷干燥的黑暗之中，这里无须额外的冷藏设备或来自地面的其他帮助。"如果外部发生了任何问题，"它的建造主管指出，"这个地方会幸免于难。"[2] 这个被称为"世界末日地下室"的仓库在开启之时成了全世界的焦点。

　　"恐惧很有市场。"当我提到斯瓦尔巴群岛项目时，克里斯蒂娜风趣地说。但她很快补充道，每位种子研究者都很感激这次公开宣传。人们的关注突出了他们研究的重要性，也帮助他们获得了她们一直在努力争取的资金方面的必要增长。种子库的运转一点儿也不便宜。尽管像"地下室"和"库"这样的词仅仅暗示着转动钥匙和离开，但管理一个种子标本集需要采取持续的行动。即使保存在寒冷环境中，样本仍会不断退化，需要不时地检查确认它们是否还有生命。"原先的计划是每七年一次，但我们没有那么多预算。"当我们参观萌芽实验室的时候克里斯蒂娜告诉我。我们走到一张实验台旁，一位技术人员向我们展示了几盘豆子幼苗，每棵幼苗都仔细地包裹在湿润的纸巾里。"所以我们现在是每十年一次……但我们还是没有那么多预算！"

　　缺乏定期的萌芽测试，任何样本里的种子都有可能在不经意间失去生命。"它们死于累积的损伤。"克里斯蒂娜解释道。随着时间的推移，小问题不断累积，就像每个人上了岁数都会开始感到周身疼痛一样。单独来看，这些问题都不严重，但当种子越过了一个临界值以后，它们的活力就会突然消失。窍门就是，在这种情况发生之前获得一个样本，将种子种下，长大成熟后进行收割，然后重新保存到标本集中。让保存时间比较久的样本再生，可以让一个种子标本集永远保持活力，但由于种类繁多，从热带的腰果到耐冬的羽衣甘蓝，任何单独的设施都无法应付那么多种植工作。

　　"在这儿我们不做那部分工作。"克里斯蒂娜如释重负地说。相反，她和她的团队与 20 多个分布在不同地点（和气候）的区域种子库及研究站合作，分布地点包括北达科他州、德克萨斯州、加利福尼亚州、夏威夷和波多黎各。他们也与斯瓦尔巴群岛的种子地下室以及由英国皇

图 7. 3 高粱（学名 *Sorghum bicolor*）。高粱是一种原产于埃塞俄比亚的热带国家谷物，随着整个世界适应了气候变化，高粱预计会变得越来越重要。高粱的谷粒可以磨成面粉，发酵后可以制成啤酒，甚至可以制成替代爆米花的膨化食品。插图绘制，2014 年，苏珊娜·奥利芙。

家植物园邱园（Kew Gardens）管理、用于野生品种的大型设施合作。[3]实际上，随着各国政府、大学和私人团体意识到了农作物多样化的衰退和原生植物的减少所带来的威胁，全世界的种子库数量正在快速增长。"现在像我们这样的地方已经有 1000 多个了，"在我们即将分别的时候克里斯蒂娜说，"这已经成为一场运动了！"像其他运动一样，种子库建设运动中有反派也有英雄。反派往往是没有具体名字的——生境大规模消失的格局或全球农业的趋势。但在一个例子中，"种子敌人"的角色是由一位非常有名的历史人物扮演的：他就是约瑟夫·斯大林（Joseph Stalin）。因为，当斯大林与科学团体反目并开始监禁苏维埃学者和知识分子时，受害者中就包括这场运动最初也是坚持时间最长的英雄，他是一位才华横溢的植物学家，他的研究影响了好几代人的农作物繁育，并为后来出现的每一个种子库铺平了道路。

尽管尼古拉·瓦维洛夫（Nikolai Vavilov）在植物学界以外并不出名，但很多人认为他是 20 世纪最伟大的科学家之一。他是一位富有的实业家的儿子，凭借专长，他在布尔什维克革命（Bolshevik Revolution）中幸免于难。列宁（V. I. Lenin）也许反对过受过教育的"知识分子阶层"，但他也相信，实现苏维埃农业现代化需要一种基于科学的方式。在 1920 年粮食紧缺时期，列宁将本就稀少的资金从救援工作中转移出来，成立了应用植物学研究所（Institute of Applied Botany）。"防止饥荒是下一步，"他曾告诉他的同事，"而现在正是开始的时候。"[4]

作为这个机构的首任主管，瓦维洛夫的植物培育研究以及他对种子的热情都得到了慷慨的支持。他到处游历，收集了以吨计量的样本，深入了解了各个地方的小麦、大麦、玉米和豆子这样的农作物有何不同之处——成熟时间的早或晚，耐冻能力，或抗虫害和抗病能力。[5]瓦维洛夫比同时代的其他人更加了解，这些特征是如何以种子的形式永久保存起来，用于培育新的品种。他梦想培育出特别适应俄罗斯恶劣气候的农作物，这样的品种将会终结他的国家持续不断的、致命的食物危机。几年之内，他将圣彼得堡（Leningrad）市中心的一座沙皇宫殿改造成了世界上最大的种子库和研究设施，支持他的是工作在全国各地的野外研究站的几百位工作人员。

遗憾的是，斯大林并不像前任领导人那样热爱科学的农作物培育，他对瓦维洛夫旷日持久的研究方式没有多少耐心。列宁去世后，很快，种子库项目——以及该项目的基础孟德尔式遗传学（Mendelian genetics）——就不受欢迎了。当这个国家在 1932 年遭到另一场饥荒打击的时候，斯大林开始支持"赤脚科学家"——承诺快速拿出成果的一支由未受训练的无产阶级农业技术员组成的队伍。[6] 瓦维洛夫发现，他的研究遇到的阻碍越来越大，最终他被逮捕，并受到了蓄意破坏苏维埃农业的捏造指控。在狱中，他继续撰写关于种子和农作物的文章，直到耗尽了气力。由于监狱看守疏于照看他，为了给饥饿民众提供食物而努力的这位战士，最终却落得一个具有讽刺意味的结局：他饿死了。

不过，当瓦维洛夫遭受牢狱之灾的时候，他的观点却焕发了生命。很快，以俄罗斯模式为基础的种子库开始在全世界出现。在冷战最激烈的时期，当苏联人造地球卫星"伴侣号"（*Sputnik*）的发射促使各国花大力气"赶超"苏维埃技术时，美国开始在科林斯堡破土修建种子库。纳粹德国（Nazi Germany）选择了更为直接的途径。在围攻圣彼得堡期间，希特勒（Hitler）派遣了一支特别突击队，命令他们不惜一切代价夺取瓦维洛夫的种子库，并将标本集带回柏林。圣彼得堡并未沦陷，但这个种子库依然面临着被饥饿的平民劫掠的威胁。至少有 4 位忠诚的工作人员死于饥饿，他们从未碰触过自己看管的几千包大米、玉米、小麦和其他珍贵谷物。[7]

有关种子的令人惊讶的英雄主义故事延续到了当今。2003 年，当美国军队逼近巴格达（Baghdad）的时候，伊拉克的植物学家们匆忙地将他们最重要的种子样本打包，运送到叙利亚阿勒颇（Aleppo）的一处设施中。留在原地的一切都被摧毁了。10 年之后，叙利亚人做了相同的事，当阿勒颇在迅速发展的战争局势中即将成为战场的前几天，他们撤空了整个标本集。遗憾的是，再大的勇气也无法挽救某些标本。20 世纪 90 年代期间，索马里（Somalia）失去了它的两个种子库；桑地诺（Sandinista）起义者掠夺了尼加拉瓜（Nicaragua）的国家标本集；

在 1974 年推翻海尔·塞拉西（Haile Selassie）的战争中，埃塞俄比亚（Ethiopia）的种子库中极为宝贵的小麦、大麦和高粱品种消失了。

在这样的历史背景下，科林斯堡的高度安全措施和能抵挡住凯迪拉克撞击的墙壁也开始显得更有道理了。不过，尽管很少有人认为种子不值得保护，但我也从没听克里斯蒂娜·沃尔特斯或其他人提到过种子库运动本身的讽刺意味。直到最近，农作物的多样性大都依靠农作物本身，由最初种植它们的农民、园丁和植物工匠维持着。无论人们在哪里耕种，他们都会培育当地品种，并让这些品种在自己的田地里保持"库存"，一季又一季，重复种植它们，改良它们。只有在工业化农业出现之后，保留多样性才成了一个问题，因为工业化农业的重点在于利用大规模种植的少数几个品种获得高产量。[8] 尽管种子库引人注目，也很有必要，但从很多方面来看，它们都是一种用来解决我们自己造成的问题的复杂方式。

"我完全同意，"当我提出这个两难困境时，克里斯蒂娜说，"最佳的保护方式就是原位（in situ）保护。"对农作物来说，这意味着留在农民的田地里；对野生品种来说，这意味着留在健康而广阔的自然栖息地中。"但并不总能做到，"她继续说着，展现出使她成为一位出色科学家的实用主义，"建立种子库是我们能够做的事，所以我们应该做。这是一种赢得时间的方式。"

由于休眠的作用，再加上冷藏条件，种子库的确能够赢得很多时间。不过，尽管对于植物研究和培育来说它们一直都是重要的资源，但仍有一个问题，它们赢得时间的目的是什么——人类活动中的哪些变化会实现克里斯蒂娜所说的那种原位保护呢？一部分答案不在实验室或低温罐中，而在爱荷华州（Iowa）人口为 8121 人的迪科拉镇（Decorah）

外的一座小型农场中。在那里，一群全身心投入的园丁花了近40年时间，让几千个不同的植物品种持续生长在他们自己的田地以及全世界的园地里。

"我们的标本集是有活力的。"戴安·奥特·惠利告诉我，"传世的植物和传世的家具或首饰不一样——你不能时不时地把它们拿出来擦去灰尘。保存种子的最佳方式就是种植它们。"

我在惠利位于农场上的办公室里和她见面，这是一个嘈杂而忙碌的地方，人们经常打断我们的交谈来问一些问题或安排会议。像科林斯堡一样，迪科拉镇的设施拥有装满种子的控温房间。但与政府机构不同，惠利的团队还经营着一个890英亩（约360公顷）的农场，管理着一个邮购种子的业务，协调着一个不断扩大的全球"后院保护者"网络。如果克里斯蒂娜·沃尔特斯将1000个种子库称为一场运动的话，那么种子保存者交换中心（Seed Savers Exchange）的1.3万个成员就可以称得上是一场革命了。"我们是一座人类的种子库，"戴安轻描淡写地说道，"专注于辨认、保护和分发传世的植物。"不过，尽管她和她的同事们维护着一个传统的标本集（样本与科林斯堡和斯瓦尔巴群岛的一样），但她们首要的目标是重新将种子和人类连接起来，年复一年地帮助园丁和农民收集、交易以及（最重要的）种植传世的种子。

戴安和她当时的丈夫肯特·惠利（Kent Whealy）于1975年创立了种子保存者交换中心，一部分灵感来自她祖父传给她的一种罕见的紫色牵牛花种子。（"那种牵牛花有很多个性，"她告诉我，"就像祖父一样。"）从他们客厅里的一张小桌子开始，这个项目很快发展为一个热情的种子收集者的全球网络。"人们对种子有着很深的情感依恋，"她解释道，"当人们开始寄样本给我们的时候，他们常常附加一张食谱。是的，他们想让他们的品种得到保护，但他们也希望有人种植它们，收获它们，吃掉它们——作为食物得到赞美！"从一开始，人们加入这个交换中心也是为了认识其他的种子保存者。每年一次的野餐活动发展成为持续 3 天的种子会议和节日，交换中心最初的 17 页简报也变成了一本电话簿大小的卷册，列出了 6000 多种供出售或交易的品种，其中很多品种是别处找不到的。

从生物学角度看，种子保存者交换中心是科林斯堡种子库工作的重要补充。科林斯堡的大型设施保存了大量品种，但它是一个变化很少的地方——只有当工作人员需要补充架子上的储备时，他们才种下种子。"一直种植种子可以使那些品种保持适应性改变的能力，"戴安解释道，"即使没有气候变化，植物也需要适应当地的环境。"通过持续的种植，种子保存者所做的不仅仅是保持园艺多样性。他们使植物得以进化，有助于创出储备在未来的花园和种子库的新品种。

在我们的交谈结束的时候，我问戴安，她是否可以预见到，在未来的某个时候，这项工作得以全部完成，将有足够多的人种植足够多的品种，从而不再需要种子库。"不，这永远不会结束，"她说道，脸上露出了全情投入自己职业的人拥有的轻松笑容，"我们永远都是种子的推动者。"

种子保存者交换中心的一部分成功之处在于人们自愿——甚至强烈渴望——成为它的会员。任何一位园丁，或者任何一个与园丁生活在一起的人都知道，种植和收获仅仅是过程中的一部分。在我们家，一年中最令人激动的园艺时刻之一，在隆冬时节伴随着几本种子目录［包括厚重的《种子保存者年鉴》（*Seed Savers Yearbook*）］的到来而出现。

对伊丽莎而言，这标志着新的一季正式开始。屋外，寒雨和暴风大作，而她则安心地浏览着几千个不同的蔬菜和花卉品种，挑选第二年要种的农作物。诺亚也很喜欢这些目录，常常能发现几本翻阅过很多遍的小册子混放在《晚安月亮》（*Goodnight Moon*）、《给小鸭子让路》（*Make Way for Ducklings*）以及其他塞在他床边的经典图书中。

尽管我对一切与种子有关的事物着迷，但我自认为不是一位园丁，而是一个园艺"推动者"。对伊丽莎（现在再加上诺亚）而言，园艺即是一种热情，也是一种快乐，我也乐于支持这种硕果累累的爱好。如果我专心致志地砍柴、割草，做其他家务活，就会让她们腾出更多时间待在我们不断扩大的菜园中。由于我们会一起分享收获到的可口水果、蔬菜和浆果，这种安排是非常有效的。不过，有一块地我每年都会帮忙耕种。

我的妈妈像伊丽莎一样热衷于园艺，而我的爸爸像我一样，总是吃园子里的产品，但不怎么浇水和除草。但是，因为妈妈去世了，诺亚和我每年春季都会看望我的爸爸，帮他重新种植妈妈的菜园，至少是其中的一部分。爸爸和我对于我们在妈妈曾经耕耘过的同一片土地上耕作和播种感到欣慰，也对诺亚纵情地投入这整个过程感到欣慰。这是一个纪念仪式，因种子的奇妙生命机理——因休眠以及从看上去死气沉沉的东西中创造生命的渴望而变得充实。那个由来已久的谜，常常将最严肃的种子科学讨论带到事实与哲学交汇之处。

离开科林斯堡之前，我再次请求克里斯蒂娜帮我理解一粒休眠种子的新陈代谢。卡罗尔·巴斯金曾经告诉我，细胞依然活跃，但活力降到了很低的水平。克里斯蒂娜持有不同观点。她承认，休眠的种子随时间流逝而改变，但这并不一定意味着传统意义上的细胞活力。"我认为，我们看到的只是有机化合物的自然分解过程，"她的话凸显出她多年累积的化学知识，"这就像处方药的有效期。药物中的化学物质只不过渐渐地降解了，最终失去效力。种子也一样。"

我知道这是克里斯蒂娜的经验之谈。她曾经做过一个测量种子外部空气的研究项目，记录了种子释放的化学成分随着种子老化而发生的变化。但是，我依然对此感到困惑。没有任何代谢活动，种子如何保持生命？

"我会用一个问题回答这个问题，"她立即说，"新陈代谢能够定义生命吗？如果种子是活的，但没有发生新陈代谢，那么或许我们需要重新思考，活着的定义是什么，活着意味着什么。"

经过几十年的研究以及数千年的种植和收获，种子仍然能够挑战我们最为基本的观点。这使它们不仅成为一个吸引人的研究主题，也成为迷人的生命象征和重生象征。"种子"这个词出现在 300 多个英语单词和短语中，从直观的谷种（seed-corn，留待种植的谷粒）到不那么直观的女巫子女（hag-seeds，女巫的孩子），这绝非巧合。事实上，可以说，克里斯蒂娜给我留下了一粒思想种子（thought-seed），一粒也许会发芽、开花、结果的观念种子。我仍然在思考她说的话，因为要想真正知道一粒种子是否活着，即使它是国家种子库中的一粒种子，唯一方式就是种下去看看它是否会生长。

也许人们会思考种子所包含的生命，但生产出种子的花卉、灌木、药草和树木则不容怀疑。它们有着进化的信念和绝对不变的信念。我们的下一个话题最能展示这一点，那就是植物令人不可思议的（作用也令人不可思议的）保卫种子的方式。触发休眠生命的火花也许隐藏了起来，难以估量，但母株会用尽一切办法保护它。

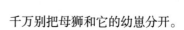

种子的防御
Seeds Defend

千万别把母狮和它的幼崽分开。

——传统谚语

第八章

牙咬、喙啄与啃食

The Triumph of Seeds

By Tooth, Beak, and Gnaw

> 哦，老鼠们，作乐吧！
>
> 这世界已经变成了一座干货店！
>
> 嚼吧，咬吧，尽情地吃吧，
>
> 早餐，晚餐，午餐，正餐！
>
> ——罗伯特·布朗宁（Robert Browning），
>
> 《哈默林的花衣吹笛人》（*The Pied Piper of Hamelin*，1842）

《国际建筑规范》（*International Building Code*）的附录 F，对阻止大鼠和其他啮齿动物进入所有居住场所的要求做出了规定。其中包括 2 英寸（约 5 厘米）厚的板式地基、钢制门栏踏板，以及用回火钢丝或金属片制作、覆盖在所有地面开口上的格栅。粮食仓库或工业设施的环境要求更加严格，包括更厚的混凝土、更多金属以及在地面以下 2 英尺（约 0.6 米）处掩埋建筑幕墙。尽管有这些规定，大鼠和它们的近亲依然吃掉或污染了全世界 5% 至 25% 的谷物，并且一路啃咬着进入各种重要的建筑。2013 年，一只擅自闯入的啮齿动物使本就遭遇不幸的日本福岛核电站（Fukushima nuclear plant）配电板短路，3 座冷却池温度猛升，几乎重演了 2011 年的熔毁情况。这件事成为全世界的新闻焦点，记者、博主以及电视评论员们都想知道，大鼠为什么对电线如此感兴趣。但是，真正的问题不在于啮齿动物喜欢吃什么，而在于阻止它们有多难。一只大鼠究竟为何具备了穿透混凝土墙壁的咀嚼能力？

"啮齿动物"这个名称来自拉丁语动词"rodere"，意思是"啮"，既指啮齿动物咀嚼的方式，又指帮助它们咀嚼的大门齿。大约 6000 万年前，这些牙齿就在小型老鼠类或松鼠类动物身上进化出来。这比混凝土、有机玻璃、金属片或大鼠和小鼠现在咬破的其他任何人造材料的发明都早大约 6000 万年。专家们还在争论啮齿动物的准确起源，但对于那些大牙齿的能力几乎没有人表示怀疑。虽然现在这个族群包括了一些奇怪的动物，比如咀嚼木头的水獭以及用牙齿挖土的无毛鼹鼠，但大多数啮齿动物仍然保持着传统的生活方式：啃咬种子。[1]

啮齿动物出现之前，橡树、栗树、胡桃树等树木的祖先有着无法抵御会咀嚼的带翅膀的小种子。这些种子的化石看上去就像粗糙的麸皮，如此脆弱是为了在下落的时候可以飘起来。然而，啃啮行为出现之后，这些植物以及它们的啮齿掠食者们就开始了一场军备竞赛：力量更大的牙齿与更加坚硬的种皮相互促进，那些古老的种子变成了我们今天熟悉的橡子和外壳很厚的坚果。（其他种子的应对方式是变得更小，希望被整个吞下，或者直接被忽视。）对树木而言，啮齿动物引发了一个进化上的两难境地：让种子得到传播的机会与完全失去种子的风险之间的权衡。对啮齿动物而言，发掘种子内部的营养成了一个进化的宝库：它们迅速成为这个星球上数量最多、种类最多的哺乳动物种群。

　　"协同进化"（coevolution）的观念表明，一种生物体的变化可以导致另一种生物体的变化——如果羚羊跑得更快，那么为了追上它们，猎豹必须跑得还要快。传统的定义形容这一过程是亲密搭档之间跳的一支探戈舞，每跳一步，对方都紧跟着跳出相应的优雅一步。现实中，进化的舞池总是要拥挤得多。啮齿动物和种子之间的关系更像是在一支方块舞（square dance）中发展出来的，舞者们在旋转、队列前进和杜西杜舞步（do-si-do）的快速切换中不断交换舞伴。最终结果似乎达到了交换补偿（quid pro quo），但很多别的舞者也可能对结果产生影响——在整个过程中领舞、跟舞、踩脚趾。没人知道导致颌骨发达的啮齿动物和厚壳种子出现的事件的确切顺序；这个过程发生的时间过于久远，化石记录中只留下了笼统的线索。但专家们并不相信，它们突然出现和同时出现仅仅是巧合。

　　在很多情况下，它们发展出了互惠互利的关系——啮齿动物得到了食物，并在这个过程中传播了一些植物种子。饥饿促使啮齿动物成为这种关系的一部分，但对植物而言，这就像在走钢丝。它们的种子必须有足够大的吸引力才能让动物垂涎，但又必须有足够的坚硬度，不至于当场被吞食。种子坚硬的外壳迫使啮齿动物把种子带走，在安全的洞里咬开它们。理想情况下，啮齿动物会忘了藏匿东西的位置，或者还没来得及吃掉这些东西就死了。以比阿特丽克斯·波特（Beatrix Potter）的《松鼠纳特金的故事》（*The Tale of Squirrel Nutkin*，1903）为例。学者们认为，她的这本书是对英国阶级制度的评论，但它也是一个有关种子的故事：如果猫头鹰岛（Owl Island）上的松鼠采集并藏匿了坚果，如果猫头鹰老布朗（Old Brown）攻击了偶尔出现的松鼠，那么其中一部分坚果就会剩下来，下一代橡树和榛树就会活下去。（松鼠纳特金在失去了它的

图 8.1　比阿特丽克斯·波特有关采集（和传播）猫头鹰岛上的橡子和榛子的经典故事书《松鼠纳特金的故事》中忙碌的松鼠们。

尾巴后成功逃脱了，但我们必须承认，猫头鹰老布朗在其他几次进攻中更为成功。）

　　波特将她的故事背景设定在英国湖区（England's Lake District），但如果她住在中美洲，她应该会把故事背景设定在我做博士研究的地方，树枝不断伸展的一棵香豆树下。在那里，小纳特金不仅会有很多松鼠同伴，也会有其他啮齿动物同伴：囊鼠（pocket mice）、稻鼠（rice rats）、攀鼠（climbing rats）、棘鼠（spiny rats），以及与豚鼠（guinea pig）外形相似、小狗一般大小的无尾刺豚鼠（paca）和刺豚鼠（agouti）。和我一样，这些物种都为了寻找种子来到香豆树边。和我不同的是，啮齿动物做这件事已经有几千年甚至可能几百万年了。（完成一篇论文只是感觉它花了那么长时间。）身边有那么多喜欢啃咬的生物，难怪香豆树长出的坚硬外壳足以难倒一名研究生。不过，种子防御的细微差别并不仅仅停留在实体防护方面。这棵雨林树木的生态系统清楚地表明了为什么这么多种子硬如石头，为什么混凝土不足以抵挡一只饥饿的大鼠。

　　一粒香豆树种子长度为 2 英寸（约 5 厘米），宽度稍大于 1 英寸（约 2.5 厘米），表面光滑，末端呈锥形，外形就像巨大的润喉糖。像桃子或李子的果核一样，这颗种子有额外的一层坚硬外壳，柔软的果仁则安全地被包裹在里面。[2] 果实的果肉较少，呈褐绿色，但甜度足以吸引来一大批猴子、鸟和蝙蝠。最高峰时，几十个物种会聚集在香豆树周围，在树冠上觅食或享用掉落到地上的大量果实。但在这些果实食客中，只有一种大蝙蝠会从树上带走它的食物。因此，如果香豆树想要传播它的后代，它也必须关注那些吃它种子的生物。尽管很难想象树木是有智慧的［至少在托尔金（J. R. R. Tolkien）的小说之外］，但香豆树形成的体系似乎很周密、慎重，几乎是完美的。

　　从植物的角度来看，并非所有潜在的传播者都是生来平等的。比如，当我收集香豆树种子的时候，我会把大量的种子带到很远的地方，但之后我会有计划地破坏每一粒种子用于我的研究。即使我打算让这些种子发芽，但我的实验室位于爱达荷州北部的一所大学内，这个栖息地并不适合雨林树木生长。另一方面，小一些的啮齿动物，比如稻鼠和囊鼠，缺乏力量，只能将香豆树种子移动一两英寸的距离。让它们来享用美食，那么这棵树的后代还没离开家就死了。排除不起作用的小型种子掠食者以及限制大型掠食者的损害，种子都需要一个防御力水平适中的外壳，一个使生态学家所称的处理时间（handling time）达到最优化的外壳。

对香豆树种子而言，理想的外壳应该是一个最厚处达到四分之一英寸（约 7 毫米）的木质外皮，重量是李子核或桃核的两倍。外壁提供额外的保护：一层树脂晶体，很像职业灭鼠人封堵老鼠洞时往混凝土里加入的微粒玻璃。但是，在这种情况下，种子并非想要阻止啃咬，而只是减慢啃咬的速度。对普通松鼠来说，咬穿香豆树种子充满晶体的外皮至少需要 8 分钟，有时长达半个小时。对于一只每天需要找到并吃下自身重量 10% 到 25% 的食物才能勉强维生的动物来说，这样的时间投入太大了。香豆树种子值得付出努力，但并非特别值得。棘鼠和更小的啮齿动物很少费力这么做——并不一定是因为它们做不到，而是因为不值得。它们遇到的挑战与花费的时间将会使它们精疲力竭，就连获得一个大坚果的回报都无法补偿。在这种情况下，香豆树种子外壳的力度和厚度似乎完全适合将这些坚果留给松鼠、刺豚鼠和无尾刺豚鼠——最有能力带走种子的大啮齿动物。不过，树木无法保证真的能让这些动物这么做。诱使它们这么做的是舞蹈中的其他舞者。

当我熟练掌握了使用木槌和凿子的技术后，我学会了在一分钟之内把香豆树种子劈开并完整地取出果仁。这方面我远远领先于松鼠，但如果我是在一个危险的环境下打开种子的话，这还不够快——比如在一个鳄鱼坑，或者一个满是饿狼的狼圈里。这就是啮齿动物面临的两难境地。因为一棵香豆树吸引了种子食客的同时，也吸引了掠食种子食客的动物。经验告诉我，矛头蝮蛇经常出现在香豆树周围，像巨蝮蛇和大蟒蛇这样喜欢捕食啮齿动物的蛇也是如此。我曾经看到一只淡灰南美

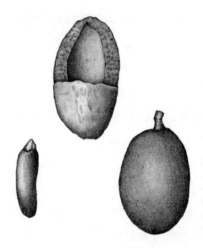

图 8.2 香豆树种子（学名 *Dipteryx panamensis*）。巨大的香豆树种子外壳是自然界最坚硬的外壳之一，可以防御啮齿动物的啃咬。图中最上方是外壳，横截面上被切除了一部分。取出的种子展示在左侧，完整的果实展示在右侧。插图绘制，2014年，苏珊娜·奥利芙。

鸢（Semiplumbeous Hawk）在大白天叼走了一只毛茸茸的小动物。要是我一直待到晚上，我可能会看到 6 种不同的猫头鹰以及虎猫（ocelot）、长尾虎猫（margay）和美洲山猫（jaguarundi），它们都被吸引到这个猎物聚集的地方。我的一位研究哺乳动物群落的朋友曾经给我看过由分布在森林中的远程摄像机拍摄的一组照片——抓拍到的美洲虎（jaguar）、美洲狮（puma）、大黄鼠狼（weasel）以及其他动物神色惊讶的照片。甚至还有一些猎人和猎犬的照片。我的朋友问我，照片中是否有熟悉的景象，然后我看到：照片背景中一次又一次出现香豆树的树干，地面上散落着种子。在中美洲的雨林里，被吸引到好收成的香豆树周围的动物群落不仅有水果食客、种子食客和食肉动物，还有探寻它们的所有人：科学家、猎人、鸟类观察者以及其他任何一个想要参与其中的人。

　　面对这么喧闹的环境以及其中很多满口尖牙、饿着肚子的动物，松鼠和其他啮齿动物往往把香豆树当作一家免下车餐馆。它们拾起食物，把食物搬走，然后停下来食用——搬运距离达40英尺（约12米）、50英尺（约15米），有时候更远。特别是刺豚鼠，它们成了重要的传播者。它们不仅把种子搬到了很远的地方，还把种子埋在遍布于栖息地范围的整洁小洞里保管，这种习性有一个令人愉悦的名字：分散贮食（scatter-hoarding）。从树木的角度看，这正合适：一只动物搬运并种下种子，然后这只动物有可能被埋伏在附近的众多掠食者之一杀死。

全世界不同的啮齿动物和植物品种不断重复这种模式，为坚果状的种子提供了足够的进化刺激，让它们长出又厚又硬的外壳。事实上，凡是能延长处理时间的特征都是优势，这大概就是核桃会有像大脑一样复杂的形状且很难完整地去除其外壳的原因。啮齿动物也一样，它们的反应不只是具有更强壮的牙齿，它们形成了可以一次装满很多种子的突出而强大的颊囊，还发展出一种神奇的能力，能发现并舍弃患病或有虫害的坚果，不会费劲啃咬它们。和许多进化故事一样，啮齿动物对种子防御力所产生的影响不仅仅是一次双方的军备竞赛。它包含了一系列的关系和物种，各方面互有影响。至于香豆树种子，我的研究既表明了这种体系的精巧程度，又展现了它的脆弱之处。

在一座茂密的雨林中，穿越大香豆树附近的淤泥地就像走在疙疙瘩瘩的沙砾上——脚下的地面铺满了啃咬过的、裂开的以及以其他方式被丢弃的外壳。我清点过数以千计的种子，但很难找到一颗完整的，更不用说一棵幼苗了。由于附近聚集了太多啮齿动物，那些能够发芽并长成树苗的种子都是被传播到很远的种子。然而，在零散的森林中，狩猎和其他动荡造成了大型啮齿动物的大量伤亡，几乎没有啃咬或分散贮食的迹象。种子落在哪里就在哪里发芽，每棵成年树木周围都环绕着一群自己的孩子。从短期的角度来看，这种情况对下一代不利——小树苗在双亲的树荫下长势不好。³从进化的角度来看，这使香豆树陷入了困境——舞蹈中的舞伴消失后，任何留在森林中的生物都嚼不动它的坚硬种子。

研究香豆树种子让我了解到，植物为自己的种子提供的防御是一个复杂算式，保护它们只是变量之一。但是还有一个显而易见的问题没有解答：一粒香豆树种壳有多坚硬？比混凝土还硬吗？当我写下这一章内容的时候，我发现了答案。

尽管我在多年以前就完成了我的论文，不过，做我们这种课题的时候，人们一般都会带些纪念品回家。虽然我放在书桌上的香豆树种壳现在已经变干，成为粗糙的蜜褐色外壳，但它的一端依然保留着明显是啮齿动物啃咬过的凹槽痕迹。为了测试它对抗混凝土硬度的能力，我只要走出办公室，爬到门廊下面。浣熊小屋的地基是混凝土墩块，这是带有内置支架的标准类型，任何一个家庭用品商店里都有销售。我把香豆树种壳沿着边缘抵在一个墩块上——像一个凿子——然后用铁锤用力敲了它一下。看到混凝土上出现了裂缝的时候我一点也不惊讶：如果啮齿动物进化出了啃咬能力，而香豆树相应地进化出了自然界最坚硬的种子之一，那么香豆树种壳的硬度应该和大老鼠的牙齿差不多。多敲了几下之后，一块相当大的混凝土碎片被敲飞，落到下面的泥土上。我俯身将它捡起，同时小心地避开散落在门廊下面不那么令人愉快的东西：我们养的鸡的排泄物和破烂的鸡毛，以及 6 个空的捕鼠夹。看了一眼那些捕鼠夹，我感到气愤，我提醒自己当天晚上回来，重新把坚果酱做的诱饵放在捕鼠夹上面。

"人们不会相信你。"当我告诉伊丽莎浣熊小屋下面发生的事情的时候，她笑着警告我。不过，正如奥斯卡·王尔德（Oscar Wilde）曾经评述过的那样："并非艺术在模仿生活，而是生活在模仿艺术。"事实是，当我坐在书桌旁书写关于啮齿动物牙齿和种子的内容时，相同的剧情就在我的脚下上演着。一大家子挪威大鼠被我们附近鸡舍里的谷粒所吸引，搬进了浣熊小屋下面的管线间。它们在一张23号厚度（23-gauge）的镀锌钢丝网上咬出一个洞后进入了这里。进入之后，大鼠们拥有了一个舒适的安身之处，以这里为大本营，它们对附近的任何食物发起袭击。它们很快发现了我的豌豆苗圃，而我却愚蠢地将我用于孟德尔实验的所有等待变干的豌豆果实留在了苗圃藤蔓上。等我搞清楚实情的时候，大鼠们已经残害了我的比尔跳豌豆，对我的符腾堡冬季豌豆也造成了相当大的伤害。诺亚和我摘下来的残存豌豆还不到3杯，但幸运的是，其中成功存活的杂交一代足够让我继续在新的（保护得更好的）一季进行实验。

我的豌豆被大鼠残害的事件让我吸取了一个宝贵的教训——就像王尔德先生说过的另一句话："经验是我们为自己的错误所取的名称。"首先，我再次见识了那位小心谨慎的修道士所使用的方法。除非圣托马斯修道院（Monastery of St. Thomas）养了一大群猫，否则孟德尔一定建造了一个安全的地方，让他收获的果实变干。假如他遗失的期刊或论文中包含了建造一座防鼠谷仓的详细计划，我并不会感到惊讶。更重要的是，我发现，即使在我的豌豆苗圃这样一个人造环境中，即使只有一种本土蔬菜和一只非本地啮齿动物，相同的规则同样适用。当大鼠们找到我的藤蔓时，它们使用了在任何啮齿动物—种子相互作用中都能发现的精确逻辑，完满地完成了任务。比尔跳豌豆成熟较慢，还未完全变干，咀嚼起来相对容易。它们当场就被吃光了。然而，当我尝试咬一颗冬季豌豆的时候，我的臼齿差点碎了。它们需要更长的处理时间，并且，从

图 8.3　浣熊小屋下方挪威大鼠一家的集中贮食处，我为了做孟德尔实验而收获的大部分豌豆最终安息在这里。照片，2013 年，索尔·汉森。

理论上说，它们应该被拖到安全的地方啃咬。果然，当我打开房屋下面的管线间时，我发现了一大堆空豆荚以及冬季豌豆的种皮。[与分散贮食者相反，挪威大鼠把它所有的种子贮藏在一个地方，是生物界中的"集中贮食者"（larder-hoarder）。]

　　在我补充浣熊小屋下面的捕鼠夹诱饵的几个星期中，我真希望大鼠从未进化出来。不过，即使在一个没有啮齿动物的世界里，很可能有其他东西想得到我的豌豆。母株一旦为其后代包裹了午餐，从恐龙到真菌的所有生物都想一饱口福，而种子必然会进化其防御力。这些关系有时是平衡的，但并不总是如此。香豆树似乎解决了啮齿动物的局面，但它们肯定无法应对猯猪，这种极具攻击性的野猪拥有巨大的臼齿，能够轻易地咬碎香豆树种子。更糟糕的是，大绿金刚鹦鹉专攻香豆树种子，它们在树上筑巢并大量吞食种子，它们的鸟喙特别适应这个目的，能够轻易地咬开这些种子。在种子掠食者中，鸟类是进化历史最悠久的动物之一。鸟类由某种恐龙进化而来，它们的一些祖先在 1.6 亿多年前就发展出了咬碎种子的器官。古生物学家们从一些化石中了解到这一点，这些化石含有能够说明问题的胃石（gastroliths），即鸟胃中发现的独特的小石子。现代鸟类仍然需要依靠细沙磨碎它们的食物，最强壮的鸟胃出现在种子食客们的体内——从鸡到金丝雀、蜡嘴雀（grosbeak）、松鸦（jay）以及或许是世界上最著名的一个鸟群。

对查尔斯·达尔文来说，加拉帕戈斯群岛上的各种雀鸟似乎是一群没有亲缘关系的物种，它们最显著的特点就是温顺。他在野外记录手册中写道："小鸟……会落在你的身上，从你举在手中的碗里喝水。"直到他收集的标本被研究鹦鹉并熟悉咬裂种子的鸟喙的鸟类学家约翰·古尔德（John Gould）看到之后，这些雀鸟的亲缘关系才得以公布。正如乔纳森·韦纳（Jonathan Weiner）的《雀喙》（*Beak of the Finch*，1995）中的著名论述一样，生物学家们自此了解到，种子数量的季节性变化导致雀鸟产生了重大的进化演变。[4] 鸟喙长度之间相差不到半毫米，就能决定哪些鸟能咬裂最坚硬的种子，哪些不能。在种子匮乏的时期，这种区别意味着生死之间的差别，结果是，所有的鸟喙在一代鸟身上就会发生变化。自然选择能够如此快速地完成，有助于解释最初的一只加拉帕戈斯雀（Galapagos finch）如何衍生出了 13 个种群，有些具备了咬碎种子的喙，有些吸食花蜜，有些能吃果实或昆虫，还有一些能够刺穿仙人

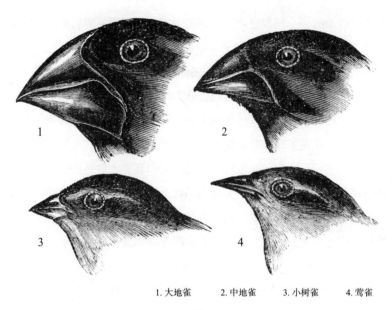

1. 大地雀　　2. 中地雀　　3. 小树雀　　4. 莺雀

图 8.4　约翰·古尔德绘制的这幅经典插图，表现出达尔文的加拉帕戈斯雀多种多样的鸟喙形状中的几个。查尔斯·达尔文，《贝格尔号航海志》（*Journal of the Beagle*，1839）。维基共享资源。

掌花，有一种雀的喙像啄木鸟一样敲击树皮。加拉帕戈斯群岛的情况在世界各地都有发生，它帮助人们理解专门食用种子（或其他食物）如何能产生这样的进化影响。根据一项理论，克服食用硬壳种子的生理挑战，甚至可能是导致人类的头骨形成独特形状的原因。

当我还是一个孩子的时候，我的头骨经历了许多具有代表性的运动。尽管最后我选择了游泳，但我曾经参加过几个赛季的足球和棒球运动，我的小小身躯甚至还短暂地经历过美式橄榄球的混战场面。所有这些活动的一个相似之处，就是在训练和比赛期间提供给我们的健康点心：切成楔形的新鲜橘子。我们这群小运动员得到这种点心后，会马上把切成一瓣一瓣的橘子塞进嘴里，有橘子皮的那一面朝外，然后像黑猩猩似的一边喊叫一边四处乱跑。试试这个动作，你会发现它形成了一种毋庸置疑的猿猴般的印象。但形成这种印象的并非那橙色的大微笑。我花了两年时间在乌干达研究山地大猩猩，尽管它们会以各种方式进行自我表达，但我很少看到它们邪笑。橙色楔形的小把戏起作用的原因是，它重塑了头骨的形状，使下颌骨像猪的口鼻一样向前突起。所有其他的猿猴，以及大多数古代原人（hominid），都具备这种结构。但是在人类的祖先身上，面部开始变平，而变平的地方正是吃下种子的地方。

"大约在 400 万年前，发生了彻底的改变。"纽约州立大学（State University of New York）的一位人类学教授戴维·斯特雷特解释道。他告诉我，现代人类面部看上去扁平，是因为我们的骨骼比较小，也许这是为食用烹制过的软食物而做出的适应性改变。不过，另一种饮食上的改变推动了这一变化。"面部的加固，"他说，"大颧骨和肌肉附着，牙齿的大小和形状——都指向了制造和承受高负荷的能力。"正是因咬裂坚硬的种子和坚果的外壳而产生的那种"高负荷"。

过去 10 年里，斯特雷特和他的团队提出，习惯性地咬食如坚果一样又大又硬的物体说明了古代头骨变化的原因。他们制作的电脑模型展现出南方古猿（Australopithecus）的数字化面部骨骼—— 一种灭绝的古代原人，其中最著名的一个样本是"露西"（Lucy）——快乐地大口咀嚼，每一口的力量都分布在特定的牙齿上。这是我们保持的一种习惯。回到体育运动的类比上来，体育比赛的观众不吃橘子瓣。他们扔在看台上的东西包括热狗包装、饮料杯以及始终不变的烤花生的空壳。下次吃一袋坚果的时候，你可以注意一下你用哪些牙齿咬裂坚硬的外壳。你很有可能会把那颗坚果放在嘴巴的一边，就放在犬齿（canines）之后，这里是你的头骨吸收咬力的最佳位置。那些牙齿是前磨牙（premolars），如果斯特雷特是对的，那么使用前磨牙咬开坚果壳就是一种根深蒂固的进化本能。

"我的很多同事不相信我，"他笑着说，"没关系！"斯特雷特"硬食物"理论的批评者们指出，化学分析以及牙齿磨损的方式表明，古代饮食的主要组成部分是青草或莎草（sedge）。但斯特雷特认为这并不矛盾。当食物充足的时候，古代原人也许会狼吞虎咽地吞下各种各样的东西，但是正像加拉帕戈斯雀一样，最重要的是如何度过艰难时期。"坚果是备选食物。"他说，而备选食物可以推动进化过程，因为风险很高。"软食物和水果美好而甜蜜，"他告诉我的时候，带着一种熟练表达自己观点的人的轻松自在，"但当它们都被吃光的时候，要么你转移到其他地方去，吃别的东西，要么饿死。"在这些情况下，我们就很容易理解，古代原人的面部为何会围绕咬开坚果的前磨牙咬力而改变了。

假如食用坚硬种子的习惯的确影响了我们的头骨，也同样塑造了鸟喙和啮齿动物的颌骨，那么，人类的咀嚼对种子会有什么样的影响呢？在我们的交谈即将结束的时候，斯特雷特暗示了一个答案。他提到了一种展现种壳与牙釉质的微观构造有何相似之处的新研究。两种物质的细胞都密集地排列着，形成一排排放射形杆状体和纤维，就好像双方都采取同样的工程解决方案来抵抗对方的冲击力。他还递给我一篇论文，内容有关于一种太过坚硬、不容易发芽的东南亚种子——它的两半厚重的外壳紧紧贴在一起，生长中的嫩芽需要用尽最大的力量才能将它们分开。然而尽管如此，种子依然沦为甲壳虫、松鼠和少数猩猩的猎物。这提醒我们，实体的防御只能达到这种水平。从香豆树种子到花生，情况都是一样的：无论一粒种子的外壳多么坚硬，附近总有一只大鼠、一只鹦鹉或一位运动爱好者想出了打开它的办法。当然，这就是为什么说外壳只是冰山一角的原因。如果植物只是制作了一个更好的盒子就能成功地保护它们的后代，那么喝咖啡就变得没有意义，塔巴斯科辣椒酱（Tabasco sauce）就会淡而无味，克里斯托弗·哥伦布（Christopher Columbus）也就不会航行到美洲了。

第九章

丰富的滋味

The Triumph of Seeds

The Riches of Taste

热辣！热辣！

胡椒羹！胡椒羹！

让你背挺直，

让你命更长，

热辣的胡椒羹！[1]

——费城街头小贩的传统吆喝

"你们从很远的地方来到这儿，"一位老人说，"这里是魔鬼留下他外衣的地方。"他骑的那匹长斑点的灰色小马挪动起来，抖动着挂在花呢缰绳上的装饰着穗带的蓝色、红色和绿色皮革小圈。我设法与这个人对视，但他一直凝视着我们头顶的天空。所以我只好朝那匹马笑笑，感觉自己傻乎乎的。他们挡住了我们的去路，但是作为部落地区的访问者，我们必须得到允许才能通行。我们的对话似乎进行得不顺利。

"自从你们来到这里，我们就受尽了折磨。"他说道，而我感到很困惑。我们不是刚刚到达这里吗？我甚至还不确定，这片森林里是否生长着香豆树。接着他说清楚了："你们和你们的哥伦布。"

在生物学中，物色新的研究场所偶尔需要在未经许可的情况下偷偷地看一下很有希望的田地或森林。但他的几句话提醒了我，我擅自进入的是一整片大陆。就连我身边的这些哥斯达黎加人都算不上本地人——他们的祖先来自西班牙。1502 年哥伦布在利蒙港（Puerto Limón）附近抛锚停靠，开辟了新的航路后，他们的祖先也沿着哥伦布的足迹来到这里。最终，这位老人把他的小马推到路边，表明了他的想法后，他亲切地欢迎我们的到来。那天我们并没有找到香豆树，我也没有再回去过，但我记住了他的话。纵使几个世纪过去了，人们依然跋涉到地球的另一端去进行搜索和探寻。后来我意识到，克里斯托弗·哥伦布和我有一点十分相似：我们都是来寻找种子的。

"仅仅是站在海滩上，"这位伟大的探险家曾经写道，"……我们就发现了香料的踪迹和线索，我们有理由相信，我们还会发现更多。"他在第一次航行的航海日志里记录了至少 250 种植物，详细记载了他在加勒比海地区（Caribbean）见到的农作物、树木、水果和花卉。不过，尽管这个名单中包含着日后重新定义欧洲菜肴和商业的植物（和种子），从玉米、花生到烟草，但在最初的几周过去之后，哥伦布也暗示出他的失望。"我很抱歉地说我不认识它们。"当他查看了伊莎贝拉岛 [Isabella Island，现在是克鲁克德岛（Crooked Island）] 的草本植物和灌木丛之后他写道。几天之后，这片植物群让他感到"极为抱歉"，在另一篇文章中，他面对一片由陌生的芳香树木组成的森林哀叹道："无法辨认它们让我感到极度伤心。"哥伦布感到忧虑，因为尽管他的船队沿途会意外地碰到一片新大陆（New World），但这位船队队长曾经向他的赞助商们承诺，他会给他们带来与众不同的成果。伊莎贝拉女王（Queen Isabella）、费迪南德国王（King Ferdinand）以及其他所有赞助他的贵族，期待的不仅仅是发现新事物的故事——他们想要变得富有。他们投资了一条通往亚洲的新贸易航线，期待得到亚洲的产品作为回报：黄金、珍珠、丝绸以及最重要的其他任何地方都没有的异国香料。遗憾的是，哥伦布或任何和他一起航行的人都不知道它们长什么样。

在 15 世纪，各种香料只有经过许多中间商，沿着复杂的亚洲和阿拉伯贸易航线网络，才能到达欧洲，最后得到这些香料的时候，人们只能看到成品，而对它们的生长方式和生长地点一无所知。人们的普遍观念认为，这些香料来自由蛇看守的冒火焰的树木、阿拉伯地区鸟巢中的枝条或是从天堂里收获的细枝和浆果。马可·波罗（Marco Polo）至少还认为香料来自真实的植物，生长在真实的地区：印度和摩鹿加群岛（Moluccas）。但那些名称对于欧洲本土的人们来说无非是故事里的名字罢了——人们不知道那些地方的地理情况，更不用说那里的植物群了。克里斯托弗·哥伦布只要遇到一种新植物，就会闻闻它的树皮是否有肉桂的味道，尝尝它的花蕾希望发现它是丁香，刮擦它的树根寻找生姜。然后，他会把注意力转移到它的种子上，它们能产出最贵重的香料——肉豆蔻、肉豆蔻干皮和胡椒。*

学者们常常把历史上人们对香料的渴求与现代人对石油的欲望相提并论。这两种渴望都结合了有限的供给和无限的实际需求，创造出主导

---

* 肉豆蔻和肉豆蔻干皮都来自原产地在马来西亚的一种树木。肉豆蔻本身就是种子，而肉豆蔻干皮则是一种肉质的、红色的种子附属物，被称为假种皮。胡椒来自一种雨林中的藤本植物，原产地在印度西海岸。黑胡椒包含了种子和薄薄的一层干瘪的果实组织；白胡椒是同一种东西，只是去掉了果实组织层。

图 9.1　克里斯托弗·哥伦布在新大陆四处搜索亚洲物种的踪迹，在第一次航行的航海日志里记载了超过 250 种植物的描述。尽管他没有找到肉豆蔻、肉豆蔻干皮和黑胡椒，但他带回了多香果和红辣椒的美味种子。《哥伦布占领了新的国家》(*Columbus Taking Possession of Thenew Country*)，L. 普朗公司 (L. PRANG & COMPANY)，1893 年。美国国会图书馆 (LIBRARY OF CONGRESS)。

全球经济的商品。不过，石油储量呈现出减少的迹象，但香料的收获量则一直保持稳定甚至有所增加，使它们的主导地位延长了几个世纪。追溯这些故事就像在阅读贸易史、探险史和文明史本身。例如，在古埃及，来自印度马拉巴尔海岸 (Malabar Coast) 的干胡椒 (peppercorn) 触到了死去的法老的鼻孔——它们是王室尸体防腐师使用的最为珍贵的防腐剂。公元 408 年，当罗马被西哥特人包围后，这些野蛮人索要 3000

磅胡椒作为结束围困的一部分赎金。查理曼大帝（King Charlemagne）于795年颁布了一项法令，要求人们在整个法兰克帝国（Frankish Empire）的花园中种植孜然芹（cumin）、葛缕子（caraway）、香菜（coriander）、芥菜（mustard）以及其他许多种滋味丰富的种子。用香料支付封建捐税在中世纪变得很普遍，这种做法如今依然存在：当今的康沃尔公爵[Duke of Cornwall，或者称为威尔士亲王（Prince of Wales）]，也就是英国查尔斯王子（Prince Charles）于1973年正式接受爵位的时候，人们为他献上了一磅胡椒和一磅孜然芹。

不过，最能说明问题的一些香料统计数字都归结为简单的经济学。事实上，它们听上去就像股票发行时的招股说明书。荷兰东印度公司（Dutch East India Company）在成立最初的50年中控制了肉豆蔻、肉豆蔻干皮、胡椒和丁香的全球贸易，经历了商业史上利润最丰厚的时期之一。毛利润率从未低于300%，公司派发了大量红利，以现金和香料的双重形式发放。一直持有股票的原始股东们可以享受46年、平均每年27%以上的盈利，这个比率可以使不算太贵的5000美元投资额在那段时间里变为25亿多美元。[2]［对照来看，埃克森美孚（Exxon Mobil）——目前世界上利润最高的公司——每年获得的总利润率在8%左右。］有了这种利益攸关的金钱，难怪1674年的时候，荷兰人很乐意地把曼哈顿（Manhattan）交给英国人，换来了马来西亚的一座出产肉豆蔻的小岛。也难怪人们发现，唯一被找到的海盗宝箱中——1699年由威廉·基德船长（Captain William Kidd）埋藏的宝箱——有一个箱子里面装的并不是金银财宝，而是几卷漂亮的布匹以及一大包肉豆蔻和丁香。

然而，就探险而言，有一次航行的成果最能说明克里斯托弗·哥伦布对香料的焦虑，这次航行的名气仅次于哥伦布自己的航行。当费迪南德·麦哲伦（Ferdinand Magellan）晚于哥伦布四分之一个世纪后起航的时候，他向他的赞助商承诺了相同的成果：一条直接通往香料群岛（Spice Islands）的西方贸易航线。3 年后，他的 5 艘船中的 4 艘不知所踪了，麦哲伦死了，他的第二指挥官、第三指挥官、第四指挥官、第五指挥官以及 200 多名船员都死了。1522 年，当 18 名幸存者乘坐唯一剩下的一艘船艰难地回到塞维利亚（Seville）的时候，他们想要展现的不是一次周游世界的环球航行，而是自己所经历的苦难。他们带回的货物包括来自马六甲群岛的特尔纳特岛（Malaccan Island of Ternate）的肉豆蔻、肉豆蔻干皮、丁香和肉桂。销售完这些香料后，他们赚得的现金足以支付他们损失的船只以及对死者家庭的补偿，使得这次航行变成了一次发现与获利之旅。找不到香料，克里斯托弗·哥伦布永远也无法完成这样的壮举。

哥伦布跨越大西洋的划时代首航以及为开创一个探险和征服的新纪元所做的贡献都载入了史册。但人们常常掩盖了一个事实，他曾三次返回新大陆搜寻香料、黄金或其他贵重商品，但一无所获。在第二次航行中，他发现，之前他带到伊斯帕尼奥拉岛（Hispaniola）的新侨民都被当地人杀死了。第三次航行归来时，他因被控犯下暴行而带着镣铐。第四次远航结束时，他的船在牙买加失事，并在当地度过了一年多的时间。正如一位传记作者所写："钱财不断地花费在船只和供给上。回报在哪里？……香料大陆呢？……以最公正的眼光来看，似乎哥伦布不是骗子就是傻子。"[3] 其他人怀疑他找到了新的大陆，但这位船队队长坚持认为加勒比群岛（Caribbean Islands）以及周边的海岸线都是属于亚洲的，而那些香料——更不用说日本、中国和印度了——早晚都会出现。[4]不过，尽管哥伦布至死都不知道他发现的是哪个大陆，但有一件事是明确的：他知道他找到的并不是真正的胡椒。

"也有很多'*aji*'，这是他们的胡椒，比我们的胡椒更值钱。"与伊斯帕尼奥拉岛上的当地人一起用餐后他写道。尽管他从未见过生长中的黑胡椒，但味道和辣味方面的区别、种子和果实的形状和颜色的差别，都使他明白，这种香料是完全不同的。他对这种香料价值的断言可以被视为一种老式的舆论导向（spin-doctoring）。在第一次航行充满危机的日子里，他必须粉饰那些被他拼凑成一船货物的种子、植物和零碎的黄金。但现在回想起来，哥伦布的话似乎很有预见性，因为多数统计显示，他跨越大西洋带回去的辣椒已经成了世界上最受欢迎的香料。

无论是干燥的、磨碎的或是完整加入的，学名为 *Capsicum* 的辣椒的果实和种子如今为各种菜品增添了风味，从泰国咖喱菜到匈牙利红烩牛肉到非洲花生炖菜。在原产自新大陆的 4 个野生品种的基础上，人们培育出了 2000 多个品种，辣味的范围从最淡的红甜椒到最刺激的哈瓦那辣椒（habañero）以及更辣的品种。（灯笼椒也来自这一种系，只不过培育它们的目的是为了使它们又大又甜而非辛辣。）全世界四分之一的人们每天吃辣椒，而能让那位失意的船队队长高兴的转机就是，辣椒已经取代黑胡椒成为整个印度和东南亚首选的辛辣调味品。也许他没能成功地抵达香料群岛，但最终他成功地改变了那里的人们使用的香料。

事实上，哥伦布和他的辣椒从根本上改变了整个香料产业。通过跨越海洋运输种子，他表明辣椒植物和其他农作物一样，只要有合适的条件，它们能够在远离原产地的地方茁壮成长。一旦出现了这个观点，整个趋势就势不可挡了。到了 18 世纪末，肉豆蔻迁移到了格林纳达（Grenada），丁香和肉桂出现在了桑给巴尔（Zanzibar），而在任何一处热带藤蔓能够沿着树桩攀爬的地方，人们开始种植黑胡椒。市场上充斥着廉价的产品，价格骤跌，香料失去了它们来自异域的优越性。尽管香料贸易依然有利可图，但它再也没有引发斗争、建立帝国或驱使人们开展发现之旅。但是在几个世纪之中，对香料的欲望塑造了历史，而种子则是其核心所在。在典型的杂货店的香料售货区，种子依然是主体，但是，尽管人们每天通过捏、磨、撒和其他方式消费这些香料，很少有人思考这种简单动作背后的生命机理。香料为什么有香味？实际上，哥伦布的胡椒和辣椒的故事最为全面地解答了这个问题。

"这都归结为种子生产。"诺艾尔·马赫尼基告诉我，对此她应该十分了解。作为一位以"辣椒何以拥有香味"（How the Chili Got Its Spice）为题的博士论文作者，诺艾尔·马赫尼基对辣椒的思考比任何人都要多。当我联系上她的时候，她刚刚完成论文答辩不久，正忙于在不同城市的不同大学里同时做两份工作。"我现在就像过着双重人生。"她一边疲惫地说着，一边喝着一大杯咖啡。诺艾尔长着乌黑的头发和眉毛，她的表情很丰富，能马上由谨慎转为热情。当我们的话题变为辣椒之后，所有的疲劳都消失了，突然之间，她就像要急于告诉你一个秘密那样热情地说起话来。她的研究是华盛顿大学图克斯伯里实验室（University of Washington's Tewksbury Lab）的"辣椒团队"（Chili Team）15 年研究中的收尾之作。这个团队的研究论文综合在一起，集中体现了科学是如何发挥作用的：问题引出见解、引出新问题，直到引人入胜的剧情呈现出来。对诺艾尔而言，这一切都来源于对蘑菇的喜爱。

"我基本上是一位真菌学家（mycologist）。"她说道。然后她告诉我多雨的西北太平洋沿岸的众多毒菌如何吸引她离开了位于芝加哥附近的家。她在华盛顿长青州立大学（Washington's Evergreen State College）遍地树木的校园里研究毒菌，之后进入研究生院继续研究她酷爱的课题。

"我对真菌与植物之间的相互作用很着迷。"她告诉我——它们怎样与泥土中的根系交换养分，并出现在从树皮、花朵到树叶内侧的各个地方。因此，当生物学教授约书亚·图克斯伯里（Joshua Tewksbury）让她协助辨认一种生长在野生辣椒种子上的真菌时，她洗耳恭听。那时，图克斯伯里已经对辣椒开展了研究，研究地区从美国西南部（American Southwest）到玻利维亚的查科地区（Chaco region of Bolivia），他在那些地区找到的品种散发出的辣味各有不同，从干燥生境里非常清淡的辣味到潮湿生境里在诺艾尔看来"绝对比塔巴斯科辣椒酱还要辣"的辣味。在介于干燥和潮湿之间的地方，拥有这两种辣味的植物生长在一起，区别它们的唯一方式就是品尝——有时候一天要尝几百种。图克斯伯里很幸运地找到了理想的合作者：一位喜欢辛辣食物的真菌学家。"我的确比一般人更能忍受辣椒的味道。"她承认。但当我追问她的时候，她笑了起来，她承认在工作期间，她的桌子抽屉里放着一瓶辣酱。"约书亚也是这么做的！"她补充道。

玻利维亚辣椒提供了一个难得的机会。当辣味刚刚开始进化的时候，它们似乎保存住了那个关键时刻。"我们知道，最初辣椒并不辣。"诺艾尔坚定地说道。她解释说所有的现代品种，无论多辣，都起源于一个味道很淡的共同祖先。无论什么样的生态困境使这种特有的辣味开始进化，这一切似乎仍然在玻利维亚进行着，在那里，有些辣椒已经发生了改变，有些则没有。如果诺艾尔和团队中的其他人能搞清楚发生了什么，他们就会知道辣椒拥有辣味的方式和原因。从化学上说，答案已经确切无疑了。

科学家们很久以前就在辣椒的辣味中找到了"辣椒素"（capsaicin），一种由包围在种子外的白色海绵组织产生的化合物。[5] 它是专家们所说

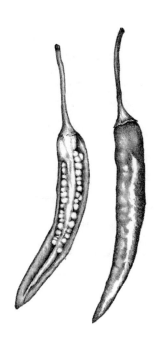

图 9.2　红辣椒（学名 *Capsicum* spp.）。几千种驯养的红辣椒起源于原产南美洲的 4 个品种。在野外，它们的辣味赶走了杀害种子的真菌以及无法接受热辣味道的啮齿动物和其他哺乳动物。插图绘制，2014 年，苏珊娜·奥利芙。

的"生物碱"（*alkaloid*），一种比你想象的更为人熟悉的化合物。生物碱都有一个相似的氮基（nitrogen-based）结构，植物将这一系列结构进行排列，并重新排列成 2 万种不同的组合。氮很重要，因为它也是植物生长所需的一种关键营养物质，因此植物出于某种目的将氮用于生物碱。通常来说，这个目的很接近某种形式的化学防御。由于植物往往需要保护自己免受动物的侵害，因此生物碱也总是会对人们造成影响。它们可以是辛辣的，比如辣椒素，但这只是冰山一角。即使只列举最普通的几种生物碱，其中也会包括世界上最易识别的几种兴奋剂、麻醉剂和药品，从咖啡因和尼古丁到吗啡、奎宁和可卡因。不过，在玻利维亚，似乎很少有哺乳动物对辣椒感兴趣，即使是那些气味很淡的辣椒。对诺艾尔来说，这使生长在种子上的真菌看起来更令人怀疑了。

"真菌引起的种子病菌是最大的一种选择压力。"她解释道，"种子即后代——与健康有直接联系。"换句话说，假如真菌正在杀害味道淡的辣椒，这就会使植物有足够的理由发展出某种化学上的应对方式。毕竟，子孙后代的生或死才是进化中的头等大事。诺艾尔通过一系列精妙的实验表明，真菌的确杀死了它们感染到的一大部分种子，并且，辛辣的种子明显比不辣的种子抵抗力更强。在野外或是在实验室中的培养皿里，辣椒素使许多真菌的生长放缓或停顿，充分说明它就是为了那个目的而进化出来的。但是，她的成功引发了另一个问题。为什么并非所有的辣椒都很辣？如果辣椒素是一个妙计，那么为什么有些植物还是产出味道像苹果一样温和的辣椒呢？

要解决这个谜题，我们必须回到协同进化的那支美好的方块舞上，它与导致大老鼠牙齿变强壮和坚果壳变厚的互相作用一样。在当前这个案例中，两者之间的斗争虽然无形，但同样重要。诺艾尔的研究显示，辣椒和真菌之间互相作用——当真菌抵抗力变强时，植物会产生更多辣椒素，反之亦然。"我把它看作一种协同进化的军备竞赛。"她总结道。不过，开展这种竞赛双方都要付出巨大代价。对于抵抗辣椒素的真菌而言，它放弃了快速生长的能力——这在任何地方都是一种明显的劣势，除了在辛辣的辣椒中。对植物而言，制造辣椒素会干预它们保留水分的能力，导致干燥天气中种子的产出量降低。此外，它还使种皮中的木质材料失去了能量，使种子更易受到蚂蚁的掠食。这些严重的弊端只有在特定情况下才有它们的道理，这提醒人们，协同进化的结果不仅取决于哪些舞伴在跳舞，它还取决于这支舞蹈是在什么地方进行的。

玻利维亚的大查科地区（Gran Chaco region）从贫瘠的稀树草原和多

片仙人掌丛，延伸到巴拉圭（Paraguay）和巴西边境附近潮湿而树木丛生的山坡。通过在跨越185英里（约300公里）的混合地形中对辣椒进行取样，诺艾尔和她的团队很快发现了一种模式。"在降水量充沛的地区，所有辣椒都很辣。"她告诉我，"但随着降水量减少，辣味也随之变淡。"在潮湿的森林里，真菌以及在果实间传播真菌的昆虫十分普遍，对生长在那里的辣椒而言，拥有辣味显然是一个优势。但是在贫瘠的环境下，真菌也不怎么生长，缺水的压力和种子的低产出量使辣味成了一种负担。利与弊的动态变化将辣味的进化置于现实背景之下——降水量、昆虫、真菌以及产生辣椒素的实际代价之间的平衡。它也有助于解释，气候、生长范围或生境的变化，为何有可能导致驯化辣椒的祖先完全失去温和的味道。当生活环境变潮湿而出现霉变，辣椒就以辛辣味进行反击。

　　诺艾尔和她的同事们对辣椒所投入的那种密切关注，对大多数香料而言永远都是奢望，但辣椒素的故事展现了形成香料的普遍模式。也许有朝一日，类似的研究将会揭开肉豆蔻和肉豆蔻干皮里的肉豆蔻醚（myristicin）或是使黑胡椒发挥效力的胡椒碱（piperine）背后的秘密。我们所知的香料，是通过植物与其天敌之间复杂精巧的协同进化舞蹈而形成的。假如没有这些关系，全世界的菜肴或许都会很清淡。这提出了一个值得思考的问题：为什么我们将种子、树皮、树根和植物的其他部分添加到肉类菜肴中作为调味品，而不是相反呢？

　　从意大利辣香肠和胡椒牛排到酸辣猪肉，我们最喜爱的荤菜的独特滋味往往来自香料，而非肉。这其中有个基本的生物学原因。肉不辣，因为肉可以移动。当一只鸡、一头牛、一头猪或任何其他动物受到攻击时，它的移动能力让它有了多种选择：逃跑、飞行、爬树、滑入洞中或奋起反抗。另一方面，植物是静止的。[6]它们的命运是待在原地，默默承受，这是很适合化合物进化的一种情况。如果无法逃走或进行身体上的反抗（除了少数的树刺或荆棘），那么用生物碱、单宁酸（tannin）、萜烯（terpene）、酚（phenol）或植物发明的其他各种化合物击退攻击者就很好理解了。的确，昆虫也拥有大量的化学防御手段，但通常是从它们所吃的植物中获得的。一些青蛙和蝾螈也制造毒素，至少也有一种有毒的鸟。但唯一不符合动物淡而无味规则的著名例子来自海底，那里的苔藓虫（bryzoans）、海绵（sponges）、海葵（anemones）以及一大批其他生物大多数时间都紧紧依附在岩石上，和植物一样静止不动。人们已经从这些动物身上分离出了几千种海洋生物碱，尽管我们仍不清楚，假如把其中一些动物切碎后撒在墨西哥烤肉卷饼、希腊烤肉串或印度烤鸡块上是否可口。

我们结束交谈之前，我问诺艾尔，有关辣椒素和辣椒还有什么可以了解的——她和她的同事们现在正在研究什么？我们的讨论马上转向了几个全新的话题，每一个话题都和诺艾尔的论文一样具有潜在的突破性。例如，传播辣椒的鸟似乎完全不受其辣味的影响。它们随心所欲地吞食辣椒果实，而辣椒种子完好无损地经过它们体内，有时甚至得到了强化，因为经过鸟的体内似乎能帮助种子清除真菌。辣椒素也能减慢鸟的消化过程，迫使它们将种子带往更远的地方。诺艾尔告诉我，在果实之间移动真菌的昆虫很可能是辣椒专家，她还谈到了一名学生正在研究蚂蚁如何区分辣的种子和不辣的种子。然后她提到，最近有人发现一种真菌能够制造自身的辣椒素——尽管它究竟为何要这样做还是个谜。不过，最有吸引力的研究方向或许与辣椒素对哺乳动物的影响有关，毕竟，这才是克里斯托弗·哥伦布把辣椒装进货仓的原因，也是辣椒迅速受到全世界的香料使用者欢迎的原因。

当辣椒素接触到人类的舌头、鼻窦或其他敏感部位时，它会制造出化学家们所说的"一种无法忍受的灼热和燃烧的感觉"[7]。使用辣椒酱的厨师以及对辣椒酱情有独钟的人也许会以完全不同的方式形容它，但产生这种感觉的原因是相同的：干扰身体自然系统探测热量的一种化学障眼法。一般来说，皮肤中的灼烧传感器只有在109华氏度（43摄氏度）以上才会启动，这个温度及更高的温度会对细胞造成损伤。例如，当热汤烫伤了你的嘴巴时，你感受到的疼痛就是这种系统所发挥的作用。不过，在任何温度下，吃辛辣的辣椒都会触发这种反应。辣椒素分子以相同的灼烧感受器为攻击目标，进而打开了防洪闸门，让身体感到疼痛并释放内啡肽（endorphin），这些情况一般都是伴随严重的创伤而产生的。大脑就会认为，嘴巴燃烧起来了。这种感觉可能会持续几秒钟、几分钟，摄入量大时甚至更久，但最终，辣椒素会消散，身体会意识到自己并没有受到伤害。

对人们而言，这种感觉可以是令人愉悦的，品尝菜肴就像坐过山车或看一场恐怖电影——可怕，但实际上并不危险。一些研究显示，内啡肽带来的兴奋感只有在灼烧感消失后才能达到峰值，这提出了一种矛盾的可能性，那就是我们之所以吃辣椒，恰恰是因为当我们停下来不吃的时候感觉很好。诺艾尔很喜欢辣味食品，她随时随地备着辣酱，即使是在办公室里。但她认为，人们只是出于需要才有了吃辣的习惯，辣椒进入人类饮食是为了另一个目的。"在食物中加入少许辣椒，就是一种很好的防腐剂。"她说道。她指出辣椒素除了能让真菌望而却步之外，还能威慑很多微生物。辣椒——以及许多其他香料——被驯养在潮湿的热带地区这一事实就很能说明问题，在那里，肉类和新鲜蔬菜容易变质。在冰箱出现之前的几千年中，舌尖上的灼烧感只是为了阻止霉变和有害细菌所付出的小小代价。如果诺艾尔是对的，那么人们开始食用辣椒素的原因是一样的：防止真菌溃烂和腐烂。

由于无须保存荤菜或一罐罐豆子，其他哺乳动物都没有吃辣椒的习惯。它们和我们感受到的灼烧感相同，但对它们而言，疼痛只是疼痛。因此，尽管辣味最初是为了抵抗真菌而出现的，但它也很擅长威慑大老鼠、小老鼠、田鼠、猫猪、刺豚鼠，以及原本可能喜欢吞食辣椒种子的其他所有哺乳动物。这些啮齿动物常常出现，对辣椒而言是一个重要的进化优势，它也在很大程度上决定了为何如此多辣椒品种有辣味。它还创造了一种成功的传播策略：击退那些咀嚼和毁坏种子的动物，把更多的种子留给鸟类，鸟类的疼痛感受器对辣椒素没有反应，因此它们无法感受到生理上的灼热。

当我和诺艾尔告别的时候，我的脑海中依然满是辣椒的问题。但那就是科学——新的信息能满足好奇心。辣椒故事的复杂性不仅解释了其种子如何变辣，也解释了香料除了调味之外为何还有这么多其他用途。如果它们在进化过程中与细菌、蘑菇、松鼠等各种生物发生了相互作用，无怪乎人们发现香料在许多情况下都很有用。在哥伦布的时代，它们无疑成了食物，但它们也成了广泛使用的药品、催情剂、防腐剂和祭品。（与人们的普遍观念相反，人们从不用异域香料掩盖腐肉的味道。它们价格不菲，而且是地位的象征——购买它们的人绝对买得起新鲜、高质量的烹调原料。）在现代，情况其实并未发生很大变化。就举一个例子——辣椒中的辣椒素是关节炎药膏、减肥药、避孕套润滑剂、船底涂料、梅斯防身喷雾剂等各种产品的主要成分。奥林匹克马术障碍赛选手因为把辣椒素涂在了马的腿上而被取消了比赛资格，非洲的野生动物保护人员用无人机喷洒辣椒素驱赶大象群，让它们远离偷猎者。但在中国，辣椒素的用途会让我们大多数人与另一种完全不同的种子产品联系在一起，一种可能比辣椒名气更大的种子产品。

毛泽东主席提倡艰苦朴素的生活，提倡和农民一样吃简单的食物，但众所周知，他对辣椒情有独钟。即使是生活在窑洞里，他还是让别人在给他做馒头的时候加入辣椒，据说当他工作到深夜的时候，他会大把大把地吃辣椒以提振自己的精神。现在，在毛泽东的故乡湖南省，当地的警察为了减少交通事故的发生，会定期给困乏的司机分发辣椒。然而，对大多数夜猫子而言，他们会选择从一种非洲灌木的种子中提取的液体兴奋剂。和全盛时期的香料一样，它带来了巨额财富，影响了世界大事，促成了至少一次值得人们冒险的航海旅程。

第十章

最令人愉快的豆子

The Triumph of Seeds

The Cheeriest Beans

> 如果我不能每天喝上三杯咖啡，
>
> 那么我会像炙烤的羊羔一般备感痛苦！
>
> ——约翰·塞巴斯蒂安·巴赫（Johann Sebastian Bach）与
>
> 克里斯蒂安·弗里德里希·亨里奇（Christian Friedrich Henrici），
>
> 《安静些，别闲聊》（*Schweigt Stille, Plaudert Nicht*），
>
> 亦称《咖啡康塔塔》（*The Coffee Cantata*，约 1734）

　　1723 年，一艘法国商船在横渡大西洋的中途因无风而停航。在一个多月的时间里，它随波漂流，在海中随意摆动，等待着稳定的风向。距哥伦布在相同的航线上航行已经过去了 200 多年，横跨大西洋的航行如今已经是很自然的事了。但有时候，航行的命运和结果依然取决于种子。根据某些记载，这艘漂流的船在航行过程中已经遇到了麻烦——在直布罗陀海峡（Gibraltar）逃过了一次危险的暴风雨，还险些被突尼斯海盗俘获。如今，陷于赤道无风带动弹不得的这艘船的淡水储备已经

很少了，船长下令，对船员和乘客实行严格的淡水配给制。在这些旅客中，有一位绅士尤其感到干渴，因为他要将他分配到的少得可怜的淡水与一种同样干渴的热带灌木分享。

"我无须赘述我为照看那棵纤弱的植物所付出的心血。"他写道。此时距离海上重新刮起风、船在加勒比海地区的马提尼克岛（Martinique）安全停靠已经过了很长时间，距离他带去的纤弱树苗的后代正在改变整个中南美洲经济也过去了很长时间。当然，这棵植物就是咖啡树，不过，这位名为加布里埃尔-马蒂厄·德·克利（Gabriel-Mathieu de Clieu）的年轻海军军官如何获得了这棵植物仍是一个有争议的问题。

在这个故事的其中一个版本中，德·克利和一群蒙面人翻越了巴黎植物园的围墙，闯进了一座温室，将一棵咖啡树幼苗连根拔起，然后趁着夜色逃走了。大多数历史学家对传闻中的这一系列事件持怀疑态度，但没有人怀疑这个地点。在 18 世纪初，全法国唯一的一棵咖啡树生长在巴黎皇家植物园（Jardin Royaldes Plantes）中。这棵巨大而健康的植物是阿姆斯特丹市（Amsterdam）为表达对国王路易十四（King Louis XIV）的敬意赠送给法国的。德·克利形容他的咖啡树很小，"和石竹（pink）的小枝条差不多大"[1]，所以，它肯定是从太阳王（Sun King）的那棵大树上砍下来的插枝或是它的实生苗。皇家植物园的园丁们试着将咖啡树作为稀有的园艺品种进行繁育，但他们或许没有意识到它巨大的经济潜力。游历了很多地方的德·克利知道，西方的人们不再认为咖啡是外来的稀罕物——土耳其人（Turks）和阿拉伯人（Arabs）的一种饮品。它正在成为从伦敦、维也纳到各个殖民地的日常饮品，人们不仅在咖啡馆和咖啡厅里喝咖啡，也在家里喝。爪哇岛（Java）上的荷兰种植园彻底控制了全球市场，以至于"*java*"这个词很快成了这种饮品的同义词。德·克利在马提尼克岛上拥有一座大型庄园，他将咖啡树带到这里，有望打破荷兰的垄断，振兴法兰西帝国（French Empire），并为自己带来巨额利润。

"一到达马提尼克岛，"后来他在一封信中回忆道，"我就栽上了……那棵珍贵的灌木，经历了重重危机之后，我更加珍视它了。"它遇到的危机不仅仅是缺水。德·克利的信件揭露了其他细节：有一名乘客很嫉妒他，企图偷走他的树苗，还扯下了一根枝条；这棵幼苗抵达他的庄园后，他就派人日夜把守，并在周围布下了充满尖刺的篱笆；他还暗示了，获得那棵树的途径并非通过偷窃，而是一次浪漫事件——他迷住了法兰西皇宫中的一位"地位尊贵的女士"。几个世纪过去了，我们已经无法弄清真相与修饰之辞，但无论怎样，德·克利的行为表现出人们多么愿意为喝到一杯香浓的咖啡而付出努力。[2] 当他的珍贵灌木最终结出果实的时候，他的坚持不懈获得了丰厚的回报。德·克利把种子和插枝分享给相邻的种植园，在数十年中，马提尼克岛就拥有了近 2000 万棵高产的咖啡树。

尽管今天很少有人记得加布里埃尔·马蒂厄·德·克利（介绍他的维基百科条目还不到 250 个字），但他曾经在喝咖啡的人中享有一定声誉。英国诗人查尔斯·兰姆（Charles Lamb）在 1810 年的一首诗中称赞了他，这首诗的开头是：

> 每当我啜饮香浓的咖啡，
> 便会想起那位慷慨的法国人，
> 他凭借不屈不挠的精神，
> 让咖啡树在马提尼克生根。[3]

图 10.1　1723 年横渡大西洋过程中因无风而停航时，法国海军军官加布里埃尔·马蒂厄·德·克利将他分配到的饮用水与一棵小咖啡树分享。那棵树上的插枝和种子帮助他在整个加勒比海地区甚至远至中美洲和巴西建立了咖啡种植园。佚名（19 世纪）。维基共享资源。

　　德·克利并非唯一一个携带咖啡树横渡大西洋的人，但兰姆等一些人认为，生长在从马提尼克岛、墨西哥到巴西等地的每棵咖啡树都归功于德·克利，而这些地区的咖啡产量如今已占全世界产量的半数以上。[4]这种说法夸大了德·克利的作用，但这位法国人在一件事上是完全正确的：咖啡的需求量正在增加。自德·克利的时代开始，全球的咖啡消费量不断猛增。正如 1940 年墨水点乐队（Inkspots）的经典歌曲《咖啡舞》（*Java Jive*）唱的那样，人们喜欢买"令人愉快的咖啡豆——伙计！"那种喜爱已经让这种非洲灌木的种子变成了世界贸易量第二的商品。只有原油期货的年收益比它高。对于包括我在内的估计 10 亿到 20 亿每天喝咖啡的人而言，习惯性地买咖啡、煮咖啡、喝咖啡的我们很少想到一个基本的问题：我们为什么不厌其烦地这么做？假如这个问题出现，我们也会很快得到答案：咖啡因，咖啡豆里大量的、让人有些上瘾的兴奋剂。但这个答案会引发另一个问题：咖啡里为什么含有咖啡因？

如果查尔斯·兰姆真要为他晨间的一杯咖啡表达谢意的话，他应该为各种昆虫、鼻涕虫、蜗牛和真菌作一首赞美诗。他可能不会写出以下的对句："岛民人人赞美这位军官，岛上建满了咖啡种植园"，而是作一首押韵小诗形容咖啡因如何降低蜗牛的心率，或鼻涕虫对咖啡因做出的反应——一个研究团队所称的"不协调的扭动"[5]。这首诗应该会提到天蛾幼虫和钻孔甲虫（shot-borer beetles），它们的幼虫遇到一点咖啡因就会萎缩，这首诗也会解释咖啡因如何减缓从普通的根腐病（root rot）到鬼帚病（witch's broom）等真菌性疫病的发展。但是诗人们煮咖啡的时候并不会想到虫子和真菌——任何人都不会。不过，不变的事实是，假如没有它们，我们喝不到咖啡。

"咖啡因是一种天然杀虫剂。"研究者们发表了有关咖啡因效果的报告后，《纽约时报》（New York Times）立即刊登了这则头条新闻。内容很简短，但其中特别指出，蚊子尤其容易受到影响。事实上，咖啡因很有效，能够对抗各种害虫，但咖啡树并不是生产咖啡因的唯一植物。至少有三种别的热带树木的种子也含有咖啡因：可可（cacao）、瓜拉纳（guaraná）和可乐果（kola nut）。和咖啡豆一样，它们都可以经研磨后与水混合制成饮品——热可可、巴西瓜拉纳苏打水，以及多种可乐类饮料，包括原创品牌可口可乐和百事可乐。[6]咖啡因还出现在茶树以及一种名为马黛树（maté）的南美洲冬青植物中，人们最喜欢的有兴奋作用的饮料因此变得丰富。似乎自然界中无论哪里出现了咖啡因，人们都会很快出现在它周围，手中拿着马克杯、葫芦容器和俄式茶壶。

和辣椒素一样，咖啡因是一种生物碱。产生咖啡因需要很珍贵的、生长所需的氮，因此咖啡树通过一种咖啡因再循环程序，最大限度地利用它们投入的资源。它们在最脆弱的组织里制造咖啡因，然后将它转移到最重要的地方——种子。这个过程开始于新叶的内部，咖啡因能够抵挡以嫩叶为食的昆虫和蜗牛。但随着这些叶子渐渐长大，慢慢变硬，植物撤出了大部分咖啡因，转而将它用于保护花朵、果实和生长中的种子。咖啡树的果实—— 一种淡红色的浆果，也制造咖啡因，其中大部分渗透到了内部的种子里。这些种子不仅接纳了咖啡因，还制造了很多咖啡因，浓度足以抵挡很多强大的攻击者。[7]总共有900多种昆虫和其他有害生物以咖啡树为攻击目标，因此我们有理由认为，咖啡因相应地发生了进化。不过，就像历史学家们对加布里埃尔·马蒂厄·德·克利的故事细节有不同看法一样，科学家们对咖啡因的进化也有不同的看法。它也许是一种不错的杀虫剂，但这并非是它的唯一用途。

咖啡树在不同的部位制造咖啡因，但一旦当它到达了种子里，它就固定下来，投身于胚乳的细胞之中了。那对喝咖啡的人来说是好消息，但对种子来说则是喜忧参半，因为咖啡因不仅能抵挡攻击者——它还会阻碍萌芽。杀死甲虫幼虫以及令鼻涕虫痛苦的相同化学物质也干扰了植物中的细胞分裂。我们之前谈到过这种两难困境，但它值得反复提起：为了成功地发芽，咖啡需要让它幼小的根和芽远离咖啡豆里含有咖啡因的部分。通过快速吸收水分，使预制细胞吸水膨胀，它成功地推动根尖和芽尖向外生长。只有当它们脱离了咖啡豆，细胞分裂和真正的生长才能开始。一旦发生了这种情况，一件更有趣的事情就会出现。随着幼苗渐渐长大，咖啡因从不断缩小的胚乳中渗出来，进入周边的土壤中，似乎抑制了附近根系的生长，使其他种子无法萌芽。[8]换句话说，咖啡豆知道怎样消灭竞争对手——它们自身释放除草剂，清空了一小块属于自己的土地。在一粒种子发芽和定植的奋斗过程中，这是和抵挡有害生物一样重要的进化优势。

很容易理解为什么咖啡树想要保护它们的种子和叶子，或者让它们的幼苗获得领先机会。有关咖啡因进化的最终理论更令人惊讶，但每天清晨，很多人都会与这个理论联系在一起。它与上瘾有关。虽然循环利用的咖啡因出现在一棵咖啡树内的各个部位，但有一个部位出现咖啡因曾令科学家们百思不得其解：花蜜。将杀虫剂放在一个用来吸引昆虫的东西里，意义何在？近期有关蜜蜂的研究揭示了答案。只要剂量适中，咖啡因并不会赶走传粉者，而是吸引它们回来。

"我认为它通过蜜蜂的奖赏通路（reward pathway）强化了神经元（neuron）反应。"杰拉尔丁·赖特（Geraldine Wright）告诉我。作为纽卡斯尔大学（Newcastle University）的一位神经学教授，赖特的事业是研究蜜蜂如何思考。她十分了解蜜蜂，偶尔会在公开活动中披上"蜜蜂比基尼"（bee bikini）——覆盖在她身上从胸口到领口的一群活的工蜂。蜜蜂的头脑也许很简单，但它们能完成伟大的合作。当赖特和她的同事们训练一群蜜蜂采食实验花朵的花蜜时，蜜蜂们记住并返回那些含有咖啡因的花朵的概率是普通花朵的三倍。[9]至少在这种情况下，蜜蜂头脑的工作机制和我们的一样——当它们喝下咖啡因的时候，它们的"奖赏通路"被点亮。对咖啡树而言，含咖啡因的花朵吸引一群忠实的传粉者排起长队，就像早晨的上班族在他们最爱的咖啡销售台前排起长队一样。

当我问赖特咖啡因会不会是为了这个目的而进化的时候——它拥有的作为杀虫剂和除草剂的潜能是否只是一种锦上添花——她似乎认为这是一种延伸。"我不确定选择压力是否足够强大。"她在一封电子邮件中写道。我几乎能想象出她因怀疑而皱起的眉头。但是，咖啡因也出现在柑橘树的花蜜中，而非种子或叶子中这一事实，显示出这也是有可能的。橘子、柠檬和酸橙（limes）用易挥发的植物油和其他化合物保卫自己，而保留咖啡因的目的显然是为了控制蜜蜂的头脑。

在有关种子的讨论中，与猜测咖啡因如何进化相比，了解它的作用更加重要——它在驱赶昆虫和阻碍周边植物生长方面同样有效。不过，蜜蜂的故事也与之相关，因为那些含咖啡因的种子作用于人类大脑所产生的效果，对咖啡的历史和咖啡饮用者的文化背景产生了最为巨大的影响。

"情绪高涨，幻想的事物变得栩栩如生，善心被激发出来……记忆力和判断力都变得更为敏锐，短时间内异乎寻常地能言善辩。"[10] 1910年英国的一份医学期刊如此评论道。现代的学者们在表达上也许更为克制，但他们的数据指向了相同的结论。喝一杯平均量的咖啡就能将足量的咖啡因释放到血液中，对中枢神经系统造成一定程度的影响。大脑中的神经元反应速度更快，肌肉颤动，血压升高，困倦感消失。不过，就像辣椒素引发灼烧感但并不真的燃烧任何东西一样，咖啡因起到兴奋剂作用，但并不会真的刺激到任何东西。我们从咖啡中感受到的振奋，并非源于咖啡因对大脑做了什么，而是源于它起的阻碍作用。专家们称咖啡因为"阻断剂"（antagonist），因为它干扰了某些大脑化学物质的自然功能，尤其是一种叫作"腺苷"（adenosine）的物质。研究者们还没有完全掌握腺苷在大脑中起的全部作用，但有一种为几百万广播听众所熟知的方式可以解释它的基本作用。

在几十年中，加里森·基勒（Garrison Keillor）的广播节目《牧场之家好做伴》（*A Prairie Home Companion*）中一直会出现"番茄酱咨询委员会"（The Ketchup Advisory Board）的广告，那是一个虚构的行业协会，推广番茄酱里的"天然柔和剂"。这个滑稽短剧中性格温和的角色们如果无法按时吃番茄酱，他们的行为就会变得越来越古怪和冲动。他们会突然决定跑一场马拉松，把手指戳进鼻孔，撰写回忆录，或抢劫酒类商店。腺苷并不是番茄酱——它是使人体发挥作用的基本生化物质之一。但就大脑活动而言，这是形容腺苷作用的最佳方式。它是一种天然柔和剂，能够减缓神经元的活动速度，触发一系列最终使人进入睡眠的活动。喝咖啡的人之所以会感到思维活跃，是因为咖啡因阻碍了这个过程，甚至使之逆转——取代了腺苷，当大脑原本应该减慢活动速度的时候诱使它高速运转。咖啡因并非真的给人们提供了能量，它只是弱化了人们感受疲惫的能力。

在番茄酱咨询委员会的一系列故事里，当角色们吃到番茄酱的时候，他们就会重新变得温和，正如大脑的化学结构和睡眠最终总会击败咖啡因的影响一样。但人们似乎很享受这种诱使他们的大脑保持暂时活力的感觉，他们就像蜜蜂一样，不断地寻求这种感觉。正如少数几只蜜蜂就能引领整个蜂群找到含咖啡因的花朵一样，喝咖啡的习惯改变了整个人类社会的进程。在西方，历史学家们相信，喝咖啡习惯的出现，为后来的启蒙运动时期（Age of Enlightenment）和工业革命（Industrial Revolution）铺平了道路。[11] 而这一切都源自早餐的一个改变。

广告人都知道，"冠军的早餐"这个短语是威帝麦片（Wheaties）品牌使用了 80 多年的标志性宣传语。然而，对于大学生联谊会或大学宿舍里的学生而言，只有将威帝麦片泡在大量啤酒里，才算是"冠军的早餐"。经过了一夜宿醉之后，这种组合被当作一种解醉酒，但大多数人喝过一次这种黏糊糊的东西后就不会再喝第二次了。醉眼惺忪的大学生们也许会感到惊讶，欧洲中部和北部的人们在 9 个多世纪的时间里，每天都吃这种类型的早餐。在咖啡出现之前，"啤酒汤"是早晨的主要食物。标准的配方是将冒着热气的麦芽酒倒在面包或面糊上，有特殊需要时还可以加入鸡蛋、黄油、奶酪或糖。这种混合物给各种年龄的人们带来了碳水化合物、热量以及微微的醉意，尽管啤酒通常并不浓烈。事实上，早晨的啤酒汤仅仅是漫长的一天中第一顿与啤酒有关的食物。除此之外，每一餐都有自酿酒和其他啤酒的身影，它们构成了中世纪日常饮食的营养组成部分。一直到 17 世纪，咖啡刚刚开始出现的时候，欧洲北部的人均啤酒消费量每年为 156 至 700 升不等，平均应为 300 至 400 升。[12] 相比之下，现代的数字就黯然失色了——美国人人均每年只喝 78 升，英国人喝 74 升，就连喜爱啤酒的德国人每年也只喝 107 升。

当咖啡出现在这种充满饮酒习惯的环境中后，社会历史学家们称之为"伟大的清醒剂"。与使人精神模糊的啤酒（或葡萄酒——欧洲南部的主要酒类）相反，喝咖啡使人机敏，精力充沛，可以说，也更有创造性。大学生的类比也适用于此——任何希望成功毕业的人都会很快认识到，上课之前喝啤酒与上课之前喝咖啡，会产生截然不同的后果。两者都是种子的产物，但是，用兴奋剂替代发酵物质，产生的巨大作用并非只是提高平均绩点。在欧洲，喝咖啡的转变是伴随着宗教改革（Reformation）而出现的，咖啡具有的使人清醒和高效的潜力正好符合这个时代的新兴思想。正如一位学者所说，咖啡"从化学和药理学上实现了理性主义（rationalism）和新教伦理（Protestant ethic）力图实现的精神和思想目标"[13]。在实际生活中，咖啡帮助人们做好了身心准备，投身于在城镇和城市中越来越普遍的室内工作——管理、商业和制造业的工作。在18世纪，英语语言中出现了"咖啡"、"工厂"和"工人阶级"这些词的现代定义和拼写方式，这并非巧合。这种饮品尤其受城市地区的工人们欢迎，伦敦曾经一度拥有多达3000家咖啡馆，每200位居民就有一家。

像任何狂热风潮一样，咖啡现象中不乏大肆炒作和夸张宣传。尽管它是一种合理的兴奋剂处方，但医生们和推销员们也推荐使用这种饮品来治疗其他各种疾病，从痛风、肺结核到性病。在众多说法中，有些是自相矛盾的（头痛的诱因与头痛的治疗），大多数是错误的（促进情欲，提高智力），但其他一些说法仍是医学调查的主题（抗抑郁剂、防止蛀牙、食欲抑制剂、高血压疗法）。人们对于研究咖啡一直很感兴趣，这应该是意料之中的事。除咖啡因以外，咖啡豆内至少含有800种其他化合物——据说，这使每天的一杯咖啡成为人类饮食中化学成分最复杂的食物。咖啡的大多数成分从未有人研究过，因此它们对健康所产生的影响仍然不为人所知。研究者们普遍认为，喝咖啡的人患二型糖尿病和肝癌的风险会降低，至少对男性来说，患帕金森病的风险会降低。但没人清楚其中的原因。

喝太多咖啡会让人在夜晚焦躁不安，也会导致出现约翰·塞巴斯蒂安·巴赫的作品《咖啡康塔塔》（《安静些，别闲聊》）这个标题中讽刺的那种紧张不安。巴赫本人是著名的咖啡爱好者，他定期在莱比锡（Leipzig）最好的咖啡馆齐默尔曼咖啡馆（Café Zimmermann）举办自己作品的演出活动。这样的活动证明了，在 18 世纪时，咖啡开始在社会和文化方面发挥作用。因为它激发思想和交谈的方式与酒类十分不同，人们聚在一起喝咖啡并不是为了狂欢，而是为了认真地交谈、召开会议和举办文化活动。那时（现在也是）去咖啡馆和去酒馆是完全不同的。在那里，人们不仅与朋友会面，还聚在一起学习，听新闻，下棋，甚至做生意。经常出入爱德华·劳埃德（Edward Lloyd）在伦敦开办的咖啡馆的海上保险商们，后来组成了世界上最大的保险市场，但他们依然沿用了咖啡馆创办者的名字。伦敦的劳合社（Lloyd's）也不是唯一一个著名的例子。纽约银行（Bank of New York）成立于商人咖啡馆（Merchant's Coffee House）；伦敦证券交易所（London Stock Exchange）由一间名为乔纳森咖啡馆（Jonathan's）的店铺演变而来；而在咖啡馆里举行的公开销售活动——包括从艺术品、书到马车、轮船、房地产以及"从海盗那里起获的商品"[14] 等一切销售品——促使世界上最大的两家拍卖行佳士得拍卖行（Christie's）和苏富比拍卖行（Sotheby's）的成立。

对哲学家、作家和其他知识分子而言，咖啡馆很快成为他们表达以及分享观点的不可或缺的中心。人们称咖啡馆为"一便士大学"（penny universities），声称只需聆听知识分子之间的所有对话，你就能获得很好的教育。据说伏尔泰（Voltaire）每天喝 50 杯咖啡；他在普蔻咖啡馆（Paris's Café de Procope）里度过了很多时光，他用于写作的书桌仍然被珍藏在那里的一个角落里。卢梭（Rousseau）也经常光顾普蔻咖啡馆，据说他在那里和杰出的百科全书编纂者德尼·狄德罗（Denis Diderot）练习下棋。塞缪尔·约翰逊（Samuel Johnson）创办的文学俱乐部中的杰出人物们，在近 20 年时间里定期在苏荷区的土耳其人咖啡馆（Turk's Head in Soho）聚会，而乔纳森·斯威夫特（Jonathan Swift）常常待在圣詹姆斯咖啡馆（St. James Coffeehouse）里，他甚至让别人把他的邮件寄到那里。科学家们也喜欢咖啡，虽然有关艾萨克·牛顿爵士（Sir Isaac Newton）在希腊人咖啡馆（The Grecian Coffeehouse）解剖了一只海豚的故事是假的，但他确实在那间咖啡馆里度过了很多个夜晚。[15] 当人们在附近的英国皇家学会 [Royal Society。顺便说一下，它最初是牛津咖啡俱乐部（Oxford Coffee Club）] 开完会后，这家咖啡馆是一个很受欢迎的去处。

政治思想家们也纷纷涌入咖啡馆。罗伯斯庇尔（Robespierre）和法国大革命的其他关键人物经常聚在普蔻咖啡馆里，年轻时的拿破仑·波拿巴（Napoleon Bonaparte）曾经因为无法付账而把他的帽子抵押在那里。本杰明·富兰克林（Benjamin Franklin）只要身处城镇就会光顾咖啡馆，而在伦敦，他的咖啡馆朋友们，"正直辉格党人俱乐部"（The Club of Honest Whigs）的成员中有一位激进的自由主义者理查德·普莱斯（Richard Price）。[16] 普莱斯的思想对富兰克林以及美国独立战争（American Revolution）的其他领导者们产生了巨大影响，这证明，几十年前英国查理二世（Charles II）责骂咖啡馆是煽动叛乱的中心，其实没有错。如果说喝咖啡导致了革命的发生，那就言过其实了，但可以毫不夸张地说，它引发了革命的思想。作为一种药物和一种社会号召力，咖啡起到了将启蒙运动的理想转化为政治现实的作用。

将咖啡置于文化和政治事件中心的欧洲人，接受的并不只是一种阿拉伯饮品，他们也接受了阿拉伯人的一种生活方式。咖啡馆在巴黎和伦敦流行起来之前的几个世纪里，在近东地区（Near East）和北非地区（North Africa），咖啡馆都是社区民众聚集的地方。（传说中，咖啡是由一位埃塞俄比亚牧羊人发现的，他注意到，他的羊群吃完咖啡豆后兴奋地跳起舞来。)作为一种社交的、不含酒精的嗜好，咖啡既符合伊斯兰教教义，又很适合这个在学者们看来非常健谈的社会。19 世纪，咖啡馆在西方的影响渐渐减弱，但像开罗的费萨维咖啡馆（Al-Fishawy）这样的地方历经 260 多年从未关过门。从最近一篇学术论文的标题中就能看出，咖啡在阿拉伯世界依然很重要："鼠标点击、出租车和咖啡馆——埃及的社交媒体与反对派运动，2004—2011"（"Clicks,Cabs, and Coffee Houses: Social Media and Oppositional Movements in Egypt, 2004–2011"）在"阿拉伯之春"运动的"推特革命"（Twitter Revolutions）期间，咖啡馆成了必要的会面地点——制订计划的中心、避难场所，甚至是临时医院。过去 5 个世纪以来，在埃及以及整个地区的每一次民众起义中，咖啡馆都起到了同样的作用。

　　假如加布里埃尔·马蒂厄·德·克利现在横渡大西洋，他会发现加勒比海地区和整个中南美洲都盛行咖啡的生产和加工。但如果他想了解有关喝咖啡的情况，人们可能会让他去一个离我家不远的地方，一座被称为北美咖啡"圣地"（Mecca）的城市。1983 年，当霍华德·舒尔茨（Howard Schultz）在西雅图的星巴克咖啡馆（Starbucks Coffee）安装第一台浓缩咖啡机的时候，他引发的是一次所谓的咖啡馆复兴运动。自 18 世纪以后，咖啡豆在北美和欧洲还未如此受人欢迎，仅星巴克一家公司如今就在 62 个国家拥有超过 2 万间门店。这种发展离不开文化环境。不出所料，在星巴克兴起的城市中心，同样出现了微软公司（Microsoft）、亚马孙公司（Amazon）、Expedia 网络旅游公司、Real Networks 电脑软件公司以及一大批其他的科技公司。咖啡也许很符合启蒙运动时期的精神，但它对信息时代（Information Age）——以及这个时代以技术为主导的室内生活方式——来说是一种更好的提神剂。用一位专家的话说，咖啡所提供的咖啡因已经变成了"使现代世界成为可能的药物"。

互联网、短信、社交媒体和其他数字化的新发明，延长了人们的工作时间，使人们期待持续的连贯性，这样的一种环境完全适合咖啡发挥它的兴奋剂效果。受人欢迎的科技杂志和网站《连线》(Wired)的名称，取自一个业内术语，有着双重含义：在数字化世界里畅通无阻，以及因兴奋剂而产生的兴奋感。以前的"电脑怪杰"爱喝咖啡的固定形象如今已经成为主流，随着我们在生活中面对越来越多的屏幕，从台式电脑到笔记本电脑、平板电脑和智能手机，喝咖啡的习惯也与日俱增。茶叶的销售量也提高了，而咖啡因（通常从咖啡豆中提取）如今成了一种流行的添加剂，被添加在能量饮料、苏打水、止痛药、瓶装水、薄荷糖以及——一种特殊的植物结合品——"活力"葵花子中。以前，办公室职员们期待复印机旁的渗滤式咖啡壶滴出微温的沉淀物，现在，在谷歌（Google）、苹果（Apple）、脸书（Facebook）这样的公司就职的职员们，可以在公司内部的咖啡馆免费享用咖啡。最能够突出咖啡、科技和新经济三者之间关系的，莫过于西雅图的冲浪咖啡馆（Surf Café）或旧金山的高峰咖啡馆（The Summit）这样的咖啡店了，在那里，顾客们租下了咖啡桌的空间，用于思考创办新企业的计划以及与风险投资家会面。这种咖啡馆与小隔间的组合，仿佛再现了劳合社过去的情景，在那里，保险经纪人先来到柜台，然后走到咖啡桌边和小隔间里，如今劳合社在伦敦市中心占据了一座 14 层高、拥有三塔结构的摩天大楼。咖啡正以同样的方式协助塑造以技术为主导的经济。新观念的出现受到它的影响，而咖啡馆中的会面有助于为新产品找到市场。

为了重新审视具有核心作用的种子，我决定去一次西雅图的咖啡馆。（就像买快乐扁桃仁糖果棒一样，作为一项业务支出喝咖啡，听上去就像职业生涯中的另一个里程碑。）但是，在这座城市中有几千家可以煮咖啡、卖热饮的店铺，怎么选择去哪一家呢？我和一位从事咖啡生意的朋友交谈，然后问了以下这个问题：在西雅图咖啡店里工作的人去哪里能喝到一杯好咖啡？

不久之后，我踏进了斯莱特（Slate）咖啡馆的门，在一年一度的咖啡节贸易展上，它刚刚荣获美国最佳咖啡馆的称号。斯莱特位于西雅图最时尚的街区之一——巴拉德（Ballard）的一条小巷中，店铺以前是一家理发店。[说来也巧，它就在我的挪威姑婆奥尔加（Olga）和雷吉娜（Regina）曾经居住过的地方的山脚下，在那个时代，巴拉德是斯堪的纳维亚人的聚集地，那里的腌鲱鱼比浓缩咖啡出名。]店内的环境极为简朴。角落里的一台老式电唱机播放着爵士乐，除此之外没有任何夺人眼球的东西。简陋的灰色墙壁、整洁的柜台和简单的吧台椅子突出了咖啡的重要性。这样的设置在错误的人手中也许会显得很不自然，但斯莱特的经营者们亲切友善，对咖啡的热情如墙壁颜色一样朴素，完全没有矫揉造作的感觉。

"我会让你坐在我们这儿。"咖啡店共有人切尔茜·沃克－沃森一边微笑着在门口迎接我，和我握手，一边说道。她让我坐在柜台边，坐在我左右两边的两个人手里也拿着记事本，有那么糟糕的一瞬间，我认为那两个人也一定在写有关种子的书。但切尔茜后来介绍说他们是新雇员，并解释说我也将参与一堂培训课。于是，在接下去的三个小时里，我一直待在柜台边——煮咖啡，喝咖啡，谈咖啡以及了解怎样才能成为这个国家最新潮的咖啡馆的咖啡师。

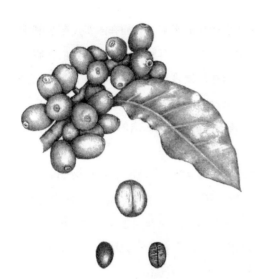

图 10.2　咖啡豆（学名 *Coffea* spp.）。咖啡豆中具有兴奋剂作用的咖啡因和多层次的风味受人喜爱，这些小型非洲树木的种子已经成为全世界贸易量最大的商品。图中最上方描绘的是浆果状的果实，从横切面看，每个果实都含有两粒种子，经烘焙之后（图中下方）它们会膨胀、变暗。插图绘制，2014 年，苏珊娜·奥利芙。

　　"主要因为我的男朋友想喝免费咖啡，所以我在毕兹咖啡馆（Peet's）找到了一份工作。"当我问切尔茜她是怎样开始咖啡事业的时候，她坦诚地说。她娇小玲珑，发色和她的眼镜框颜色一样深，她谦虚的风格与她在事业上的巨大成功并不相符。我没问她是否还和那位男朋友在一起，但无疑，咖啡依然与她同在。她在毕兹咖啡馆工作了 10 年，职位也不断提升——毕兹咖啡馆是美国第三大特色连锁店——然后离开了那里创办了斯莱特。如今，开业还不到一年，这家店已经获得了国家级的荣誉。斯莱特的经营方式回归到了最基本的要素上，作为植物种子的咖啡豆是重中之重，经营者认识到，不同的生长条件——土壤、海拔、降水量——会对结出的咖啡豆产生明显的影响。它们在大小、颜色和密度等方面会有所不同，在化学成分上也会有所不同，因为它们在越南这样的地方面对的有害生物，与在埃塞俄比亚（Ethiopia）、哥伦比亚（Colombia）或马提尼克岛面对的极为不同。当大多数咖啡馆都力求保持咖啡口味的一致性时，斯莱特的团队通过每一次的烘焙和冲煮，突出咖啡口味上潜在的不同。

"这就像烤面包，"首席咖啡师布兰登·保罗·韦弗（Brandon Paul Weaver）解释道，"精粉面包和全麦面包是不同的，但如果你烤它们，它们尝起来味道一模一样。"诀窍在于烘焙程度要适中，过度烘焙会使它们失去独特性。"也不能烘焙不到位，"他一边说明，一边做了个鬼脸，"生豆尝起来就像草一样。"

一番讲解之后，当布兰登递给我当天的第一杯咖啡时，我并不确定味道会是什么样。但喝了一小口之后，我就能确定，斯莱特的咖啡与我在家里煮的咖啡完全不同。它尝起来就像某种浓郁的花草茶——虽然是咖啡，但有浓郁的柑橘和蓝莓味道。"你觉得怎么样？"从自己的小杯里喝了一口后，布兰登急切地问道，"你尝到茉莉花的味道了吗？"

又高又瘦的布兰登留着长长的深色鬈发，后脑勺上随意地戴着一顶尖尖的草帽。由于切尔茜不得不忙于和顾客交流，他接手了这堂培训课，语速很快地讲述着研磨质地、水温以及饱和点。布兰登分别煮了几杯咖啡，使用了电炉、秤和大烧杯，就像从化学实验室里拿出来的东西一样。让他赢得了西北部手冲咖啡大赛（Northwest Brewers Cup competition）最佳咖啡师荣誉的配方，最近被发布在网上："咖啡［来自埃塞俄比亚耶加雪菲（Yrgacheffe）地区］19.3 克；用 Baratza 大师咖啡研磨机（Baratza Virtuoso grinder）进行中档研磨；205 华氏度（约

96 摄氏度）的水 300 克；聪明滤杯（Clever Dripper）中放入 Kalita 滤纸（Kalita filters）；3 分 15 秒冲煮时间。"

这种对细节的专注似乎有些过分，但布兰登、切尔茜以及斯莱特的每一位成员都希望，咖啡可以成为像上等葡萄酒一样精致的饮品。如果他们成功了，人们将会像关注酿酒葡萄一样鉴赏咖啡豆，辨认不同的品种、名称以及好收成带来的回报。这种鉴赏咖啡的方式很新颖，严谨的鉴赏家们似乎也开始采用这种鉴赏方式了。相比之下，斯莱特经营者们为他们的咖啡馆设定了一个非常传统的目标：他们希望它成为一个谈话的场所。

"我对咖啡的推动力很感兴趣。"布兰登说道。他说他看到坐在柜台边的陌生人之间开始了良好的互动。就像在证明他的观点似的，我们这堂小小的培训课很快吸引了一小群观众，他们是想要在家中尝试斯莱特方式的咖啡迷。或者，对于站在我身后、从事这份工作的那个人，他是巴拉德另一家咖啡馆吐司咖啡馆（Toast）的咖啡师。"我刚刚下班，然后想到我可以在回家路上进来喝一杯。"他丝毫不带讽刺口吻地说道。一旁观看的人中，既有瘦小的青少年，也有一对退休的夫妇，甚至还有一位在一篇咖啡博客中读到过斯莱特的来自格鲁吉亚（Georgia）的游客。有那么一刻，人们都在全神贯注地看着布兰登倒咖啡，没人注意到电唱机正在跳针，不断重复播放本尼·古德曼（Benny Goodman）单簧管作品中的一段快速过门。这是一串从低到高的爵士乐琶音（arpeggio），非常适合咖啡的音乐伴奏——向上，向上，向上！

经过三个小时不间断的咖啡品尝，我感觉自己的大脑也开始跳针了。我脑海中出现一幅画面，一群咖啡因分子爬上了我的脑袋，竖起鼻子寻找腺苷。驾车离开那里之后我发现，在我们的交谈过程中，有一个话题从未出现过：无咖啡因咖啡（decaf）。对于像斯莱特员工们那样的咖啡迷来说，去掉咖啡里的咖啡因违背了初衷，也破坏了口味，但无咖啡因咖啡仍然占据了全球市场的12%。脱咖啡因的过程通常需要使用溶剂或复合蒸汽以及水浴槽，但对于喝无咖啡因咖啡的人们来说，其实还有一种希望。在百来个野生咖啡品种中，东非和马达加斯加（Madagascar）的少数几个品种天生就缺乏咖啡因。它们的祖先成为咖啡属树木的分支时，咖啡因还没进化出来，它们也从未掌握这个窍门。驯养其中一个品种就有望在无须任何加工的情况下，直接从豆子中获得味道浓郁的无咖啡因咖啡。在如今的市场中，这个想法价值40亿美元，很多植物培育者都尝试过。不过，一棵咖啡树缺乏咖啡因并不意味着它不会受到有害生物的攻击。无咖啡因的品种和其他咖啡树一样面临着相同的攻击者，它们形成了自己的一套化学防御手段替代咖啡因。遗憾的是，至今为止，每个经过研究的无咖啡因品种的咖啡豆都苦得让人无法接受，正是其中的化学物质造成了这种苦味。对天然的无咖啡因咖啡的追求仍在继续，但至今为止，这种追求仍未能给人们带来一杯好喝的咖啡。

那天深夜，依然烦躁不安、凝视着天花板的我多么希望无咖啡因咖啡的研究者们早日成功。最终我睡着了，但那件事提醒我们，植物把咖啡因这样的生物碱放入它们的种子，并不是为了取悦我们。它们原本就有毒性，能使许多昆虫和真菌中毒。过度摄入咖啡因甚至可能致人死亡，尽管一项研究显示，需要一次性喝下150杯咖啡才会出现这种情况。投毒者和暗杀者们知道，他们可以选择的杀人手段还有很多，而且，意料之中的是，其中许多手段都与种子有关。事实上，冷战（Cold War）中最著名的一次暗杀围绕着三样东西展开：一座桥、一把伞和一粒豆。

第十一章

雨伞谋杀案

The Triumph of Seeds

Death by Umbrella

> 如果从一个写着"毒药"的瓶子里喝很多药水的话，你迟早会受害的。
>
> ——路易斯·卡罗尔（Lewis Carroll），
>
> 《爱丽丝漫游仙境》（*Alice's Adventures in Wonderland*，1865）

在小说中，当伦敦即将发生惊险事件的时候，浓雾总是会笼罩整座城市。在《雾都孤儿》（*Oliver Twist*）中，浓雾遮蔽了抢劫和绑架行径。在浓雾的掩盖下，吸血鬼德古拉（Dracula）来找米娜·哈克（Mina Harker），而在《四个签名》（*The Sign of Four*）中，当决定性事件发生之前，夏洛克·福尔摩斯（Sherlock Holmes）看到街上的浓雾打着旋。但在 1978 年 9 月 7 日，当乔治·马可夫（Georgi Markov）停好他的车，开始朝滑铁卢桥（Waterloo Bridge）走去的时候，清晨的阵雨已经停了，天空放晴，阳光明媚。假如那天有雾，马可夫很可能把防风夹克留在衣橱里，穿一件大衣或者至少穿一条更厚一些的裤子出门。其中任何一种情况都有可能挽救他的性命。

在家乡保加利亚，马可夫的小说和剧本使他成了著名的文学明星，一位集社会精英和政治精英于一身的人物。他甚至和总统一起打过猎。自从投奔了西方国家以后，他掌握的内部消息帮助他精准而尖锐地评论铁幕（Iron Curtain）之后的镇压。他在自由欧洲电台（Radio Free Europe）主持一档每周一次的节目，他也为英国广播公司（BBC）工作，一个致命的下午，他正在去英国广播公司上班的路上。马可夫知道，他的言论已置他于危险境地，他甚至收到过几次死亡威胁。但相对来说，他是一个小人物——没有人预料到他会是一次密谋中的攻击目标，更没有人想到这次密谋日后成了冷战中最出名的一次暗杀。而且，也没有人预料到这次谋杀的武器如此反常，就连他的遗孀都无法相信是这样一件东西杀死了他。

经过桥南侧的一座公共汽车站时，马可夫感到右大腿上突然被刺了一下，他转过身看到一个男人正弯腰捡起一把伞。那个陌生人向他小声道歉，搭乘一辆附近的出租车离开了，消失得无影无踪。当马可夫回到办公室后，他发现腿上有一丝血迹和一个很小的伤口。他把此事告诉了他的一位同事，但之后他就把这件事抛到了脑后。然而，当天深夜，他的妻子发现他突然发起高烧。他把自己在公共汽车站遇到陌生人的事情告诉了他的妻子，他们开始怀疑——难道他是被一把有毒的雨伞刺伤了？而事情的真相更加离奇。

"那把雨伞枪是苏联情报机构克格勃（KGB）的实验室发明的，相当于Q先生的实验室。"马克·斯托特告诉我，他还提到了因詹姆斯·邦德（James Bond）系列电影而出名的、制造各种间谍器具的虚构车间。不过，虽然会爆炸的牙膏和会喷火的风笛在好莱坞（Hollywood）很有市场，但在现实的间谍行动中，有毒的武器是很罕见的。"技术含量总是很低，"斯托特继续说道，"一个人开枪射杀另一个人，或者一颗炸弹爆炸。在那个时候，雨伞枪以及它发射出的小子弹，是工程学上的巨大成就。"

我打电话给马克·斯托特询问有关马可夫案件的情况，因为他担任过三年国际间谍博物馆（International Spy Museum）首席历史学家的职务。这样一个工作头衔印在名片上看起来十分了不起，但这个头衔还使他有机会接触到雨伞枪的一个复制品，制作者是制造了原来那把雨伞枪的克格勃实验室的一位退伍军人。这个复制品陈列在博物馆中一个叫作"间谍学校"（School for Spies）的展区，在那里，它与克格勃的另一个发明陈列在一起——单发射击的口红手枪。当我与他交谈的时候，他已经转到一个更为传统的学术岗位上了，但他依然对特工世界表现出极大的热情。"那把伞使用了压缩空气，和BB枪完全一样。"他急切地解释道。我能听到电话那头他的办公椅发出的吱吱声，想象得出他坐在椅子上在办公室里转来转去，停下来仰靠在椅背上思索。"但它是为了超短射程而设计的，1英寸，最多2英寸。在马可夫的案例中，他们差不多是把伞顶在了他的腿上才射击的。"

然而，对于1978年的病理学家们而言，他们无法求助于任何间谍博物馆或者历史学家。他们的病人不久后死在伦敦的一家医院里，死因似乎是严重的血液中毒，但他们无法合理地解释他的症状。尸检报告提到了他的大腿上有一处红肿的针刺小孔，但它看上去就像昆虫叮咬的痕迹，而不是刺伤。而留在他体内的神秘的小子弹十分微小，技术人员们没有理会它，以为那是 X 光片上的一个污点。假如另一位持不同政见的保加利亚人没有遭遇类似的事件，那次调查很有可能就此停止。那位保加利亚人在巴黎的凯旋门（Arc de Triomphe）附近遭到攻击，但经过短暂的不适后就恢复了。这一次，医生们注意到他所提到的刺伤，他们很快从他的腰背部取出一粒银灰色的小珠。由于他当时身着一件厚毛衣，子弹没有穿透肌肉周围的结缔组织层，大多数毒素并没有散布开来。伦敦的法医立即重新检查了马可夫的尸体，从他腿上的伤口中找到了一粒相同的子弹，谨慎地得出了为世人所熟知的谋杀结论："我丝毫看不出这是一场意外。"

对公众而言，马可夫谋杀案使詹姆斯·邦德的幻想世界一下子变成了现实——同一年，电影《007 之海底城》（*The Spy Who Loved Me*）成为历史上票房最高的英国电影之一。对调查者而言，这个案件留下了两个无法解决的大问题：拿伞的人是谁？还有——英国情报机构（British Intelligence）和美国中央情报局（CIA）都渴望查明的事情——什么样的毒药可以以如此小的剂量致人死亡？第一个问题仍没有答案。苏维埃叛逃者后来证实，克格勃向保加利亚政府提供了雨伞和小子弹，但关键的细节依然模糊，也没有人因犯下那个罪行而被捕。[1] 不过，在解决那个毒药难题的过程中，一个由病理学家和情报专家组成的国际团队得出了一致意见。经过几周细致的法医分析，他们得出了自己的结论，在此过程中，一些药理学家、有机化学家以及一头重 200 磅（90 公斤）的猪都做出了自己的贡献。

第一个挑战在于确定究竟有多少毒素进入了马可夫体内。从他大腿中取出的这颗小子弹直径不到 0.05 英寸（约 1.5 毫米），小子弹上有两个细心钻出的小洞，两个小洞的总容量估计为一百万分之十六盎司（450微克）。（形象地说，就是把圆珠笔的笔尖轻轻地按在一张纸上，它留下的微小墨斑和那颗小子弹一样大——那些小洞需要在显微镜下才能看到。）知道了剂量之后，这种毒素的范围就被缩小到世界上最致命的几种化合物之中了。调查团队很快排除了肉毒杆菌、白喉、破伤风等细菌试剂，它们都会引发明显症状或免疫反应。钚（plutonium）和钋（polonium）的放射性同位素也不符合要求——它们能够致命，但受害者要过很久才会死亡。砷（arsenic）、铊（thallium）和神经毒气沙林（the nerve gas sarin）的毒素都不够强大，虽然眼镜蛇毒可能会产生相似的反应，但它需要至少两倍的剂量。只有一类毒素有可能如此快速地制造出马可夫的各种致命症状：那就是种子里的毒素。

几千年来，行刑者和暗杀者一直从种子中寻找置人于死地的方法。植物王国通常会提供许多种毒素，但种子的优势在于方便储存以及高效。它们是毒死苏格拉底（Socrates）的毒芹（hemlock）植物中毒性最强的部分，以及疑似毒死亚历山大大帝（Alexander the Great）的白藜芦（white hellebore）中毒性最强的部分。含番木鳖碱植物结出的种子令人厌恶，获得了"呕吐开关"（vomit buttons）的绰号，死于它们的毒素的人包括一位土耳其总统以及维多利亚时代的连环杀手托马斯·克里姆医生（Dr. Thomas Cream）谋害的一位年轻妇女。在马达加斯加和东南亚，每年有几百人死于一种盐沼地植物，名字就叫"自杀树"（suicide tree）*。当威廉·莎士比亚（William Shakespeare）需要一种有说服力的毒汁倒进哈姆雷特（Hamlet）父亲的耳朵里的时候，他想到了种子的杀人潜力。大部分学者认为他笔下的"毒草汁"（leperous

---

* 亦称"海檬树"。——译者注

distilment）一定是天仙子（henbane）种子的萃取液。正如推理小说迷们所知，阿瑟·柯南·道尔（Arthur Conan Doyle）笔下差点害死福尔摩斯和华生（Watson）的药物"魔鬼之足"（devil's foot）的原型就是致命的西非毒扁豆（calabar bean）。这些植物都依靠生物碱提供毒素，但马可夫案的调查者们很快把范围缩小到一种更罕见、更致命、更难探查的毒素。嘉实多汽车润滑油公司（Castrol Motor Oil Corporation）的口号不经意间一语道破了这种物质："嘉实多，不仅是润滑油。"

　　嘉实多的创办以及公司名称，源自利用一种非洲多年生大戟科灌木——蓖麻（castor beanplant）的种子制备发动机润滑油。蓖麻籽将它们大部分的能量储存于浓稠的油中，它们的油具有在极端气温下保持黏稠度的罕见能力。（尽管现在嘉实多生产了很多由石油制成的产品，但蓖麻籽油依然是高性能赛车选择的润滑剂。）但蓖麻籽还含有另一种物质—— 一种叫作"蓖麻毒蛋白"（ricin）的特殊贮藏蛋白（storage protein）。化学家们知道，蓖麻毒蛋白分子有奇特的双链结构。在萌芽的种子里，那些分子像其他贮藏蛋白一样会分解出保证植物快速生长的氮、碳和硫。但在一只动物体内——或一位持不同政见的保加利亚人体内——它们的奇特结构使它们能够穿透和破坏活细胞。一条链刺穿细胞表面，另一条链在细胞内部脱落，对核糖体（ribosome）造成破坏——核糖体是一种小颗粒，能够将细胞的基因密码转化为行动。[2]［在生物化学中，这使蓖麻毒蛋白成为一种"核糖体失活蛋白"（ribosome inactivating proteins），这类蛋白有一个很恰当的缩写形式RIPs*）进入血液之后，蓖麻毒蛋白会造成大量细胞死亡，就连科学期刊都用近似惊

---

* 　RIP 也是"Rest In Peace"（愿逝者安息）的缩写。——译者注

叹的语气形容它："目前所知最致命的物质之一""最好的毒药之一"，
或者干脆说"剧毒物质"。更糟糕的是，蓖麻籽还含有一种强力过敏
原，因此，中毒的人临死前会承受更大的痛苦，他会剧烈地打喷嚏，流
鼻涕，身上发出疼痛的皮疹。

理论上，如果马可夫腿里的小子弹装满蓖麻毒蛋白的话，那个剂量
足以把他体内的所有细胞杀死好几遍。但是调查者们缺乏继续调查下去
的更多珍贵证据。他死得太快，体内没有及时形成任何可识别的抗体，
尽管人们知道蓖麻毒蛋白能致人死亡，但因这种毒素而中毒的记载极为
少见，也找不到相关中毒症状的临床记录。[3] 因此，病理学家们决定做
一个试验。他们找来了一批蓖麻籽，提炼出一剂蓖麻毒蛋白，将它注射
进毫无戒心的一头猪体内。26 小时内，这头猪死了，它的死法和马可
夫一模一样。"动物保护者们会感到震惊的。"参与该案的一位医生做
出了这样的评论。但后来经过披露，保加利亚科学家们的所作所为更加
残忍。他们曾经用小一些的剂量在一个监狱囚犯身上做过试验，那个人
活了下来，之后他们调整了用于马可夫的剂量。当他们计算出确保能杀
死一匹成年马的剂量后，他们实施了计划。[4]

乔治·马可夫谋杀案使媒体的聚光灯投射到了种子的杀人潜能上。
犯罪分子注意到了它，蓖麻毒蛋白成为一种特别的生物恐怖武器。近
些年，涂抹了蓖麻毒蛋白的匿名信被寄给美国白宫（White House）、
美国国会（US Congress）、纽约市长和其他各种政府机关，有时邮局
不得不因此关闭数周。2003 年，当伦敦警方突袭了一个疑似属于基地
组织（Al Qaeda）的房间时，他们没收了 22 粒蓖麻籽、一个咖啡研磨
机和足够完成简单提炼工作的化学设备。（他们还查获了大量苹果种子
和地樱桃核，两者都含有微量氰化物。）种子的毒素依然有吸引力，因

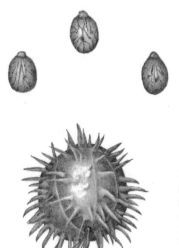

图 11. 1　蓖麻籽（学名 *Ricinus communis*）。珠宝制造商因蓖麻植物种子的美丽而不断寻找它，这种带斑纹的种子除了含有一种价值很高的油之外，还含有世界上最致命的毒素之———蓖麻毒蛋白。起保护作用的带刺种荚干燥后会爆裂，能够将蓖麻籽抛到距离母株 35 英尺（约 11 米）远的地方。插图绘制，2014 年，苏珊娜·奥利芙。

为它们不仅毒性强，而且很容易得到。当我自己需要一些蓖麻籽的时候，我上网搜索了一下，很快出现了几十个公开合法销售的品种。人们仍然种植蓖麻籽以获取它们的油或将它们用作一种装饰物，这种植物也成为遍布热带地区的路边野草。点击了几下鼠标，用信用卡付款后，一批蓖麻籽被送到了我家的门口——它们有拇指指甲那么大，漂亮又有光泽，光滑的表皮点缀着紫红色卷状斑纹。它们呈现出从棕土色到粉红色等各种色彩，常常被串成项链，制成耳环和手镯。事实上，明亮的"警示"色彩使许多有毒的种子在串珠产业中成为潮流，从相思豆（rosary pea）到珊瑚刺桐（coral bean）、马眼豆（horse-eyes）和各种苏铁。不过，蓖麻籽和其他有毒种子的常见还有另一个原因。这是构成现代制药产业基础的一个原则，19 世纪时哲学家弗里德里希·尼采（Friedrich Nietzsche）和儿童文学作家路易斯·卡罗尔（Lewis Carroll）也曾经完美地表达了这个原则。

关于尼采，人们记住的主要是他对宗教和道德的看法，但他也创造了一句格言："杀不死我的，使我更强大。"他的这句话是对人生的一种评论，但这句话也说明了一个有关种子毒素的事实。路易斯·卡罗尔也表述过同样的观点，那就是他笔下最著名的角色——爱丽丝，提醒自己不要从一个写着"毒药"的瓶子里喝很多药水。通过这句话里的"很多"这个词，卡罗尔暗示，从这样的瓶子里喝"一点"药水是完全无害的，甚至可能对人体有益。这种说法再一次符合有毒种子的情况。只要不是致命的剂量，许多种毒素都可以用于医药——对付世界上最严重的一些疾病的重要疗法。对爱丽丝而言，那个瓶子里装的不是毒药而是缩小身体的药，让她准备好在仙境中继续下一次冒险。尼采的例子似乎意义更大。他写下那句著名的格言后不久，就患上了精神疾病，现在的学者们把这种疾病解释为脑癌发作，脑癌是目前使用种子提取物治疗的疾病之一。

在毒药的术语中，蓖麻毒蛋白是一种细胞毒素（*cytotoxin*）——一种细胞杀手。蓖麻毒蛋白以及槲寄生、肥皂草和相思豆种子中的相似化合物，在一种小规模杀害行动中大有可为：有目的地杀死癌细胞。通过将这些核糖体失活蛋白附着到对抗肿瘤的抗体上，研究者们已经成功地在实验室试验和临床试验中抗击了癌症，还将槲寄生提取物用于数以万计的病人身上，帮助他们抗击癌症。当然，挑战有两点：找到合适的剂量，以及确保毒素不会进入身体的其他部位。

蓖麻毒蛋白是否能成为广泛使用的癌症治疗方法仍有待观察。如果它做到了，那么它将成为药物起源时的其他种子药品以及植物类药品的一员。从黑猩猩到僧帽猴（capuchin monkey）的野生灵长类动物经常用植物医治自己，它们会选择具有治疗功效的特定种子、叶子和树皮。研究者们在中非共和国（Central African Republic）看到一只大猩猩从大象粪便中拔出丛林番荔枝（jungle-sop）种子，不出他们意料，这些种子含有强效的生物碱，而当地的医者们把它们（以及这种植物的叶子和树叶）列入药方，治疗从脚痛到胃病的各种疾病。这种模式在整个热带地区反复发生：灵长类动物在雨林的"药店"里仔细寻找能帮助它们消除寄生虫或缓解伤痛和疾病的药物。人类学家们并不怀疑我们自己的祖先也做过同样的事。事实上，在亚马孙河进行的一项研究发现，狩猎—采集者使用过的植物与猴子的选择极为相似。这些古老的习惯不仅是传统医药的核心，也在不断促进新药物的开发。*

为了衡量种子在现代医药中的重要性，我联系了戴维·纽曼，美国国立卫生研究院（National Institutes of Health）的一位药物开发专家。他告诉我，到20世纪中期，很大一部分药物都源自植物，其中许多来自种子中的化合物。即使在今天这样一个人工合成物、抗生素和基因疗法的时代，美国核准使用的所有新药中，近5%直接来自植物提取物。在欧洲，这个数量更高。近期对种子医学研究所做的一份总结很快就超过了1200页，在全世界实验室中工作的300位科学家为此做出了贡献。[5]种子提取物在许多疾病的治疗中发挥了作用，从帕金森病（野豌豆和绒毛豆）到艾滋病病毒［栗豆（blackbean）和美洲商陆（pokeweed）］、阿尔茨海默症［毒扁豆（calabar bean）］、肝炎［奶蓟草（milk thistle）］、

---

* 野生灵长类动物通常会自主用药，这或许促进了很多传统疗法的产生，但我们绝不能轻视它。像蓖麻籽里的蓖麻毒蛋白一样，在用错剂量的情况下，种子和其他植物部位里的许多化合物的毒性很高。

静脉曲张［七叶树（horse chestnut）］、牛皮癣［大阿米芹（bishop's flower）］以及心脏停搏［毛旋花（climbing oleander）］。这些化合物和蓖麻毒蛋白一样，既是毒药又是治疗用药，而另一个著名的例子恰巧来自香豆树种子。

刚刚从外壳里剥离出来的香豆树种子看上去有点像扁桃仁，这也是它们的西班牙名称的来源，但它们比扁桃仁更细长，并有黑色的光泽。当我第一次烤焙它们的时候，我很快注意到它们散发出的甜美香味，这种味道使它们在 19 世纪引起了调香师的注意。在贸易中，这种有香味的种子叫作"黑香豆"（tonka beans），它们也是众所周知的一种香草替代品以及烟丝和芳香朗姆酒的一种辅料。作为商品的黑香豆品种来自一种亚马孙河流域的香豆树，它们与我在中美洲研究的品种有亲缘关系。它们催生了一个曾在短时期内利润丰厚的产业，使尼日利亚（Nigeria）和西印度群岛（West Indies）建立起了大型的黑香豆种植园。一位法国化学家从黑香豆中分离出了有效成分，并将它命名为"香豆素"（coumarin），以表示对这种树木的印第安名字"cumarú"的敬意。种植黑香豆的农民们一直很顺利，直到 20 世纪 40 年代，研究者们发现，香豆素对肝细胞有毒性。监管机构警告说，即使是很小的量也会对人体有害，很快就全面禁止将黑香豆作为食物添加剂。不用说，自那以后黑香豆的消费量骤降，尽管大胆的厨师们依然将一些碎屑加入特色风味巧克力、冰激凌和其他甜点中。

当我和我的论文导师，也是我所有香豆树论文的合作者史蒂夫·布伦斯菲尔德（Steve Brunsfeld）坐在一起品尝几粒烤种子的时候，我了解了这段历史。他曾是一位肝癌幸存者这一事实并没有令我们惊讶。在植物学的工作中，常常需要品尝奇怪的东西——辨别植物时，口味和气味往往是宝贵的工具。不过，我们只是咬了几口而已，足够让我们尝到这种既有香草和肉桂香味又有柑橘回味的味道。史蒂夫皱起了胡子，更直接地形容了这个味道："这些东西尝起来像家具上光剂。"这是典型的史蒂夫式评论：尖锐，有趣，直截了当。不过，我们品尝香豆树种子的时刻也很有讽刺意味。那时，我们两人都不知道，史蒂夫的癌症已经复发，并转移到了身体其他部位，几个月后，他的医生很可能会给他开一种由我们议论的化合物变化而来的药物。

自黑香豆的全盛时期之后，科学家们在很多植物中都发现了香豆素。它增加了桂皮的肉桂香味，使任何长有黄花茅（vernal grass）和草木樨（sweet clover）的田地里割下的干草都气味清新。但科学家们也注意到，当含有香豆素的植物开始腐烂时会发生奇怪的事。青霉菌和其他常见真菌的出现使香豆素从一种温和的肝毒素变成了一种血液稀释剂，足以杀死一头成年奶牛。[6]这个发现解决了一个难题，就是为什么变质的饲料有时会害死一位农民养的所有牲畜。但当研究者们掌握了其中的细微化学变化后，它为两种产业带来了数十亿美元的价值增长：病虫害防治和制药。

以资助其研发的机构 [威斯康星校友研究基金会（Wisconsin Alumni Research Foundation）] 命名的香豆素类药物华法林（warfarin），很快成为世界上使用范围最广的灭鼠毒药。混合了华法林的食物诱饵会让啮齿动物死于贫血、大出血和无法控制的内出血。但在人体中，小剂量华法林可以在一定程度上稀释血液以防止血管内部形成危险的血栓——癌症和癌症治疗中最常见、最致命的副作用之一。以"香豆定"（Coumadin）为商品名称销售的法华林药方通常伴随着化疗一起使用，特别是在癌细胞到处扩散的时候，比如史蒂夫所患的癌症。它也是中风病人和心脏病病人的常用药，在被发现的半个多世纪后，它依然是世界上销量最高的药物之一。

在史蒂夫和我研究香豆树课题的那段时间里，他的身体一直在抗击癌症。这是患病的植物学家们一直会面对的情况：与疾病做斗争，而这些疾病的治疗方法也许正来自他们的标本集和他们显微镜下的载玻片。史蒂夫从没跟我说过他是否在服用华法林，但他的研究与他的医药箱产生交叉已经不是第一次了。在职业生涯的大部分时间里他都在研究柳树——阿司匹林的最初原料来源，他曾经帮助一家生物技术公司发现了大量天然的藜芦，它是百合科的一种植物，其有毒的种子、叶子和根所含的生物碱具有很好的抗癌前景。

最终，任何药方都无济于事——在我进行论文答辩前几周，史蒂夫去世了。他很担心自己在实验室里和个人生活中还有很多事情没有完成，他的工作强度和工作时间远远超过大部分人能够承受的极限。不过，尽管任何东西都无法再让他延续生命，但在活着的时候他还是得到了一些答案，也明白了研究的意义所在。而且，他所拥有的好奇心至少也是一种回报。自那以后的几年里，我常常怀念的，不仅是史蒂夫的友谊、陪伴和顽皮的幽默感，还有他的才智。他有一种特殊的能力，能够避开无关信息，也就是他所谓的"废话"，直接发现问题的核心。这种能力对交际以及科学来说都是很宝贵的，因为，在自然界，即使是最直截了当的情况都不会像看上去那么简单。

表面上，种子拥有致命毒素似乎是很合理的。这是一种自然的适应性改变，与香料、咖啡因和其他防御性化合物的出现是一样的。毕竟，为了保护种子，有什么办法比杀死任何想要吃掉它们的东西更好呢？但实际上，从令人讨厌到真正致命的这个进化步骤要复杂得多。当一粒种子受到攻击时，植物的当务之急就是让攻击者停下来，这也是苦味、辣味和灼烧感很常见的原因。直接的生理不适赶走了种子掠食者，并告诫它们不要再来，它们甚至可以将这个教训传递给其他同类。相反，毒素可能需要过几个小时或几天才能发挥效力，这样就无法阻止正在掠食种子的攻击者了。理论上说，像蓖麻毒蛋白这样无味的毒素可能会让一只动物吃光一棵蓖麻植株的所有种子，然后离开，并在不知道原因的情况下死去。（当然也不会形成并传递一种"避开蓖麻籽"的行为！）因此，引发不适感的化学物质可以阻止各类种子掠食者，而致命的毒素只能消灭单独的掠食者，这是一场持久战。这引发了一个问题，是什么进化诱因促使一些毒素不断变强，导致像蓖麻毒蛋白这样的化合物具有几乎令人难以理解的强大效力？

　　"似乎没有明显的答案。"当我提出这个问题的时候，德里克·比利告诉我。我有段时间没联系他了，但当我遇到无法解决的难题时，这位种子研究方面的"神"总是慷慨地帮助我。他解释说，种子的毒素往往以不同的方式影响不同的攻击者。为了使一只动物感到轻微胃痛（并警告它不要再吃这种种子）而进化出来的物质，也许对另一只动物来说是完全致命的。或者，需要好几天才能使大型生物死亡的一种毒素，也许在几秒之内就能杀死昆虫，只要昆虫误食一口便可以迅速地阻止一次攻击。"或者说，整件事可能是一次偶然事件。"他沉思了片刻，然后再一次提到了蓖麻籽的例子，"蓖麻毒蛋白是一种可以在初期轻易调动的贮藏蛋白，它的毒性也许只是一种有用的副作用。"

　　当诺艾尔·马赫尼基研究辣椒的辣椒素时，她发现，最初抵抗真菌的化合物最终影响了很多事物，从昆虫和鸟类到包括人类在内的哺乳动物的味蕾。种子毒素也具有相似的复杂性，大概只有像诺艾尔这样坚持不懈的博士生才能揭开这些毒素背后的故事了。不过，关于所有有毒的种子，有一件事是肯定的：不管它们的毒性如何，植物都必须创造出传播它们的方式。因为，假如植物无法移动它们，保证它们的安全也是徒劳的。对于蓖麻籽而言，解决方式包括两点：一个能将成熟种子抛到离母株 35 英尺（约 11 米）远的、会爆裂的豆荚，以及一个附着在种皮外的、使种子对蚂蚁产生吸引力的营养包裹。在全世界的任何地方，成熟蓖麻植株附近的场景都差不多：豆荚爆裂开来，种子飞了出去，而几千只蚂蚁则忙着把种子拖回它们位于地下的巢穴。回到巢穴后，它们吃掉了种子外的食物包裹，而种子则毫发无损地埋在地下等待发芽。出乎意料的是，还没有人研究过这种食物包裹是否无害，抑或是蚂蚁已经对蓖麻毒蛋白形成了一种免疫力。不管怎样，这种巧妙的体系使蓖麻籽在不放弃传播能力的基础上变得极为致命。另一方面，解释香豆树种子中出现香豆素的原因则更难一些。

　　尽管严格说来，香豆素只有在霉变或化学物质改变的情况下才能成为灭鼠毒药，但这种化合物似乎仍然不太可能让啮齿动物传播种子。即使是最纯粹的香豆素也会对啮齿动物的肝脏造成严重破坏。它的毒性最初就是在一项对实验鼠所做的实验中被发现的，之后它就被禁止用作食物添加剂了。日常饮食中添加了香豆素后，这些实验鼠体重不断减轻，肝脏长出了肿瘤，早早地夭折了。从没有人在野外做过类似的动态研究，但很难想象，还有谁的饮食比生活在香豆树下的刺豚鼠、松鼠和棘鼠的饮食所含的香豆素还多。不过，这些啮齿动物依然尽情享用这些种子——偶尔还会传播它们——而没有明显的不良反应。难道它们形成了免疫力吗？难道在没有香豆树种子吃的其他季节里，它们的肝脏康复了吗？或者，它们可能真的在巢穴和地洞里夭折了，无人发现。没人知道答案，但存在另一种更有趣的可能性。

很多植物都含有香豆素，但香豆树种子中所含的浓度最高。（这就是欧洲调香师从黑香豆中提取香豆素而不是从后院的黄花茅中提取的原因。）香豆树种子中的香豆素有可能在不断增加吗？难道我们正在见证一种新型化学防御策略的早期阶段吗？啮齿动物的确在传播香豆树种子，但这种情况只是进化过程中的一幅简单画面。从植物的角度来看，这种情况混乱不安。刺豚鼠和松鼠会吃掉和破坏它们遇到的每粒种子，传播的只是那些它们碰巧忘记的种子。如果香豆树种子含有足以赶走它们的香豆素，那也不是第一种针对啮齿动物的种子防御手段了。我只需说一个例子，还记得辣椒素吧，它能使掠食种子的大鼠和小鼠的嘴巴有灼烧感，但对传播种子的鸟类的鸟喙没有任何影响。不过，要想阻止啮齿动物的伤害，香豆树必须像辣椒一样拥有撒手锏——传播种子的另一种选择。在走过了丛林中几百条调查样带、分析了实验室中几千个样本之后，我们意识到，香豆树的确有另一种选择。

种子的传播
Seeds Travel

每棵硕果累累的橡树结出上万颗橡子，

深秋的暴风雨将它们撒播到各地；

每棵孕育生命的罂粟掉落上万粒种子，

从随风摇曳的花朵里撒播到各地。

——伊拉斯谟斯·达尔文（Erasmus Darwin）

《自然的圣殿》（*The Temple of Nature*，1803）

第十二章

诱人的果肉

The Triumph of Seeds

Irresistible Flesh

> 大自然创造苹果、桃子、李子和樱桃之时，是否知道我
> 们为此感到欢愉？答案毋庸置疑；却是出于她自己的目
> 的。对于为这些果子播种的生物而言，甜美果肉带来的
> 报偿无与伦比！而大自然特意创造了难以消化的种子，
> 为的是，即使果实被吞下，种子也会得以种植。
>
> ——约翰·巴勒斯（John Burroughs），
> 《鸟与诗人》（*Birds and Poets*，1877）

"*Murciélago*，"乔斯低声说道，"一只蝙蝠！"在与乔斯长期的共事过程中，我第一次看到他不再冷静内敛，而是有些惊讶。香豆树种子就在我们面前的地面上，松散地堆积在一起。我们平时能发现一两颗就感到很幸运了，但这一堆里有三十几颗——是名副其实的母矿。但我们知道，半英里（约 800 米）范围内没有成熟的香豆树，啮齿动物不可能把一大堆种子带到这里。我跪了下来，我们开始收集这些种子，把每一粒种子都小心翼翼地放进一个编了号的塑料袋里。它们都还很新鲜，坚

硬的外壳外还留着薄薄一层绿色的、被嚼成一缕缕的潮湿果肉。抬头看去，我早已知道我会看到什么——一棵年轻的棕榈树下垂的、长 12 英尺（约 4 米）的棕榈叶，中美洲地区最大的果蝠最爱的栖息处。

这种大型果蝠的翼展可以达到 18 英寸（约 45 厘米），它有足够的力量带走香豆树种子。在飞行时，这些巨大的翅膀使它 4 英寸（约 10厘米）长的身体看起来就像事后安上去的——骨架和皮肤刚刚够负荷重压。果蝠通常以无花果、花朵或花粉为食，我们面前的这堆种子证明了香豆树很特别——对于蝙蝠，也对于树木本身。松鼠和刺豚鼠会吃掉和破坏它们找到的所有种子，果蝠与它们不同，它的兴趣正如它的名字，它只想要包围在种壳外薄薄一层多汁的果肉。一只头朝下栖息的蝙蝠，用它的尖牙快速啃咬，可以在几分钟之内吃完种壳上的果肉，种子则完好无损地掉下去，落在森林地面上。

对我而言，吃香豆树的果实就像在啃淡而无味、熟过头的甜豌豆，而且是被太阳晒得硬邦邦的那种。但对于栖息于此的一只蝙蝠（或多只蝙蝠）而言，它的味道值得来回飞行 30 次，也值得一次又一次冒险回到这棵树边，尽管周围埋伏着猫头鹰、食蝠隼（bat falcons）和蟒蛇，它们特意等待着机会抓走毫无防备的来访者。这种危险因素在整个体系中发挥了重要作用。假如没有危险因素，蝙蝠就只会待在香豆树上，吃着果实，然后直接把种子丢到树下——完好无损，但没有得到传播。（猴子们在白天就是那么做的，无法抬动沉重果实的小蝙蝠也是一样。）不过，只要食肉动物监视这棵树，任何一只大蝙蝠都会把它的战利品带到可以安全进食的栖息处，从而创造了一种十分独特的种子传播模式，乔斯和我无须亲眼所见就能了解这些蝙蝠的每一个动作。[1]

在我们离开之前，我又看了一眼我们上方的那片棕榈树叶。那是一个很熟悉的景象。为了证实我们的直觉，我们以相同的方式抬头看了近 2000 次，对比了棕榈树叶的位置和种子的位置。不管是发现了一颗、两颗还是这次的一堆，也是至今最多的一次，被传播到各处的香豆树后代都最有可能位于蝙蝠栖息处的下方。（蝙蝠选择棕榈树叶的理由很充分：它们可以隐藏在下垂的叶片下，以防上方的食肉动物发现，同时，如果任何动物想要从下方爬上来，那么摇动的细长叶柄会向它们发出警报。）这种模式出现在我们观察的每一个地方——在孤立的小片树林以及大片的原始森林里。回到实验室中，基因指纹鉴定帮我获得了进一步的数据。[2] 通过追踪从树木到蝙蝠栖息处的特定种子，我可以证明，一只蝙蝠几乎可以飞到任何一棵有果实的香豆树所在的地方。即使是困在牧场中间的树木也是整个关系网的一部分，它们吸引了饥饿的蝙蝠，并吸引蝙蝠将它们的种子带到几千英尺外更好的栖息地去。随着大片雨林不断消失，我们的研究结果让我看到了希望，那就是香豆树——以及依赖它而生存的许多物种——可以在这种由小片树林、农场和牧场构成的新地形中存活下去。

沿着我们的调查样带折返的时候，我们突然步入炫目的阳光下，一条绿色的直线形成了整片森林的尽头。茂密的草地在山坡上延展，其间点缀着几棵幸存的树，有一些是香豆树。我们非常了解这片区域，当我们见到这片土地的所有者堂·马库斯·皮内达（Don Marcus Pineda）牵着一头驴穿过附近一片田地的时候，我们并不惊讶。他挥手示意，并朝我们走来。皮内达有很多土地，他坚持自己劳作，清除树木，修补栅栏，饲养一大群肉牛。当他走近时，我闻见，捆在驴鞍子上晃荡作响的黄色陶罐里散发出一股化学物质的味道。皮内达告诉我们，他正准备去给欧洲蕨喷农药，那是一种生长茂密、不适合食用的蕨类植物，他不希望它们在自己的牧场上出现。不过我们知道，他一定还有别的消息要告诉我们，否则他不会走过来和我们打招呼。最后，他又说话了。

"*El Papa ha muerto.*" 他说道——"教皇已死。"马库斯·皮内达住在靠近尼加拉瓜边境的一个崎岖不平的边境农场上，在我看来，他很有男子气概——面容坚毅，布满皱纹，总是头戴一顶牛仔帽，眯缝着眼睛。显然，教皇的过世对他而言是一个沉重的打击，这个消息也让乔斯震惊不已。我们三人低下了头，在闷热潮湿的环境里静静地站了几分钟。教皇约翰·保罗二世（Pope John Paul II）在哥斯达黎加是一位英雄，这个国家超过 70% 的人口是天主教徒。但他不仅仅是一位宗教领袖。他常常访问拉丁美洲，有很强的个人魅力，真诚地关注这个地区，这些使他成为一位在教会内外都受人爱戴的人物。

作为一名科学家，我也很喜爱约翰·保罗二世这位教皇。毕竟，正是他最终为伽利略（Galileo）平反昭雪，他也完成了之前历任教皇都没做到的事，使教会教义与进化学说实现了和解。在给教皇科学院（Pontifical Academy of Science）的一份书面讲话中，他称达尔文的理论"不仅仅是一种假说"，甚至暗示《创世记》是一本寓言式的书，而不是"一份科学论文"。他的讲话很简短，但假如有足够的时间，他也许会指出《创世记》中的许多隐喻，其中不少与生物学有关。比如，有关亚当与夏娃的章节不仅描述了人类的诞生和原罪，也讲述了有史以来关于传播种子的最著名的故事之一。

从文艺复兴时期开始，艺术家们就创造出这副深入人心的景象：亚当与夏娃在区别善恶之树下分享一颗甘甜多汁的苹果，一条蛇盘绕在离他们最近的一根树枝上。植物学方面的纯粹主义者们指出，能结出这么大果实的苹果树品种，直到 12 世纪才普遍出现，而那颗果实很有可能是石榴。无论是什么品种，那条狡猾的蛇选择了一个完美的诱饵，专为达到诱惑的目的而进化出来的果实。对于一只饥饿的动物来说，苹果里的小籽或海枣里的果核也许无关紧要，诱人的果肉才是第一位的。但事实正好相反。各种各样的果实存在的原因就是为种子服务。

　　无论一棵植物生长在伊甸园中、热带雨林中还是一片空地上，假如无法传播种子，那么它为了生产、养育和保护种子所做的一切都是徒劳。在母株上凋零或直接掉落到下方的植物后代都只是白费力气。即使它们能发芽，在完全成熟的亲本浓密树荫的遮蔽下，它们也活不了多久。（某些情况下，成年植株向附近的土壤释放毒素，防止它们的后代成为自己的竞争对手。）香豆树在种子的外壳上增加薄薄的一层果肉，可以诱使果蝠将种子带到半英里（约 800 米）之外或更远的地方。区别善恶之树更好地完成了任务。《创世记》中写道，亚当与夏娃偷食禁果后立即被逐出了伊甸园。至少，这暗示着他们带走了果实。在一些绘画作品中，这两个有罪的人仍然紧紧抓着一颗咬了一半的苹果。假如那颗果实确实是石榴，那么它的种子一定会安全地留在他们的消化道中。无论怎样，区别善恶之树都圆满地完成了任务。有了那颗诱人的果实，它不再只是花园里的一棵植物，而有望被人类传播到全世界。

　　很多人撰文阐明过人与果实或其他农作物之间的关系——无论我们走到哪里都会带着它们。仅苹果本身，就从驯养在哈萨克斯坦（Kazakhstan）山脉中的单一物种发展成了几千个品种——除了南极洲外，人们在世界各大洲种植苹果。略带夸张地说，我们是食用植物的奴仆，不辞辛劳地把它们带到世界各地，在修剪整齐的果园和田地里忠诚地照料它们。而毫不夸张地说，这就是传播种子的活动。我们就像蝙蝠一样毫无意识地做着这件事，亲身实践着植物与动物之间几近与种子一

图 12.1　阿尔布雷特·丢勒（Albrecht Dürer）于 1504 年创作的版画《亚当与夏娃》（*Adam and Eve*）描绘得很详细——无花果叶、一棵树、一条蛇，以及最大的诱惑象征：果实。维基共享资源。

样古老的相互作用。果实进化的目的就是为了影响我们的行为；长出让我们觉得香甜的果肉，以及吸引我们注意力的颜色和形状。它的力量所及之处超越了我们的农场和厨房，触碰到文化与想象边界的信念。历史上的静物画作品中，葡萄、梨、桃子、榅桲（quince）、甜瓜、橘子和浆果总是装满每个果篮和果盘。我们对果实的渴望使它不仅成为诱惑的象征——它也帮助我们定义"美"。

在自然界中，果实通常兼具了美味和昙花一现这两个特点，它们有助于在合适的时间吸引合适的种子传播者。人们往往追求甜味，但植物也能轻而易举地使自己的果实满足其他需求，除了糖分之外还能产出蛋白质和脂肪。附着在蓖麻籽（以及其他许多物种）外的营养包裹，意在将平时食肉的蚂蚁吸引过来。[3] 而西瓜的祖先，卡拉哈里沙漠（Kalahari Desert）的沙漠西瓜（*tsamma* melon）* 则吸引了各种竞争者，因为它满足了炎热国家的普遍期望：止渴。在任何情况下，只有当种子成熟并准备离开母株的时候，诱人的香味才会出现。种子成熟之前，植物会用苦涩或有毒的果实防止动物伤害。参与了克里斯托弗·哥伦布第二次航行的一位医生注意到，海滩上的一群水手快乐地咬着看上去像是野生沙果（crabapple）的果实。"不过，他们刚刚尝到味道，脸部就肿了起来，那样的红肿疼痛差点让他们发疯。"[4] 那些人活了下来，但他们吃的很可能是毒番石榴（*manzanillo*），当地的加勒比印第安人（Carib Indians）用来制作箭毒的一种果实。即使成熟之后，这种果实仍然有毒，很可能为了杀虫和杀菌，或赶走所有生物，只允许一种特殊的（目前还未知的）种子传播者靠近。[5] 然而，毒杀的策略以及由单一物种传播种子的策略

---

* *tsamma* 在非洲土语里代表水之源。——译者注

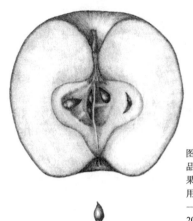

图 12. 2　苹果（学名 *Malus domestica*）。从艺术作品到圣经故事以及《白雪公主》(*Snow White*)，苹果在许多作品中象征着诱惑，发挥了果实的独特作用。在自然界中，各种富含果肉的水果进化的唯一目的就是诱使动物传播植物的种子。插图绘制，2014 年，苏珊娜·奥利芙。

并不常见。大多数结果实的品种采用了和苹果一样的方式，用植物所能提供的最受欢迎的果实引诱潜在传播者。

　　"购买力"也许听上去不像植物学术语，但在植物的生活中，平衡家庭预算很重要。能量、养分和水分是植物生活领域的货币，这些有限的资源需要用于最重要的任务。将一部分财富用于传播种子的风险在于，种子会缺少营养或防御力，叶、茎、根的生长和防御力也会受到影响。在植物经济学世界，生产富含果肉的果实需要付出昂贵的代价。园丁和农民们通过经验了解到这一点——菜地里"需要大量肥料的植物"往往包括番茄、甜瓜、番瓜、茄子、黄瓜和辣椒这样结果大的农作物。添加化肥或堆肥使平衡发生倾斜，帮助这些农作物品种产出鲜美多汁的果实。在野外，植物只能靠当地的土壤和气候条件勉强度日。不过，即使在形势良好的一年中，结果实的巨大消耗往往会缩短当令期，使果实显得更加珍贵。

　　作为地形中最少见、最甜美也最有营养的东西之一，成熟的果实可以吸引来自四面八方的动物。非洲象长途跋涉几英里寻找它们喜欢的品种，如苦皮树果（bitterbark），原产于刚果盆地（Congo basin）的一种有香味的、樱桃大小的果实，或者马鲁拉果（*marula*），非洲南部与芒果同属的一种美味果实。在一座森林里，研究者们绘制了一幅大象足迹的网状图，它们的足迹连接起了每一棵成年卤刺树（*balanites* tree），尽管这种植物每两三年才结一次果实。人类自身也竭尽全力地利用野生果实。卡拉哈里沙漠传统的桑人部落成员（San tribes-people）在有沙漠西瓜的地区附近行进或扎营，就像澳大利亚西部沙漠的土著曾经在无花果、野生番茄和一种像桃子的檀香科果实——澳洲檀香果（*quandong*）周围活动一样。对果实的相似兴趣常常使人与野生动物发生直接对抗。在锦葵（*omwifa*）的时令季节，乌干达的村民和山地大猩猩之间常常发生冲突，猿猴和当地居民都要到相同的野生果树林里收获树上香甜的大果实。

　　果实的魅力最初与生物学有关，但慢慢地成了数不胜数的文化参照物，从中国人象征长寿（桃子）、财富（葡萄）和多子多福（石榴）的符号到美国人传统的欢迎标志（菠萝）。草莓满足了北欧爱神芙蕾娅（Freyja）的食欲，而希腊人赞颂雅典娜（Athena）创造了橄榄树。在东南亚，印度的象头神（Ganesh）出名地喜爱芒果，而在菩提树伸展的树枝下，毗湿奴（Vishnu）诞生了，佛陀释迦牟尼（Buddha）顿悟成了佛。（就连分类学家都重视这个物种的神圣性，将它的学名命名为*Ficus religiosa*。）《圣经》中有关伊甸园的描写，反映了人们长久以来习惯把天堂描述为一个长满果实的地方。在诗人赫西俄德（Hesiod）的诗句中，那些到达希腊著名的极乐世界（Elysian Fields）的幸运儿享用了"一年结三次果的甜蜜果实"。伊斯兰教经文中提到了满是海枣、黄瓜、西瓜、"天堂榅桲"等各种果实的永生花园。中世纪的英国人更为直接，他们把亚瑟王（King Arthur）传说中的家乡称为"阿瓦隆"（Avalon），在威尔士语中意为"苹果之岛"。词源学学者认为，"天堂"（Paradise）这个词源于一个波斯术语，表示一片带围墙的圈地，早期希伯来人（Hebrews）用它来表示"水果园地"，或简单地说"果园"。不过，我们尊敬果实的最佳例子来源于英语，在英语中，用"硕果累累"（fruitful）表示成功的事业，而用"无果而终"（fruitless）表示失败。

　　由于水果深深地植入了语言和文化，我们很容易忘记，从功能性的角度来说，甜美的果肉只是种子的装饰——精心设计的一种四处移动的方式。果实传播的专业术语是"动物体内传播"（endozoochory）："在动物体内随动物移动"，假如有人仍然会说古希腊语，那它听起来会更优雅。[我们科学家很喜欢废弃的语言中的组合长词。例如，当一只蝙蝠移动一粒香豆树种子时，合适的描述词是"翼手类动物传播"（chiropterochory）："随一种前肢类似翅膀的动物移动。"] 这种充分利用果肉的形式进化于种子传播早期，当大到足以移动种子的动物出现之后就形成了。比尔·迪米凯莱目前在煤矿顶部研究的森林，在石炭纪时只是数量相对适中的昆虫、两栖动物和早期爬行动物的藏身之处。不过，种子蕨和原生松柏植物很快开发了很多策略来诱惑它们，从可能吸引千足虫的瘦小种子包裹，到芒果大小、有果肉的种子，它们很可能发出了腐肉的臭味，吸引了早期的恐龙。像银杏树这样幸存下来的古代植物再现了那个时期的植物策略，它们的种子发出强烈的臭味，以致许多城市都禁止种植雌银杏树。世界上每一棵观赏性的银杏树几乎都是雄株，雄银杏树只会产生没有味道的花粉。

　　从植物学角度来说，早期种子植物缺少能够组成真正"果实"的特殊组织。但那并没有阻止它们形成同样作用的类似物——例如，使种皮的外层部分变甜，或者在附近的茎或苞叶上长出果肉。现代松柏植物和其他裸子植物保留了这种传统，喝杜松子酒的人们很了解这一点，他们知道被称为杜松（juniper）"莓果"的球果香甜多汁。不过，尽管动物传播在裸子植物中依然普遍，但我们熟悉的大多数果实都是随被子植物——有花植物——进化而来的。[6]根据定义，它们的种子被包裹了起来。这种覆盖物开启了一个果实的世界，同时，传播者的数量也呈爆炸式增长。鸟类、哺乳动物和有花植物都经历了分类学家所称的"辐射增长"（radiation），恐龙灭绝后紧接着发生的物种的快速增长。尽管原先的种群如蜥蜴、昆虫甚至鱼类仍然传播种子，但绝大多数有果肉的果实意在吸引鸟类和哺乳动物，并随它们移动。

　　了解果实多样性的最佳方式，就是做一件我们大多数人每周都要做几次的简单活动：到杂货店购买食物。即使是一座热带雨林，都比不上排列在标准超市农产品货架上的品种密度大。我家乡的食品杂货店自 1929 年开业以来就位于同一个街区，战略性地坐落在其他两家经营多年的店铺之间—— 一家药店和一家本地酒馆。近期的一个春日早晨，货架上排满了 39 个不同物种的 71 种新鲜水果。最小的是一种和我的拇指指甲差不多大的蓝莓。如今，超市农产品区一年四季都有蓝莓的库存，但在进化出蓝莓的北美洲荒野，它们的成熟期与秋季鸟类迁徙，以及熊在冬眠前吞食水果的时间保持一致。在农产品区的另一头，我发现一箱西瓜，其中每一个都重达 15 磅（7 公斤）。它们的祖先沙漠西瓜在非洲南部的干旱季节里成熟，为各种生物提供了必要的水分，从羚羊、鬣狗到人。杂货店里的每一种水果都从不同的角度展现出相同的情况——现代农业的效率使野生品种变得平常。当然，现在许多果树通过插枝繁殖，而杂货店中的大部分种子最终会进入某个人的堆肥箱或排污系统，但它们的出现本身显示出果实策略的成功。食品杂货店里每天大量的农产品，就像在展示实际发生的传播行为——陈列的水果来自遥远的地方，如意大利、智利和新西兰。不过，它们不仅完成了长途旅行，也告诉了我们有花植物产生果实的不同方式，从明显的方式——比如一个苹果的甘甜果肉，到大多数人们从未真正思考过的方式——比如橘子内部充满汁水的茸毛，或者草莓，其形状和味道来自肿胀的花朵底部，这也是种子奇怪地长在果实外部的原因。

果实与它们的传播者之间的相互作用影响了进化之舞的每个参与者。它影响了相关动物和植物的饮食习惯、迁徙模式以及繁殖时机。但适应性改变更为明显。例如，果蝠的牙齿从吃昆虫的砍刀状牙齿进化成了可以咬碎食物的尖牙。长尾猴和绿长尾猴拥有从脸颊一直垂到脖颈两侧的特殊颊囊，它们可以将很多果实塞进去，然后找个安全的地方慢慢吃。假如你惊吓到果树上的一只这样的猴子，那么你会看到一张鼓鼓囊囊的脸在树荫中跳跃着远去。吃果实的鸟类形成了更宽的喙、灵活的咽喉以及更短的肠道，以便快速地处理充足的果实供应。鹦鹉通过吞食富含高岭土（kaolinite）的泥土，减轻未成熟果实里的毒素，高岭土也是缓解胃痛的高岭土果胶制剂（Kaopectate）的主要成分。我也曾经观察到雪松太平鸟（Cedar Waxwings）吃泥土，这并不是它们处理果实的唯一特点。它们消化浆果的速度特别快，就连它们的排泄物都还是甜的。（这使它们形成了独特的直肠，能够像它们的肠道一样吸收糖分。）

相应地，植物学会了调整策略吸引特定类型的传播者。[7]鸟类喜欢显眼的红色或黑色［覆盆子（raspberry）、黑莓（blackberry）、蔓越莓（cranberry）、黑加仑（black currant）、山楂（hawthorn）、冬青（holly）

或紫杉（yew）］，但对于那些分辨不出颜色的动物（大象）、夜间活动的动物（蝙蝠）或嗅觉比视觉灵敏的动物（乌龟、负鼠）来说，气味更能吸引它们。果实中间的果核拥有自然界中最坚硬的一些种皮，足以经受住摩擦、咀嚼以及消化道中的化学物质的冲刷。事实上，被传播者吃下去后，种子萌芽的机会通常会提高而非减少，且提高萌芽的机会是减少的两倍。当一头大象咀嚼南非马鲁拉树香甜的果实时，它的大牙齿使果核上的木芯变松，这对于之后种子吸收水分和发芽而言是必不可少的一步。好处并不总是这么明显，但消化过程促进了从被熊吞食的樱桃到加拉帕戈斯陆龟偏爱的仙人掌等各种植物的萌芽。化学变化和物理磨损的组合可能有助于打破种子的休眠，然后最终结果出现了：将那些种子存放在一堆温暖而肥沃的粪便中。[8] 在某些情况下，其他生物会收集这些种子，并把它们传播到更远的地方。树松鼠（tree squirrels）收集大象粪便中的马鲁拉果种子，而鹿鼠（deer mice）分散贮藏它们在熊粪中找到的稠李（chokecherries）和山茱萸（dogwood）种子。但最出名的例子将我们带回到极品咖啡的世界，人们花费高达每磅 300 美元（每公斤650 美元）的价格，购买从亚洲棕榈麝香猫（palm civet）的粪便中提取出来的咖啡豆。在曼哈顿的一家时尚咖啡馆里，一杯这样的咖啡会让你花掉近 100 美元。这么高的价格，促使人们利用其他食用咖啡果的物种的粪便创造利润丰厚的副产品：泰国的大象、秘鲁长鼻浣熊（Peruvian coatis）以及一种名为乌腿冠雉（Dusky-legged Guan）的类似火鸡的巴西鸟类。（不幸的是，猫屎咖啡热潮也导致一些人残忍地将麝香猫关进笼子，强迫它们进食。当我访问西雅图的斯莱特咖啡馆时，也提到了这个话题，咖啡师布兰登·保罗·韦弗用一句令人印象深刻的话斥责了这样的疯狂举动：“从屁股拉出来的咖啡，给笨蛋喝。”）

近三分之一的植物品种利用美味果肉的方法进行传播，从苏铁科植物、番瓜到柑橘。这个策略在不同的背景下不断进化，因为当它发挥作用的时候，效果十分显著。比如，一只口渴的棕鬣狗（hyena）可以在一夜之内吃掉 18 个沙漠西瓜，而它们的种子会掉落在棕鬣狗大到 150 平方英里（约 400 平方公里）的活动范围之内。棕熊在一片蓝莓树丛中吃得更多，它们在几小时内就能吞下 1.6 万个小果子。由于每个小果子里平均都有 33 粒种子，这就使得每头饥饿的熊每天传播 50 多万粒蓝莓种子。类似的例子数不胜数，科学界也很乐意探究其中的细微差别。不过，事实上，大多数种子通过其他方式传播。

对大部分植物而言，种子的传播代表了一种原本静止的生命发生移动的瞬间。它决定了什么植物生长在什么地方，是生态系统的一种基本组织原则。如此一来，这个过程带来了巨大的进化成果，种子植物在近 4 亿年中不断调整着传播方式。果实能够带来回报，不过其他种子索性搭了顺风车，用钩子、丝线或黏性附着在动物表面四处移动。[这种策略的商业化形式是维可牢尼龙粘扣（Velcro），发明者从牛蒡种子粘在他家狗的毛发上受到启发，创造了这个产品。]有些种子从裂开的种荚中发射出来，而其他一些种子掉落到水中，随波逐流。对很多人来说，最熟悉的种子传播经历来自袜子里戳人的草籽。每走一步路它们都戳进你的脚里，最终你会难以忍受，不得不停下脚步把它们取出来，然后扔到地上。任务圆满完成。

在哥斯达黎加，乔斯和我了解到，香豆树在蝙蝠翅膀的帮助下四处移动。但早在蝙蝠出现之前，种子已经学会长出自己的翅膀了。无论是滑行、旋转、飘动或翱翔，随风飞翔是最古老的种子传播形式，也依然是最普遍的传播形式。有了那么多实践，植物发展出了远距离移动大量种子的飞行方法（某些情况下，漂浮），这是蝙蝠、熊或鸟类做梦也想不到的。其结果不仅仅是规划了灌木、草药、青草和树木的生长位置，它们还将为我们讲述有关种子与人类漫长历史故事的另一个章节——薄如纸片的翅膀和微不足道的绒毛如何影响了航空学、时尚、工业历史、大英帝国以及美国南北战争等各个领域和事件。像许多生物学故事一样，我们最好以某位年轻的博物学家在加拉帕戈斯群岛的笔记和日记作为开始。

第十三章

随风飘动，随波逐流

The Triumph of Seeds

By Wind and Wave

> 植物并不满足于从花朵或树上撒下一粒种子，而是将不计其数的种子撒向天地之间，这样，假如几千粒死去了，仍有几千粒可以种植，几百粒会发芽，几十粒会成熟，如此一来，至少有一粒会代替母株。
>
> ——拉尔夫·沃尔多·爱默生（Ralph Waldo Emerson），
> 《论文集·第二集》（*Essays: Second Series*，1844）

　　年轻时的达尔文对植物不怎么感兴趣。当他以博物学家的身份随英国皇家海军舰艇贝格尔号启程的时候，他对地质学和动物学的热情远远大于植物学。他形容自己是"一个几乎分辨不出雏菊和蒲公英的人"[1]，就连推荐他随军舰考察的人——他在剑桥大学的导师也承认，"他绝不是植物学家"[2]。植物学研究后来成为达尔文的研究重点，他写了很多有关食肉植物、爬藤植物、花朵结构和兰花受粉等内容的书。不过，当贝格尔号沿着南美海岸慢慢行进的时候，达尔文主要把收集植物视作一个任务，甚至曾经想过把标本扔掉。因此，当船最终在加拉帕戈斯群岛着陆时，不出所料，他的注意力主要集中于火山、熔岩原、乌龟和奇鸟上。他在野外笔记中的一句评论似乎可以总结他对当地植物群的想法："没有大树的巴西。"[3] 有关第一天在查塔姆岛（Chatham Island）上岸的情况，后来他写道："尽管我尽力收集植物，但只找到了 10 种；看上去如此可怜兮兮的小野草如果成为一种寒带植物会比成为赤道植物更好。"[4]

不过，尽管达尔文也许对火山口和雀鸟更感兴趣，但他在加拉帕戈斯群岛上研究植物的努力有了很大的回报。在接下来的 5 周里，他成功收集和保存了 173 个品种，是已知植物群的近四分之一。在后来的几年中，那些植物将为他的进化理论增加一个重要的维度。因为事实上，当达尔文思考物种如何出现时，最初想到的一个问题是任何随贝格尔号进行漫长而遥远航行的人都可能会问的一个问题：植物和动物为什么会出现在它们所在的地方？学者们仍在争论加拉帕戈斯群岛在多大程度上影响了达尔文的想法，不过，早在他上岛第 5 天时，他就匆匆地记下了发人深省的一行字："我当然运用鸟类学辨认出了［原文如此（sic）］南美洲种类，植物学家行吗？"显然，他已经在疑惑，加拉帕戈斯群岛植物群的祖先来自何处。结果证明，查塔姆岛上那些看上去可怜兮兮的野草中有一种植物能够完美地回答这个问题。当他的朋友约瑟夫·胡克（Joseph Hooker）几年后研究这个标本时，他很快注意到它与南美洲近亲的相似性和差异。植物学家现在称它为"达尔文棉"（Darwin's cotton），学名 *Gossypium darwinii*，它到达加拉帕戈斯群岛的过程，是展现种子可以传播多远、种子远距离传播的原因以及远距离传播后发生了什么的最佳例子。

　　研究棉花的科学家们并不需要为这个植物种类创造拉丁学名，他们直接采用了罗马人的"*Gossypium*"一词。棉花在古代世界是一种众所周知的布的原料。亚历山大大帝的军队从印度带回了第一批棉花，很快棉花就广泛散布在地中海沿岸以及阿拉伯半岛以南地区（那里的人们称它为"*qutun*"，英语中"棉花"一词的来源）。阿兹台克人和印加人（Incas）也有棉花，克里斯托弗·哥伦布遇到的阿拉瓦克族印第安人（Arawak Indians）也有。无论哥伦布在加勒比海地区的哪个地方上岸，他都发现当地人把棉花编织成各种东西，从渔网、吊床到他所形容的"刚够遮盖女性私处"[5]的女性短裙。哥伦布在他第一次航行的日志中曾经 19 次提到阿拉瓦克人的棉花，他写道："他们并不亲手种植它，因为它就像玫瑰一样在田野里自然地生长。"[6]

　　全世界的热带地区都有这样的情况发生，超过 40 个不同的棉花品种在热带地区的野地生长。一些棉花的种子很简单，但只要棉籽长毛，当地人就会把这些纤维纺成线。棉花是现在全世界最受欢迎的布的原料，支撑起一个价值 4250 亿美元的产业，这也使它成为历史上价值最高的非食用农作物。尽管它无处不在，但我们也必须记得，它的进化目的并不是为了被制成托加长袍（toga）、包头巾、吊床和 T 恤衫。包住棉籽的精美绒毛是为了另一个目的而出现的——帮助种子随风飞翔。

　　想要了解风力传播的概念，你只需在春季里，带孩子到你家杂草丛生的草坪上散散步。自从我儿子诺亚学会走路开始，他就喜欢摘下成熟的蒲公英，把它们举起来，用一个单词说出坚定的要求："吹！"我算过，轻轻吹一下可以让 200 多粒种子一下子飘到空中，就像欢乐的小降落伞一样飘飘荡荡，落到地上。你会发现，想要抓到它们，你要跑到距离蒲公英母株 5 英尺、10 英尺甚至 20 英尺（约 6 米）远的地方。如果

图 13.1　棉花（学名 *Gossypium* spp.）。一朵棉铃的纤维首尾相接后可以绵延 20 多英里（约 32 公里）。织成毛线后，它们形成的产业塑造了帝国历史、工业革命和美国南北战争。图中上方是一朵完整的棉铃，下方是带绒毛的种子和剪去绒毛的种子。插图绘制，2014 年，苏珊娜·奥利芙。

是大风天的话，你根本抓不到它们。现在，随着蒲公英在伦敦、东京、开普敦（Cape Town）等各处变得常见，蒲公英的这种习惯已经成为植物空气动力学的普遍一课，种子和微风的架构结果。对蒲公英而言，其诀窍在于一个长满绒毛的细茎——对称、柔韧，有合适的间距满足最大程度的飘动。棉花以另外一种形式停留在空中，为了了解它，我决定做一件自伊莱·惠特尼（Eli Whitney）发明了著名的轧棉机后就很少有人再做的事：用手分解一个棉铃。

　　野外的棉花植株是多年生灌木或小树，树枝有尖角，灰绿色的树叶长有茸毛。家庭驯养的棉花品种是快速生长的一年生植物——长得更矮，但其他方面都一样。它们都属于锦葵科植物——包括刚果麻

（Congo jute）和黄秋葵（okra）在内的一个庞大种群，但其中最有名的是艳丽的园林花卉，比如蜀葵（hollyhocks）和木槿（hibiscus）。棉花的花朵也很美，纸一样薄的柠檬黄花瓣环绕着紫色的中心。它的果实形成了一个圆形的果荚或称棉铃，成熟时会裂开并外翻，露出白色的绒毛，使整片棉花田看上去就像是一大片雪球或幻想出来的绵羊。在 14世纪，英国旅行家约翰·曼德维尔爵士（Sir John Mandeville）描述过一种亚洲的树木，它结葫芦状的果实，裂开后会出现小羊羔，这些内容震惊了英国的读者。我们并不清楚他是否在描写棉花，因为他在其他地方更为准确地描写过棉花，但这个想法深入人心。[7] 很快，经过润色的故事版本认为棉花来自"植物羊羔"，在插图画家的作品中，它们从枝头伸出长满绒毛的脖子，头朝下吃草。

和曼德尔一样，我来自一个凉爽多雨的岛屿，在那里，种植棉花的想法听上去十分稀奇。不过，与中世纪英国人不同，我不需要旅行到印度就能找到一些自然生长的棉花。现代手工艺店以十分合理的价格出售仍然连在树枝上的棉铃原料。它们本来是用于制作花环和花束的，但对于任何勇于解剖的植物冒险家而言，每一颗棉铃都有一个关于种子进化的神奇故事。带上了镊子、折叠刀和一对显微镜探针，我从树枝上夹起一颗中等大小的棉铃，朝浣熊小屋走去。

茎朝下放在我桌上的棉铃确实很像一只绵羊，它背上的一团团白色绒毛就像过去的法兰绒一样柔软。但当我用手指紧紧按压绒毛的时候，我感觉到了深深藏在棉纤维中的一粒种子。这个棉铃的尺寸为 3 英寸 × 2 英寸（约 7.5 厘米 × 5 厘米），重 0.125 盎司（4 克），它的大小与我为了写有关羽毛的书而做研究时，在同一张桌子上解剖的小鹪鹩（wren）相似。它也一样轻盈小巧，易于飞行。我花了足足 2 个小时

图 13.2　中世纪旅行家约翰·曼德维尔爵士和其他一些人描写的故事神化了棉花，认为棉花来自"植物羊羔"，从一种亚洲树木的果实中收获的毛茸茸的生物。佚名（大约 17 世纪）。维基共享资源。

用镊子仔细地给鸟拔毛——抓紧，猛扯并整理了 1200 多根小羽毛。这算是轻而易举了。手工轧棉还不到一分钟，我就发现，我连一根纤维都分离不出来。这些纤维紧密地交织在一起，我只要拉动其中一根，就会使其他纤维上出现几十个有时甚至几百个结。利落地从毛毡中梳理出种子的计划失败了。我原本希望除了轧棉之外，还能像处理鹪鹩羽毛一样对每一根纤维进行清点、分类和测量。最终，我启用了剪刀，即使这样还是需要在毛毡中剪上几十下。最后我得到了一堆雪白而杂乱的棉纤维，以及一堆可怜的种子，表皮上还覆盖着参差不齐的纤维块。我想到，这就像是一群羊毛修剪得很差的羊。

在显微镜下，我的问题的源头变得清晰。在每粒种子的表面，浓密的绒毛像被剪得很短的草皮一样，由于绒毛太浓密，我都看不清哪里是种皮哪里是绒毛了。看过德里克·比利写的种子百科全书里的棉花条目后，我就知道原因了：它们其实是一体的。提到种皮，像棉花这样的植物并不遵循规则。棉籽并不注重防御，而将最外面一层用于传播。飞行（和漂浮，我们很快就会知道）成为一个巨大的进化诱因，使得每个细胞都从微小的光点变成了长达 2 英寸（约 5 厘米）的细丝。难怪很难解开它们的结。由于每根毛只有一个细胞的宽度，一粒干豌豆大小的棉籽可以轻松地长出由 2 万多根纤维组成的毛外衣。每颗棉铃里平均有32 粒种子，因此每颗棉铃都有 50 多万根纤维交织在一起。首尾相接后，这些纤维可以绵延 20 多英里（约 32 公里）。

据说，伊莱·惠特尼看到农场上一只猫猛扑一只鸡的过程后获得了灵感，发明了著名的轧棉机。那只鸡尖叫一声逃脱了，而猫爪上则留下一簇簇鸡毛。轧棉机的原理与之相同，用固定在旋转滚筒上的钩子抓住种子的纤维。惠特尼 1793 年的专利申请书上画着一个带手摇曲柄和单滚轮的简陋木箱。那种技术在蒸汽时代和电气时代突飞猛进，直到变成由计算机控制的现代庞然大物，可以在两分钟之内整理、清洁、烘干并轧制成 500 磅（227 公斤）重的一捆棉。整个过程下来，棉花的进化意图依然十分明确；在轧棉机里像云雾一样飘动、旋转，形成了如一位19 世纪观察家所称的"猛烈的暴风雪"。棉籽上的单细胞长毛结合了最大的表面面积和最小的——确实难以察觉的——重量。无论是被风还是被机器吹到空中，这些绒毛都完全按照种子的意图随风飘动。

风力传播会产生生物学家所称的"种子雨"（seed shadow）。微风变化无常，最佳的空气动力也只能让某个东西飞行一阵子。结果是可以预见的：大部分种子落到相对靠近母株的地面上，离母株越远，种子的密度越小。种子雨究竟在哪里结束仍然没有答案，因为远距离传播很少发生，无法进行研究。名为加拿大小蓬草（Canadian fleabane）的紫菀科杂草是人们在空气中追踪种子的少数目标之一。利用一架装备有黏性的种子捕捉器的遥控飞机，研究者们发现，小蓬草可以随上升气流升高到至少 375 英尺（约 120 米）。[8] 在那个高度，即使是不太大的一阵风都能把它们吹到几十甚至几百英里或几百公里远的地方。但我们知道种子可以飘得更高更远。人们在喜马拉雅山上 2.2 万英尺（约 6700 米）高的岩石裂缝里发现了被风吹来的身份不明的种子，这个高度远远高于植物可以生长的范围。没人知道它们到底跨越了多远的距离，但它们的数量足以形成一个食物链的基础：真菌使种子腐烂，弹尾虫吃真菌，而小蜘蛛捕食弹尾虫。[9]

然而，远距离传播的最佳证据并非来自山顶或在高空搜寻偶尔出现的种子，它来自当查尔斯·达尔文随贝格尔号航行时，令他着迷的模式——物种的分布——也来自一个简单的事实，那就是生长在偏远地区的植物，比如加拉帕戈斯群岛的棉花，不可能通过其他方式到达那些偏远地方。达尔文的笔记中并没有提到他何时开始思考种子传播，但在贝格尔号回到英国后的几年之内，他开始埋头研究生长在装满海水的瓶瓶罐罐中的芹菜种子以及各种芦笋植物。大多数品种在一个月后就萌芽了，有些坚持了 4 个多月，但令他失望的是，只有少数种子经过最初几天之后还能漂浮在水面上。尽管如此，他还是算出，种子在普通的大西洋洋流中至少传播了 300 英里（约 483 公里）[10] 的距离，他有了一个想法，随风传播的种子飘到了遥远的海滩上，干燥脱水后被微风吹到了内陆。

达尔文的实验集中于英国菜园中普通的植物——卷心菜、胡萝卜、罂粟、土豆等。从不起眼的实验开始，他谨慎地得出结论，海洋洋流的远距离传播以及风力和鸟类的远距离传播，有助于解释加拉帕戈斯群岛这样的岛上植物丛生的原因。但他对种子能够传播到多远的距离以及远距离传播后的命运心存疑虑："一粒种子降落到合适的土壤中并长大的几率多么微乎其微！"[11] 假如当时他以棉花为实验对象的话，他就会更有信心。

最后证明，使棉花随风而飞的绒毛也能帮助它漂浮在水中，这些绒毛裹住的气泡能让纤维很长的种子至少漂浮两个半月。它们浓密的毛也能防止水分渗入种皮——即使在棉籽下沉后，它们也能在海水中保持三年以上的活性。基因数据已将达尔文棉与一种南美海岸的祖先进行了匹配，研究者们清楚地知道它怎样跨越了 575 英里（约 926 公里）从大陆到达群岛。第一粒冒险的种子被一阵暴风雨，或者传播术语中的"一个极端的气象事件"，吹送到海上，然后它随着流速很快的洪堡洋流（Humboldt Current）漂浮了几周，之后被冲到满是岩石的加拉帕戈斯群岛海滩上。它到达内陆的方式也许像达尔文想象的那样，被向岸的微风吹送到了内陆。但还有另一种可能性，这种可能性也很大，而且更吸引人。在加拉帕戈斯群岛荒芜的低地中，当地的雀鸟专门把种子的茸毛垫在鸟巢里，达尔文雀的喙很可能帮助达尔文棉完成了最后一段旅程。

任何特定的种子通过风或海浪找到安身之处的希望似乎很渺茫。但只要有足够的时间以及反复的尝试，两种策略都会成功。植物对风力传播的依赖高于其他所有传播方式的总和，尽管传播的距离通常只是几英寸或几英尺。然而，再加上海洋洋流的话，像达尔文棉这样的故事实际上就很普遍了——至少有 170 个其他的植物种类通过相似的方式到达了群岛。[12] 事实上，考虑到最初棉花怎样到达南美洲——不是一次，而是两次跨越了整个大西洋这一点，到达加拉帕戈斯群岛听上去也不是什么壮举了。生物地理学家们称之为：“成倍的奇迹”[13]，但证据很明确。美洲的棉花品种含有两种完全不同的非洲祖先的基因，这不仅是进化的转折，也是跨越大西洋的关系，其影响力远远超越了植物学家的兴趣。在 19 世纪，棉花跨越大西洋的活动是世界大事的核心所在——工业化、全球化、英国的优势地位、奴隶制以及美国南北战争。

棉花对于塑造近代史起到了举足轻重的作用。历史学家们称它为“革命性的纤维”以及“工业革命的燃料”[14]，它成为第一种全球范围内大规模生产的商品，并主导了连接美洲种植园、英国工厂和非洲奴隶港口的邪恶的“三角贸易”（trade triangle）——棉花原料向东流动，布料成品向南流动，而黑奴向西流动。正如卡尔·马克思所说：“没有奴隶制就没有棉花，没有棉花就没有现代工业。”[15] 马克思写下这些内容时是 1846 年，那时的棉花贸易令人难以置信地占到美洲贸易的 60%，五分之一的英国工人从事棉纺行业。作为原料或成品，棉花在一个多世纪里一直是欧洲和美洲主要的出口物。不过，由棉籽纤维引发的大规模社会和经济变化早就开始了。

当克里斯托弗·哥伦布在加勒比海地区遇到棉花的时候，他很自然地认为，这是他已经到达亚洲海岸的又一个证据。在一千多年中，棉花一直被认为是一种独特的亚洲织物的原料，产自印度，并沿着向东至日本、向西至非洲和地中海沿岸地区的贸易路线分销。仅波斯每年进口的印度棉就需要由骆驼驮 2.5 万至 3 万次，数量适中但货源稳定的棉花经由威尼斯（Venice）到达欧洲，它也被那里的人们视作香料贸易的一种有利可图的补充。在亚洲内部，人们也到处购买和售卖棉花。历史学家们常说，"丝绸之路"（Silk Road）反过来看的话，就是"棉花之路"（Cotton Road）。中国商人每次都带大量的印度棉布回中国，但仍无法满足需求。最后，中国通过颁布法令保证本国的棉花供应——14世纪一项严格的法令规定，耕种一英亩以上田地的人都要利用一部分田地种植棉花。当葡萄牙以及荷兰商船为寻找香料初次抵达亚洲港口的时候，他们发现了棉花的重要性。印度的印花布料往往比欧洲银制品更吸引购买者，尤其是与出产肉豆蔻和丁香的偏远岛屿进行贸易的时候。纺织品贸易成为荷兰人一项收益颇丰的副业，但真正开创新棉花时代的是英国东印度公司（British East India Company）。

18世纪下半叶，三种东西结合在一起改变了棉花经济：时尚、创新和政治。通过以很小的成本复制贵重丝绸的设计，印花棉布［来自印度沿海城市卡利卡特（Calicut）］和其他印花布料使欧洲不断壮大的中产阶级增加了对色彩和时尚感的了解。[16] 尽管遭到了羊毛和亚麻织品产业的抵制——包括贸易保护主义法令、偶尔发生的布料骚乱以及身穿印花布的妇女在伦敦大街上受到攻击并被脱光衣服的令人震惊的场面——印度棉的进口量依然猛增。东印度公司从香料贸易转移到纺织品贸易上，不仅满足了欧洲的市场，也满足了全世界受英国控制的领土的市场，从非洲、澳洲到西印度群岛。印度布料作为一种全球商品取得了巨大成功，这促使人们不断模仿，发明了一系列具有变革性的机器：詹姆斯·哈格里夫斯（James Hargreaves）的珍妮纺织机（spinning jenny）、塞缪尔·克朗普顿（Samuel Crompton）的走锭纺纱机（spinning mule）以及理查德·阿克赖特（Richard Arkwright）的水力纺纱机（water frame）。机械化提高了英国制造的布料的质量，降低了价格，满足世界需求的生产活动从印度村庄转移到了英国工业城镇。工业革命正在进行，棉花的种子促进了机械的发展，正如另一种种子——咖啡——使劳动力兴奋一样。

从政治上看，对棉花越来越大的需求——以及对稳定供应的需求——使英国找到了在印度扩张的正当理由。英国工厂窃取棉花生意，逐渐削弱印度的经济。与此同时，通过胁迫和征服，东印度公司控制了次大陆。难怪圣雄甘地（Mahatma Gandhi）选择以手工纺棉抵抗英国的统治，并说道："自己纺棉、自己织布是每个印度人的爱国义务。"印度国旗的中心图案依然很像一个手摇纺车车轮。作为第一个高度机械化的产业，棉花帮助欧洲从农业经济转变为工业经济，建立了持续两个世纪的模式——从南至北进口原料，之后将成品出口到全世界。在欧洲，这种模式巩固了帝国领土，促进了经济繁荣。在美洲，它却导致了战争。

克里斯托弗·哥伦布在新大陆遇到的棉花与它的非洲和亚洲远亲不同。[17]它的纤维更长，种子黏性更强，出了名地难以处理。但这位伟大的船长对他发现的棉花表达了赞叹之情，称它到处生长，无须照看，而且一年四季都有收成。他的描述充满了典型的哥伦布式的夸张，但就棉花而言，他的热情还是有一定道理的。较长的纤维可以纺成更高级的纱线，仅一个品种的美洲棉花现在就占世界产量的95%以上。但正如我自己尝试过的那样，分离纤维和种子并不容易。尽管全世界棉花生意景气，但美洲棉花一直是不起眼的农作物，直到伊莱·惠特尼发明了著名的轧棉机。它的出现立即提高了效率和生产率，但这位年轻的发明家绝不会预测到后来出现的其他后果。

尽管伊莱·惠特尼获得了由当时的美国国务卿托马斯·杰斐逊

[Thomas Jefferson。他看过设计图后就为蒙蒂塞洛庄园（Monticello）订购了一台轧棉机] 签署的设备专利，但他从未因他的这项发明而获利。别人很容易模仿轧棉机的简单设计，他很快明白了，南方乡村的法院并不怜悯一位北方都市的专利拥有者。即使只收取一小部分应得的利润，惠特尼都会拥有一笔惊人的财富。在他徒劳无功的专利出现后的 10 年里，轧棉技术使美国南方的出口量提高了 15 倍。产量每 10 年就会翻倍，到了 19 世纪中叶，南方种植园的棉花原料供应量占全世界供应量的近四分之三。它为年轻的美国带来的财富、影响力和国际声誉是其他任何一种商品都无法超越的。

历史学家们并不怀疑伊莱·惠特尼遭遇的法律困境，但与他的发明所带来的其他后果相比，那些错误简直不值一提。机械化也许能简化棉花的处理过程，但种植棉花仍需大量的劳力投入。利润突然丰厚起来的美洲棉花产业，重振了原本正在衰退的非洲奴隶市场。大西洋三角贸易中最可怕的第三段行程在 18 世纪 90 年代达到了新的高峰，那时每年有多达 8.7 万名奴隶跨越三角贸易中程（Middle Passage）到达美洲。[18] 美国国会于 1808 年下令禁止从国外贩运人口，但国内的奴隶买卖依然活跃，1860 年时的奴隶数量增至 1800 年时的 5 倍。在某些地方，买卖采摘棉花的人成为一种可以与买卖棉花本身媲美的好生意。

奴隶制与棉花的这种根深蒂固的结合，决定了南北战争前南方（Antebellum South）的经济，为美国最致命的冲突埋下了伏笔。当南北战争于 1865 年结束的时候，超过 100 万人死亡、受伤或流离失所。这场决定性的战争留下了持久的社会和政治分歧。但以种子绒毛为基础的经济并没有改变。随着佃农耕作代替了奴隶制，棉花产量在 5 年之内重回战前水平，到 1937 年为止，棉花一直是美国出口量最大的产品。伊莱·惠特尼的情况也有所好转。他的轧棉机专利已经过期，仍是一文不值，但他转而在另一个行业中赚到了钱——从事火枪、步枪和手枪的制造。具有讽刺意味的是，惠特尼军械库（Whitney Armory）制造的武器是南北战争中使用最多的武器之一。

尽管种子与战争的密切关系听上去很奇怪，但棉花绒毛并不是唯一一种对战场上的事件产生影响的传播策略。历史上第一次空中轰炸发生在 1911 年的意土战争（Italo-Turkish War）中，当时，从一架侦察机的驾驶舱中抛出了 4 颗小型手榴弹。这位意大利飞行员在没有接到任何命令的情况下单独行动，当他驾机俯冲到利比亚沙漠（Libyan Desert）中一处土耳其营地上空时，他拔出了保险栓。虽然无人伤亡，但冲突双方都谴责了他的行为，认为他破坏了战争规矩。然而，愤慨的感觉很快消失，因为军事家们发现了这种新型攻击的潜力。空投那些手榴弹开创了新的战争纪元，那位飞行员在军事历史教科书上为自己赢得了一个永久的注脚。但很少有人记得他的飞机与众不同的设计。它并不是一架像莱特兄弟（Wright brothers）或巴西籍飞机制造先驱者阿尔贝托·桑托斯－杜蒙（Alberto Santos-Dumont）制造的那种双翼飞机；它的灵感也并非来自奥托·李林塔尔（Otto Lilienthal）制造的像鸟一样的滑翔机。它由一个尾扇和一个曲线优美的机翼组成，印度尼西亚人很熟悉它的样子，因为在当地茂密的雨林中，数以千计相同式样的物体随风飘荡。那次著名的事件中所使用的飞机，其实就是一个按比例放大的飞翔种子——爪哇黄瓜（Javan cucumber）的流线型种子。

大多数飞机制造先驱者从鸟类和蝙蝠身上获得灵感，但奥地利人伊格·埃特里希（Igo Etrich）注意到了一种更古老的翅膀。我和比尔·迪米凯莱看到的那些化石表明，在亿万年前种子就有翅膀了。经过了各种实践，植物将它们的后代削薄、拉长，形成了多种多样的翅片和小道具，从"带流苏的帕纳塞斯草"（grass of Parnassus）种子的蜂窝状隆起，到飞燕草（larkspur）种子的多层次裙边，或是人们更熟悉的枫树（maple）和西克莫枫（sycamore）旋转风车般的种子。埃特里希关注到的种子只有一片长 6 英寸（约 15 厘米）的后掠翼（backswept wing），但像棉花纤维一样，它只有一个细胞的厚度，可以产生几乎没有重量的升力。爪哇黄瓜的藤蔓纤细而毫无特色，缠绕在树上朝着印度尼西亚森林有阳光照射的树顶爬去。西方的植物学家们几乎没看到过这种植物——但早在发现这种植物之前，他们就已经对它的种子有所了解了。

数以百计的爪哇黄瓜种子从南瓜形果实的裂口中飘落，它们通常会从雨林边缘飞到很远的地方。水手们曾经报告说在出海几英里后，他们在船只的夹板上发现了爪哇黄瓜种子。它们在完成这些非凡的滑翔过程中展示出的特点吸引了飞机设计师——被动的稳定性和很小的下降角度。第一个特点指的是飞行过程中的自我修正，发生晃动时重新保持平衡的能力。爪哇黄瓜种子的柔性薄膜天生就具有这种稳定性，它的外形始终在调整升力的中心点。下降角度很小意味着这些种子每飞行一秒钟，它们下降的高度不到 1.5 英尺（约 0.5 米）。（相比之下，快速旋转的枫树种子每秒下降的高度是爪哇黄瓜种子下降高度的两倍。）[19] 尽管埃特里希把他的飞机命名为鸽式单翼机（Taube），德语 Taube 意为"鸽子"，但他并未隐藏他的灵感来源于一粒种子这个事实。自那以后，爪哇黄瓜在航空领域一直很受追捧。鸽式单翼机有一个带尾部的机身，它分隔了机翼的曲线，但埃特里希渴望制造一架完全模仿爪哇黄瓜种子的飞机——去掉尾部，将驾驶舱安装在一个连续的翼面之内。第一次世界

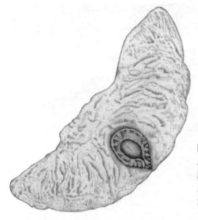

图 13.3　爪哇黄瓜（学名 *Alsomitra macrocarpa*）。爪哇黄瓜种子的边缘拉长为一个宽大而轻薄的翅膀，形成了自然界中效率最高的翼型，只要有轻风，它就能飘动起来并滑翔数英里。插图绘制，2014 年，苏珊娜·奥利芙。

大战（World War I）后，主流的飞机渐渐没有了这种外形，但在之后的75 年里，少数标新立异的设计师一直想象着制造"飞翼式"飞机，最终制造出了公认的有史以来最先进、最昂贵也最致命的飞机。

诺斯罗普·格鲁曼公司 B-2 幽灵（Northrop Grumman B-2 Spirit）更为人熟知的名字是隐形轰炸机（Stealth Bomber）。就像它的灵感来源——爪哇黄瓜种子一样，B-2 轰炸机的高升力、低阻力的外形具有极高的效率，飞机可以在不途中加油的情况下飞行近 7000 英里（约 11265 公里）。它还有一个额外的好处，由于没有尾部或其他突出的翅片，B-2 轰炸机能够躲避侦测，只有最先进的防空系统才能侦测到它。尽管美国只建造了 21 架 B-2 轰炸机（每架飞机总成本超过 20 亿美元），但它们被公认为美国军火库最重要的产品。为执行核打击和常规打击而研发的 B-2 轰炸机，有能力炸死比南北战争时死亡的总人数还要多的人。它是工程学上了不起的壮举，但似乎违背了爪哇黄瓜进化出飞翼的初衷，飞翼的

图 13.4　诺斯罗普·格鲁曼公司 B-2 幽灵，更为人熟知的名字是隐形轰炸机，它的灵感来自爪哇黄瓜种子的飞翼。维基共享资源。

进化并不是为了终结生命，而是为了传播生命。

　　军用航空是出了名的竞争性产业，任何国防承包商都想用自己的飞机代替诺斯罗普·格鲁曼公司的飞机。隐形轰炸机受种子启发的飞翼很有优势，在空气动力学上优于它的竞争对手，从而使 B-2 轰炸机项目得到了持续的资金投入。这种持续的竞争促进了飞机设计的不断发展，但同时也绕开了一个有关种子传播的问题——翅膀和羽毛，哪个更好？带着一架 8 英尺（约 2.4 米）高的折梯、一个卷尺和一个热爱种子的学龄前儿童，我似乎已经准备好回答这个问题了。

　　在一个温暖的夏日清晨，诺亚和我走向屋后的田地，准备玩一个我们称之为"种子降落"的游戏。游戏规则很简单。我爬到梯子上，扔下一连串种子，诺亚在田地里追逐它们，在每一粒种子飘落的位置插上橘黄色的勘测旗帜。然后，我们用卷尺测量它们移动的距离。一开始我们尝试了棉花的种子，但结果让人有些失望。即使有四级风，棉籽的绒毛飘荡了不到 16 英尺（约 5 米）就落到草丛里。这比直接掉到地上要好些，但显然，需要有很大一阵风才能让棉籽跨越大海。它们的纤维又轻又多，但种子本身比较重，这使一些专家认为，漂浮能力或许才是它们最重要的进化优势。（最能说明问题的是，像达尔文棉一样，绒毛最多的品种全都出现在海岸线附近。）我们继续尝试了蒲公英 [30 英尺（约 9 米）]，然后尝试了附近一棵杨树的杨絮，它一直飘到了森林的边缘，115 英尺（约 35 米）远的地方。

到了测试有翅膀的种子时，我小心翼翼地从信封里拿出一个爪哇黄瓜种子。（尽管我给雅加达附近一个植物园写的信都没有得到回音，但我还是从一位和我有共鸣的种子收集者手中买到了一些爪哇黄瓜种子。）我们很容易看到伊格·埃特里希获得灵感的原因。这类种子和我张开的手掌一样大，和树叶一样薄，它有一个拇指大小的金色圆盘，周围环绕着半透明的薄膜，在微风中像羊皮纸一样出现褶皱。它看上去战无不胜、渴望翱翔，但第一次飞行失败了。

"一点也不好，爸爸。"当种子摇摇晃晃飞了几英尺后像头重脚轻的纸飞机一样坠落到地面上时，诺亚用厌恶的语气说道。我又 5 次爬上梯子的最高一层尝试放飞它，但只有一次它真正开始飞翔了，像一只紧张的小鸟一样，跌跌撞撞地飞了近 50 英尺（约 15 米）。那段距离比棉花飞得远，但似乎不像是一个价值几十亿美元的飞机的榜样。当我最后一次爬上折梯时，我看到诺亚的兴趣开始减退。这粒种子又一次摇摇晃晃地朝着草丛方向下降了一会儿。然后，就像被隐形的力量拉了一把似的，它随着一阵合适的微风突然间向上飘去。诺亚欢呼起来，我冲下折梯，我们开始追逐它。

我们跑到田地的边缘，跟着那粒种子跑，看着它翱翔、转向，在一长串俯冲和摇晃中越过了果园的栅栏。在附近的浣熊小屋屋檐下筑巢的一只燕子飞过来查看，在种子不断上升的过程中围着它转了两圈。我们惊喜地笑着，看着那粒种子飞越森林的顶部，遇到一阵更快的气流，并开始加速飞翔。

"它飞走了，诺亚！"我喊道，"我们再也看不到它了！"

他手里还拿着橘黄色旗帜，而我手里拿着卷尺，但我们都已经忘了翅膀和羽毛之间的竞赛了。我们看着那粒种子飞翔，为看到一个美丽的物体做着它该做的事情而感到喜悦。我们站在那里，仰望天空，笑个不停，直到它从视野中消失——在视野的边缘，纸一样薄的一小片东西仍在上升。[20]

种子的未来

CONCLUSION

The Future of Seeds

> 按照宇宙的规律，
>
> 日夜交替，
>
> 寒暑更迭，
>
> 战争与和平，富足与饥饿。
>
> 万物皆变化。
>
> ——赫拉克利特（Heraclitus，公元前 6 世纪）

　　每个家庭都有传承下来的故事。我父亲的祖先都来自挪威——坐在小木船里往返于峡湾的坚忍的渔民。现在，我们都不靠渔钩和渔线谋生了，但钓鱼依然是我们喜欢的一项活动。我们的家庭照片里总有人举着一条死鲑鱼。我母亲称她的家族为"亨氏 57"*，美国人家庭典型的大杂烩，家族里有乡村医生、盗马贼、死于决斗的国会议员等等。和伊丽莎

---

* 亨氏公司经典的销售广告，将产品归为57类，以表明产品种类的丰富。——译者注

结婚后，我加入了一个有农耕传统的家族。我还在了解她家族的故事，但其中很多故事似乎都和西瓜有关。

"我在北美洲种下了第一个四倍体（*tetraploid*）西瓜。"伊丽莎的祖父罗伯特·韦弗（Robert Weaver）告诉我，他的眼里流露出愉悦的神情。94 岁高龄的鲍勃*从未对生活失去热情，他依然能回想起种瓜岁月的点点滴滴——为不计其数的花朵人工授粉，徒劳无功地尝试销售所得的成果。"我去见了伯比（Burpee）兄弟，"他说道，他提到了经营著名种子公司的兄弟，"但他们连染色体和灰尘都分不清！"

"四倍体"这个词指的是一个细胞核中的染色体数量。正如格雷戈尔·孟德尔了解到的那样，植物通常有两组染色体，双亲各提供一组，被遗传学家称为"二倍体"（*diploid*）。但有时，细胞分裂出现了问题，因此形成了双倍于正常数量的种子。在自然界中，这是变异的重要来源，能够形成新的特点、变化和物种。香豆树是四倍体植物，达尔文棉也是。但在 20 世纪中期，种植者们发现，染色体可以通过化学手段加倍[1]，用四倍体植物和二倍体亲本进行回交（back-crossing）育种，得出的是不结果实的杂交种。†如此杂交出来的西瓜外表很普通，甘甜的果肉中没有西瓜子。对消费者来说，它提供了便利，对种子公司来说它提供了控制权，因为农民和园丁每年都必须购买新的种子，而无法自己留种。

---

* 罗伯特的昵称。——译者注

† 问题的关键就是分裂。染色体数量为偶数的植物可以轻易地将一半染色体分给它们的花粉或精细胞，然后这些细胞就会结合起来形成一粒种子。然而，二倍体植物和四倍体植物杂交后所得的植物有三组染色体，这个数量无法被平均分配。三倍体（triploid）植物虽然健康，但它们没有生育能力，无法制造出活性的花粉或卵细胞，因此无法形成种子。

如今，无子西瓜品种占西瓜市场的 85% 以上，但鲍勃在获得利润前几十年，就卖掉了自己拥有的家庭公司的股份。"几百万。"当我问他他的姐夫最后赚了多少钱的时候，他这样告诉我。但他回答我的时候一点也没有后悔的神情。结束西瓜生意后，鲍勃带着全家搬到了西部，住在一座岛上，他说在那里"孩子们可以赤脚去上学"。他们用浮木建造了一座可以看见花园的房子，花园里的土壤很肥沃，他曾经从一株番茄藤上收获了 24 磅重的番茄。

在许多方面，鲍勃的经历都预示了目前有关种子未来的争论。从小到大他一直从事农耕，后来又回归了简单的乡村生活。但在此期间，他短暂接触到了转基因的开端，这个领域现在已经不再只是让染色体数量加倍这么简单了。现代植物遗传学家们有能力增加、去除、改变、转移，甚至可能创造特殊的基因以获得特殊的性状。可能性是无限的，但也是令人担忧的。农民们目前在种子保存、自由传粉和其他由来已久的传统上面临着专利权纠纷，而评论家们对于混合不同物种的基因所带来环境、健康甚至道德后果提出了合理的担忧。转基因种子已经成为我们希望与之和平共处的科技手段和创新发明之一，这些不断增长的科技手段和创新发明还包括无人机、克隆技术以及核武器。一些人很欢迎控制种子的想法，尤其是那些准备从中获利的人们。但还有很多人十分谨慎，或者完全放弃了这个想法。任何一种单一的解决方式都不可能令每一个人满意，但假如你已经读到了这里，那么你也思考过很多有关种子的问题了，我希望我们都可以在一点上达成一致意见：它们值得大家争论。

鲍勃再也没有从事商业性的耕作，但园艺一直是他家庭生活的中心。他和他的妻子把对园艺的热爱传给了他们的孩子，他们的孩子又将这份热爱传给了伊丽莎这一代人。而现在，园艺又深深地吸引了诺亚。

每当韦弗家族聚在一起，话题最终总会转到谁在种什么，怎么种这样的内容上。大家常常会拿出一包包种子，写下潦草的笔记，折叠出临时的信封，快速交换很有希望的品种。就像塞拉利昂的曼迪人"试验新大米"一样，世界各地的园丁们都有交换种子的强烈愿望，不断地在他们耕种的土地中做实验。通过这种赠送和接收的传统，种子的故事越来越多。

当我访问种子保存者交换中心的戴安·奥特·惠利的时候，她告诉我，种植她祖父的牵牛花让她感觉祖父就在她身边。整个夏天，她看着祖父的化身，那些紫色花朵，在树篱后眨着眼睛，或凝视着温室外的景象。我们的花园里也有类似的情景，每年伊丽莎都会种植她祖父极为推崇的 4 号卷心菜，或她姨妈克里斯推崇的羽衣甘蓝（kale，一位名叫麦克诺特的独腿苏格兰－爱尔兰人给克里斯的）。或者她会播种家族最喜欢的架豆（pole bean），俄勒冈巨人（Oregon Giant）——现在很难弄到了，除非你自己保留种子。作为交换，我觉得她的某位亲戚正在种植"伊丽莎的生菜"，她多年以前发现的一种适合做成沙拉的当地生菜品种，在社区花园中她的一块地附近结出了种子。

进化的行为就像是一位园丁，只保留最成功的实验结果。种子的胜利并不一定是永久的。正如孢子植物让出了它们的优势地位一样，种子最终也可能让位于某个新的物种。事实上，这个过程也许已经开始了。有 2.6 万多个公认品种的兰花组成了地球上最多样化并且高度进化的植物家族。但它们的种子几乎不是种子。打开一个兰花荚，种子就会像灰尘一样喷出来，它们缺少种皮、防御性的化学物质或任何可辨认的营养物质，大小就像显微镜中的光点。它们只是植物婴儿，但在卡罗尔·巴斯金的类比中，它们并没有盒子或午餐。事实上，它们只有降落在含有共生真菌（symbiotic fungi）的土壤中才能萌芽、长大。这样的兰花种子不能给人们提供什么——不能提供燃料、果实、食物或纤维，也不能提供兴奋剂或有用的药物。那么多品种中，只有一个品种能产出有商业价值的种子产品——香草。假如兰花开不出美丽的花朵，我们也许根本注意不到它们。

比尔·迪米凯莱这样的古植物学家们以长远的视角考虑植物进化，通过化石记录观察各种形状、物种和所有植物种群的兴衰。比尔并不认为种子会很快失去统治地位。"兰花爱占便宜。"他确定地说。除了依赖真菌，大多数品种都是附生植物（epiphyte），利用其他植物作为支撑和架构。它们吸引人的花朵中几乎不含花蜜或容易得到的花粉，假如其他植物无法提供可靠的回报，这种诡计就会失败。然而，如果全球植物群里每十个品种中就有一种是兰花，那么我们不难相信，它们一定在某个方面做得很好。使用简单的灰尘状种子所获得的成功提醒我们，复杂只是进化的一种表现，而不是一种结果。种子中所有精巧而非凡的特点——从营养、耐力到防御——只要对未来的后代有利就会持续存在。种子象征着一种传承的生命机理。某种意义上，这也是它们深厚的文化意义的根源。种子是过去与未来之间的有形联系，提醒人们牢记人类关系以及季节与土地的自然韵律。

去年秋天，诺亚和我在我母亲杂草丛生的花园中收集到了风铃草（bellflower）和粉色锦葵（mallow）的种子。我把它们带回家，准备为浣熊小屋前的一块空地增添一些生气。早春的一个下午，我们翻铲了地里的土，拔掉了一些杂草，然后拿出这些种子。诺亚仔细地查看它们，评论着锦葵花囊中深色的小块，以及如金色灰尘一般的小风铃草种子。到了种植的时候，他在翻过的土地上兴高采烈地撒了几把种子，然后加上了自己带来的一些东西——从那天的一份零食里小心翼翼地保留下来的 4 个爆米花谷粒。

幸运的是，我们选择了一个完美的种植时刻。那天下午持续的降雨浇灌了种子，后来天空放晴，连续几天都阳光明媚。锦葵很快萌芽了，幼芽向上生长，种皮还附着在新叶上。两周时间过去了，当我写下这些文字的时候，我能听到伊丽莎在我办公室窗外说话的声音，她指着那些小苗让诺亚看。"又长出一棵锦葵（*malva*）了，"她告诉诺亚，用的是锦葵的植物学名，"看到了吗？"

他回答说看到了，后来他自豪地给我展示那些幼苗——为满是泥土的背景增添明亮色彩的美丽的绿色小苗。当这本书印刷的时候，它们将绽放出花朵。

附录 A

植物的俗称、学名与科名

以下表格涵盖了文中所提到的所有植物种类的俗称、学名与科名。

俗称（COMMON NAME）	学名（SCIENTIFIC NAME）	科名（FAMILY）
Acacia 金合欢	*Acacia* spp.	Fabaceae (bean) 豆科（豆）
Adzuki bean 赤豆	*Vigna angularis*	Fabaceae (Bean) 豆科（豆）
Afzelia 缅茄木	*Afzelia Africana*	Fabaceae (Bean) 豆科（豆）
Almendro 香豆树	*Dipteryx panamensis*	Fabaceae (Bean) 豆科（豆）
Almond 扁桃	*Prunus dulcis*	Rosaceae (Rose) 蔷薇科（蔷薇）
Apple 苹果	*Malus domestica*	Rosaceae (Rose) 蔷薇科（蔷薇）
Arm millet 臂形草	*Brachiaria* spp.	Poaceae (Grass) 禾本科（草）
Asparagus 芦笋	*Asparagus officinalis*	Asparagaceae(Asparagus) 天门冬科（芦笋）

续表

俗称（COMMON NAME）	学名（SCIENTIFIC NAME）	科名（FAMILY）
Aster 紫菀	*Aster* spp.	Asteraceae (Aster) 菊科（紫菀）
Autumn crocus 秋水仙	*Colchicum autumnale*	Colchicaceae (Autumn Crocus) 秋水仙科（秋水仙）
Avocado 牛油果	*Persea Americana*	Lauraceae (Laurel) 樟科（月桂）
Balanites 卤刺树	*Balanites wilsoniana*	Zygophyllaceae (Caltrop) 蒺藜科（蒺藜）
Barley 大麦	*Hordeum vulgare*	Poaceae (Grass) 禾本科（草）
Basil 罗勒	*Ocimum basillicum*	Lamiaceae (Mint) 唇形科（薄荷）
Bishop's flower 大阿米芹	*Ammi majus*	Apiaceae (Parsley) 伞形科（欧芹）
Bent-grass 本特草	*Agrostis* spp.	Poaceae (Grass) 禾本科（草）
Bitterbark 苦皮树	*Sacoglottis gabonensis*	Humiriaceae (Humiria) 香膏科（香膏树）
Blackbean 栗豆	*Castanospermum austral*	Fabaceae (Bean) 豆科（豆）
Blackberry 黑莓	*Rubus* spp.	Rosaceae (Rose) 蔷薇科（蔷薇）
Black currant 黑加仑	*Ribes nigrum*	Grossulariaceae (Gooseberry) 茶藨子科（醋栗）
Blueberry 蓝莓	*Vaccinium* spp.	Ericaceae (Heather) 杜鹃花科（欧石南）
Bluegrass 早熟禾	*Poa* spp.	Poaceae (Grass) 禾本科（草）
Bodhi fig 菩提树	*Ficus religiosa*	Moraceae (Mulberry) 桑科（桑树）
Burdock 牛蒡	*Arctium* spp.	Asteraceae (Aster) 菊科（紫菀）

续表

俗称（COMMON NAME）	学名（SCIENTIFIC NAME）	科名（FAMILY）
Cacao 可可	*Theobroma cacao*	Malvaceae (Mallow) 锦葵科（锦葵）
Calabar bean 毒扁豆	*Physostigma venenosum*	Fabaceae (Bean) 豆科（豆）
Canadian fleabane 加拿大小蓬草	*Conyza Canadensis*	Asteraceae (Aster) 菊科（紫菀）
Canary grass 加那利鹬草	*Phalaris* spp.	Poaceae (Grass) 禾本科（草）
Canna lily 美人蕉	*Canna indica*	Cannaceae (Canna Lily) 美人蕉科（美人蕉）
Canola (rape) 加拿大低酸油菜（油菜）	*Brassica napus*	Brassicaceae (Mustard) 十字花科（芥菜）
Carob 长豆角	*Ceratonia siliqua*	Fabaceae (Bean) 豆科（豆）
Cashew 腰果	*Anacardium occidentale*	Anacardiaceae (Cashew) 漆树科（腰果）
Cassia 肉桂	*Cinnamomum cassia*	Lauraceae (Laurel) 樟科（月桂）
Castor bean 蓖麻籽	*Ricinus communis*	Euphorbiaceae (Spurge) 大戟科（大戟）
Celery 芹菜	*Apium graveolens*	Apiaceae (Parsley) 伞形科（欧芹）
Cheat grass 旱雀麦	*Bromus tectorum*	Poaceae (Grass) 禾本科（草）
Chestnut 栗树	*Castanea* spp.	Fagaceae (Beech) 壳斗科（山毛榉）
Chickpea (garbanzo bean) 鹰嘴豆（鹰嘴豆）	*Cicer arietinum*	Fabaceae (Bean) 豆科（豆）
Chigua 哥伦比亚苏铁	*Zamia restrepoi*	Zamiaceae (Cycad) 泽米铁科（苏铁）
Chili pepper 辣椒	*Capsicum* spp.	Solanaceae (Nightshade) 茄科（龙葵）

续表

俗称（COMMON NAME）	学名（SCIENTIFIC NAME）	科名（FAMILY）
Chinese sicklepod 决明子	*Senna obtusifolia*	Fabaceae (Bean) 豆科（豆）
Climbing oleander 毛旋花	*Strophanthus gratus*	Apocynaceae (Dogbane) 夹竹桃科（夹竹桃）
Coconut 椰子	*Cocos nucifera*	Arecaceae (Palm) 槟榔科（棕榈）
Coffee 咖啡树	*Coffea* spp.	Rubiaceae (Madder) 茜草科（茜草）
Congo jute 刚果麻	*Urena lobata*	Malvaceae (Mallow) 锦葵科（锦葵）
Coral bean 红豆	*Adenanthera pavonina*	Fabaceae (Bean) 豆科（豆）
Corn (maize) 玉米（玉米）	*Zea mays*	Poaceae (Grass) 禾本科（草）
Cotton 棉花	*Gossypium* spp.	Malvaceae (Mallow) 锦葵科（锦葵）
Cowpea 豇豆	*Vigna unguiculata*	Fabaceae (Bean) 豆科（豆）
Cranberry 蔓越莓	*Vaccinium* spp.	Ericaceae (Heather) 杜鹃花科（欧石南）
Cucumber 黄瓜	*Cucumis sativus*	Cucurbitaceae (Gourd) 葫芦科（葫芦）
Cycad 苏铁	*Cycas* spp.	Cycadaceae (Cycad) 苏铁科（苏铁）
Dandelion 蒲公英	*Taraxacum officinale*	Asteraceae (Aster) 菊科（紫菀）
Darwin's cotton 达尔文棉	*Gossypium darwinii*	Malvaceae (Mallow) 锦葵科（锦葵）
Date palm 海枣	*Phoenix dactylifera*	Arecaceae (Palm) 槟榔科（棕榈）
Dwarf mallow 矮锦葵	*Malva neglecta*	Malvaceae (Mallow) 锦葵科（锦葵）

续表

俗称（COMMON NAME）	学名（SCIENTIFIC NAME）	科名（FAMILY）
Eggplant 茄子	*Solanum melongena*	Solanaceae (Nightshade) 茄科（龙葵）
False hellebore 藜芦	*Veratrum viride*	Melanthiaceae (Bunchflower) 黑药花科（藜芦）
Feather grass 针茅草	*Stipa* spp.	Poaceae (Grass) 禾本科（草）
Fescue 羊茅草	*Festuca* spp.	Poaceae (Grass) 禾本科（草）
Fig 无花果	*Ficus* spp.	Moraceae (Mulberry) 桑科（桑树）
Forget-me-not 勿忘我	*Myosotis* spp.	Boraginaceae (Borage) 紫草科（琉璃苣）
Frankincense 乳香木	*Boswellia sacra*	Burseraceae (Torchwood) 橄榄科（橄榄木）
Fringed grass of Parnassus 长流苏的帕纳塞斯草	*Parnassia fimbriata*	Celastraceae (Staff Tree) 卫矛科（卫矛）
Garbanzo bean(chickpea) 鹰嘴豆（鹰嘴豆）	*Cicer arietinum*	Fabaceae (Bean) 豆科（豆）
Ginkgo 银杏	*Ginkgo biloba*	Ginkgoaceae (Ginkgo) 银杏科（银杏）
Goat grass 山羊草	*Aegilops* spp.	Poaceae (Grass) 禾本科（草）
Gorse 荆豆	*Ulex* spp.	Fabaceae (Bean) 豆科（豆）
Groundnut 落花生	*Vigna subterranean*	Fabaceae (Bean) 豆科（豆）
Guar 瓜尔豆	*Cyamopsis tetragonoloba*	Fabaceae (Bean) 豆科（豆）
Hairy panic grass 黍	*Panicum effusum*	Poaceae (Grass) 禾本科（草）
Hawkweed 山柳菊	*Hieracium* spp.	Asteraceae (Aster) 菊科（紫菀）

俗称（COMMON NAME）	学名（SCIENTIFIC NAME）	科名（FAMILY）
Hawthorn 山楂	*Cratageous* spp.	Rosaceae (Rose) 蔷薇科（蔷薇）
Hazel 榛树	*Corylus* spp.	Betulaceae (Birch) 桦木科（桦木）
Henbane 天仙子	*Hyoscyamus niger*	Solanaceae (Nightshade) 茄科（龙葵）
Hibiscus 木槿	*Hibiscus* spp.	Malvaceae (Mallow) 锦葵科（锦葵）
Holly 冬青	*Ilex* spp.	Aquifoliaceae (Holly) 冬青科（冬青）
Hollyhock 蜀葵	*Alcea* spp.	Malvaceae (Mallow) 锦葵科（锦葵）
Horse chestnut 七叶树	*Aesculus hippocastanum*	Sapindaceae (Soapberry) 无患子科（无患子）
Horse-eye bean 马眼豆	*Ormosia* spp.	Fabaceae (Bean) 豆科（豆）
Indian lotus 莲花	*Nelumbo nucifera*	Nelumbonaceae (Lotus) 莲科（莲花）
Iris 鸢尾	*Iris* spp.	Iridaceae (Iris) 鸢尾科（鸢尾）
Javan cucumber 爪哇黄瓜	*Alsomitra macrocarpa*	Cucurbitaceae (Gourd) 葫芦科（葫芦）
Jojoba 荷荷巴	*Simmondsia chinensis*	Simmondsiaceae (Jojoba) 希蒙得木科（荷荷巴）
Junglesop 丛林番荔枝	*Anonidium mannii*	Annonaceae (Custard Apple) 番荔枝科（番荔枝）
Kale 羽衣甘蓝	*Brassica oleracea*	Brassicaceae (Mustard) 十字花科（芥菜）
Kola nut 可乐果	*Cola* spp.	Malvaceae (Mallow) 锦葵科（锦葵）
Larkspur 飞燕草	*Delphinium* spp.	Ranunculaceae (Buttercup) 毛茛科（毛茛）

续表

俗称（COMMON NAME）	学名（SCIENTIFIC NAME）	科名（FAMILY）
Lentil 小扁豆	*Lens culinaris*	Fabaceae (Bean) 豆科（豆）
Madrona 浆果鹃	*Arbutus menziesii*	Ericaceae (Heather) 杜鹃花科（欧石南）
Maize (corn) 玉米（玉米）	*Zea mays*	Poaceae (Grass) 禾本科（草）
Manzanillo 毒番石榴	*Hippomane mancinella*	Euphorbiaceae (Spurge) 大戟科（大戟）
Maple 枫树	*Acer* spp.	Sapindaceae (Soapberry) 无患子科（无患子）
Marula 马鲁拉树	*Sclerocarya birrea*	Anacardiaceae (Cashew) 漆树科（腰果）
Maté 马黛树	*Ilex paraguariensis*	Aquifoliaceae (Holly) 冬青科（冬青）
Maygrass 五月草	*Phalaris caroliniana*	Poaceae (Grass) 禾本科（草）
Milk thistle 奶蓟草	*Silybum marianum*	Asteraceae (Aster) 菊科（紫菀）
Mistletoe 槲寄生	*Viscum* spp.	Viscaceae (Mistletoe) 槲寄生科（槲寄生）
Moth mullein 蛾毛蕊花	*Verbascum blatteria*	Scrophulariaceae (Figwort) 玄参科（玄参）
Mulga grass 岩蕨草	*Aristida contorta*	Poaceae (Grass) 禾本科（草）
Mung bean 绿豆	*Vigna radiate*	Fabaceae (Bean) 豆科（豆）
Naked woollybutt 画眉草	*Eragrostis eriopoda*	Poaceae (Grass) 禾本科（草）
Nardoo 蘋	*Marsilea* spp.	Marsileaceae (Water-clover) 蘋科（田字草）
Nutmeg 肉豆蔻	*Myristica fragrans*	Myristicaceae (Nutmeg) 肉豆蔻科（肉豆蔻）

续表

俗称（COMMON NAME）	学名（SCIENTIFIC NAME）	科名（FAMILY）
Oak 橡树	*Quercus* spp.	Fagaceae (Beech) 壳斗科（山毛榉）
Oil palm 油椰子	*Elaesis guineensis*	Arecaceae (Palm) 槟榔科（棕榈）
Okra 黄秋葵	*Abelmoschus esculentus*	Malvaceae (Mallow) 锦葵科（锦葵）
Omwifa 锦葵	*Myrianthus holstii*	Urticaceae (Nettle) 荨麻科（荨麻）
Paintbrush 扁萼花	*Castilleja* spp.	Orobanchaceae (Broomrape) 列当科（列当）
Pea 豌豆	*Pisum sativum*	Fabaceae (Bean) 豆科（豆）
Pepper (black or white) 胡椒（黑胡椒或白胡椒）	*Piper nigrum*	Piperaceae (Pepper) 胡椒科（胡椒）
Pepper (chili) 辣椒（红辣椒）	*Capsicum* spp.	Solanaceae (Nightshade) 茄科（龙葵）
Pincushion protea 针垫山龙眼	*Leucospermum* spp.	Proteaceae (Protea) 山龙眼科（山龙眼）
Poison hemlock 毒芹	*Conium maculatum*	Apiaceae (Parsley) 伞形科（欧芹）
Poplar 杨树	*Populus* spp.	Salicaceae (Willow) 杨柳科（柳树）
Quandong 澳洲檀香果	*Santalum acuminatum*	Santalaceae (Sandalwood) 檀香科（檀香木）
Quince 榅桲	*Cydonia oblonga*	Rosaceae (Rose) 蔷薇科（蔷薇）
Rape (canola) 油菜（加拿大低酸油菜）	*Brassica napus*	Brassicaceae (Mustard) 十字花科（芥菜）
Raspberry 覆盆子	*Rubus* spp.	Rosaceae (Rose) 蔷薇科（蔷薇）
Ray grass 黑麦草	*Sporobolus actinocladus*	Poaceae (Grass) 禾本科（草）

续表

俗称（COMMON NAME）	学名（SCIENTIFIC NAME）	科名（FAMILY）
Rock rose 岩蔷薇	*Cistus* spp.	Cistaceae (Rock Rose) 半日花科（岩蔷薇）
Rosary pea 相思豆	*Abrus precatorius*	Fabaceae (Bean) 豆科（豆）
Silk tree 合欢树	*Albizia julibrissin*	Fabaceae (Bean) 豆科（豆）
Soapwort 肥皂草	*Saponaria officinalis*	Caryophyllaceae (Carnation) 石竹科（康乃馨）
Sorghum 高粱	*Sorghum* spp.	Poaceae (Grass) 禾本科（草）
Soybean 大豆	*Glycine max*	Fabaceae (Bean) 豆科（豆）
Squash 番瓜	*Cucurbita* spp.	Cucurbitaceae (Gourd) 葫芦科（葫芦）
Star grass 龙爪茅	*Dactyloctenium radulans*	Poaceae (Grass) 禾本科（草）
Sugarcane 甘蔗	*Saccharum* spp.	Poaceae (Grass) 禾本科（草）
Suicide tree 自杀树（海檬树）	*Cerbera odollam*	Apocynaceae (Dogbane) 夹竹桃科（夹竹桃）
Sumac 漆树	*Rhus* spp.	Anacardiaceae (Cashew) 漆树科（腰果）
Sweet clover 草木樨	*Melilotus* spp.	Fabaceae (Bean) 豆科（豆）
Sycamore 西克莫枫	*Acer pseudoplatanus*	Sapindaceae (Soapberry) 无患子科（无患子）
Tagua 象牙棕榈	*Phytelaphas* spp.	Arecaceae (Palm) 槟榔科（棕榈）
Tara 刺云实	*Caesalpinia spinosa*	Fabaceae (Bean) 豆科（豆）
Tea 茶树	*Camellia sinensis*	Theaceae (Tea) 山茶科（茶）

俗称（COMMON NAME）	学名（SCIENTIFIC NAME）	科名（FAMILY）
Tomato 番茄	*Solanum* spp.	Solanaceae (Nightshade) 茄科（龙葵）
Tonka bean 黑香豆	*Dipteryx odorata*	Fabaceae (Bean) 豆科（豆）
Tsamma melon (watermelon) 沙漠西瓜（西瓜）	*Citrullus lanatus*	Cucurbitaceae (Gourd) 葫芦科（葫芦）
Velvet bean 绒毛豆	*Mucuna pruriens*	Fabaceae (Bean) 豆科（豆）
Vernal grass 黄花茅	*Anthoxanthum odoratum*	Poaceae (Grass) 禾本科（草）
Vetch 野豌豆	*Vicia* spp.	Fabaceae (Bean) 豆科（豆）
Wallace's spike moss 华莱士卷柏	*Selaginella wallacei*	Sellaginelaceae (Spike Moss) 卷柏科（卷柏）
Watermelon (tsamma melon) 西瓜（沙漠西瓜）	*Citrullus lanatus*	Cucurbitaceae (Gourd) 葫芦科（葫芦）
Wheat 小麦	*Tricetum* spp.	Poaceae (Grass) 禾本科（草）
Wild oat 野燕麦	*Avena* spp.	Poaceae (Grass) 禾本科（草）
Willow 柳树	*Salix* spp.	Salicaceae (Willow) 杨柳科（柳树）
White hellebore 白藜芦	*Veratrum album*	Melanthiaceae (Bunchflower) 黑药花科（藜芦）
Yew 紫杉	*Taxus* spp.	Taxaceae (Yew) 紫杉科（紫杉）

附录 B

种子保护机构

　　本书销售收入的一部分将捐献出去，为保护野生种子和人工培育种子的多样性提供帮助。如果你想直接提供这样的帮助，可以考虑捐款资助以下的组织之一。

种子保存者交换中心

Seed Savers Exchange

3094 North Winn Road

Decorah, IA 52101, USA

Phone: (563) 382–5990

www. seedsavers. org

有机种子联盟

Organic Seed Alliance

PO Box 772

Port Townsend, WA 98368, USA

Phone: (360) 385–7192

www. seedalliance. org

全球农作物多样性基金会

Global Crop Diversity Trust

Platz Der Vereinten Nationen 7

53113 Bonn, Germany

Phone: + 49 (0) 228 85427 122

www. croptrust. org

千年种子库伙伴关系

The Millennium Seed Bank Partnership

Royal Botanic Gardens, Kew

Richmond, Surrey TW9 3AB, UK

Phone: + 44 020 8332 5000

www. kew. org

注　释

前　言　"注意（种子）！"

1. 尽管英国皇家海军舰艇邦蒂号因舰上发生的叛变而闻名，但这次航行的目的是为了植物学研究。在皇家学会（Royal Society）主席约瑟夫·班克斯爵士（Sir Joseph Banks）的建议下，船长布莱的使命之一就是将鲜活的面包果植株从原产地大溪地岛（Tahiti）运送到西印度群岛，那里的种植园主们希望这些树可以产出便宜的食物，给日益增多的奴隶们食用。布莱最终返回英国后，随英国皇家海军舰艇普罗维登斯号（HMS *Providence*）再次启程，完成了他最初的任务，将 2000 多株健康的树苗运送到了牙买加。尽管这些树在它们的新家茁壮成长，但由于忽略了一个细节，这个计划还是失败了：非洲奴隶觉得波利尼西亚面包果令人作呕，因而拒绝食用。

2. 有关转基因农作物（genetically modified crops）的深入分析，详见 Cummings 2008 以及 Hart 2002。

引　言　强大的能量

1. Krauss 1945.

2. 种子植物的估计数量从 20 万种至 42 万多种不等（Scotland and Wortley，2003）。这里使用的数据来自世界上规模最大的干燥标本集之间进行的合作，包括英国皇家植物园邱园（Kew Gardens）、纽约植物园（New York Botanical Garden），以及密苏里植物园（Missouri Botanical Garden）[2013 年《植物名录》（*The Plant List*），版本 1.1，存档于网站 www. theplantlist. org]。

第一章　种子的一天

1. 使用高速照相机的爬行动物学者们（herpetologists）反复证明，蝰蛇攻击的范围仅仅是它们身长的三分之一或一半（例如，Kardong and Bels 1998）。然而，即使是见多识广的观察者们，也常常夸张地描述蛇的攻击力。（精彩实例，见 Klauber 1956）当我看到一条矛头蝮蛇（fer-de-lance）（学名 *Bothrops asper*）游动的时候，我与那些言辞夸张的人面临着相同的命运——当蛇的毒牙朝你袭来的时候，似乎任何事情都有可能发生。

2. 一种豆科植物，香豆树的学名是 *Dipteryx panamensis*（亦称 *D. oleifera*）。抱歉引用我自己的作品，有关香豆树在中美洲雨林中起到的关键物种的作用，见 Hanson et al. 2006, 2007, 以及 2008。

3. 我还有一个不为人知的动机。在我研究香豆树之前，我曾经参与的项目与山地大猩猩和棕熊有关，这两个物种是业界中"魅力十足的巨型动物，"即大型珍稀动物。作为一个植物爱好者，我觉得香豆树是一个宣传"魅力十足的巨型植物"的机会。形容一棵150英尺（约46米）高、木材如钢铁般坚硬、颜色如同玛吉·辛普森（Marge Simpson）假发套的巨大树木还有更好的方式吗？

4. 牛油果树（学名 *Persea americana*）在人们看来只是一种人工栽培的品种。自人工驯养几千年之后，牛油果树的野生祖先在中美洲森林里消失了。有一种理论认为，许多果实巨大的新热带区树木，在失去了它们的种子传播者后也渐渐消失，它们的种子传播者包括：大犰狳、雕齿兽、猛犸象、嵌齿象和其他灭绝的更新世巨型动物（Janzen and Martin 1982）。拥有巨大种子的野生牛油果树，当然需要身形巨大的动物帮它们移动种子。（当然，现在人们很好地完成了这个任务，除了南极洲，任何一片大陆上都能够找到牛油果树！）

5. 植物学家将不耐脱水的种子称为"顽拗型种子"（*recalcitrant*）。尽管这种策略在温和的、随季节变化的气候中很少见，但据估算，70%的热带雨林树木都使用这种策略，在热带雨林里，快速萌芽比长期休眠更有优势。然而，在丛林中奏效的方法，在储存设施中却很难实现。美国国家种子库（US National Seed Bank）的克里斯蒂娜·沃尔特斯（Christina Walters）把顽拗型种子叫作"宠坏的小孩"，但她已经成功在液氮中急速冷冻了一些独立胚胎。

6. 由于牛油果种子并未完全干燥并进入真正的脱水休眠状态，它们只吸收了少许水分，实际上只参与了吸胀的最后一个阶段。一般来说，干燥的种子吸收的水分能够达到自身重量的2至3倍。

7. 植物的细胞分裂发生在名为"分裂组织"（*meristem*）的特殊组织中，主要位于生长中的根和茎的末梢。咖啡不断增加的细胞一旦将这些末梢推开，使它们远离咖啡因，分裂组织就会分裂，分裂带来的生长就会开始——这是一个有序的体系。

8. Theophrastus 1916.

9. 例如，香豆树种子坚硬的外壳主要由"内果皮"（*endocarp*）组成，也就是果实最靠内部的一层。

10. 它说明了植物进化中种子的根本重要性，种子被用来定义许多植物的类别：裸子植物（"裸露的种子"），被子植物（有花植物，或"封闭的种子"），单子叶植物（有一片子叶的被子植物），双子叶植物（有两片子叶的被子植物）。即使是物种之间细微的联系，以及关系很近的种群，都可以根据它们种子的结构来决定。

第二章　生命的支柱

1. 这个项目令人意外的结果之一，就是重新发现了巨型帕劳瑟蚯蚓（the giant Palouse earthworm）（学名 *Driloleirus americanus*），一种随草原的衰落而灭绝的当地物种。尽管最近发现的样本体型较小，但据说这种白化变种的夜行蚯蚓长度可以达到 3 英尺（约 7.6 厘米），还有股百合花的气味！

2. 传统意义上说，"谷类植物"（*cereal*）这个词指的是一年生草本植物可食用的种子，而"谷物"所指的范围更普遍，包括荞麦（buckwheat）[与大黄（rhubarb）属于同一科] 或奎奴亚藜（quinoa）[与甜菜（beet）和菠菜（spinach）有亲缘关系] 这样的植物的种子。然而，W. K. 凯洛格（W. K. Kellogg）公司和 C. W. 波斯特（C. W. Post）公司获得的巨大成功，使得"谷类植物"这个词与早餐食物紧紧地联系在一起，而谷物则成为草本植物和草状农作物的泛称。这是很可惜的，因为"谷类植物"这个词更具描述性，而且它源自迷人的女神刻瑞斯（Ceres），罗马神话中掌管农业的女神。

3. 严格地说，草本植物的"谷粒"是一种名为"颖果"（*caryopsis*）的微小果实。然而，果实层已经产生了适应性改变，起到了变硬的种皮的作用，即使放大很多倍都很难与种皮区分开来。除了最严格的解释之外，颖果都可以被认为是一种事实上的种子。

4. 草本植物进化于始新世早期的旱季，它们的特质很适合生活在开阔的平原上。它们靠风媒传粉，贴着地面生长，这有助于它们快速地从动物啃食和野火中恢复生机。它们的叶子甚至含有玻璃状的二氧化硅晶体，用以磨损野牛、马和其他以草为食的牧群动物的牙齿。

5. 我们也应该记住，尽管草籽对我们来说似乎很小，但与草相比，它们还是比较大的，也代表了相当大的能量投入，特别是对于一年生植物。

6. 可以阅读拉古德（Le Couteur）和布勒森（Burreson）的书《拿破仑的纽扣》（*Napoleon's Buttons*，2003），其中第4章生动地描写了这种表述背后的化学反应。

7. 按照兰厄姆的观点，生食饮食的现代拥护者们，只能依靠备货充足的食品杂货店生存，即使这样也会面临营养压力。在自然环境中，食物资源较为分散，并随季节而变化，如果无法摄入经过烹饪而大幅提升的能量，人就会饿死（见 Wrangham 2009）。

8. 除了烹饪，熟练用火使古代人们能够通过用烟熏走蜜蜂，获得蜂巢里的蜂蜜。有关这种发展过程的精彩讨论，以及我们与一种名为黑喉响蜜䴕（Greater Honeyguide）的鸟的协同进化过程，见 Wrangham 2011。

9. 更多关于本段中人类学和考古学说明的信息，见 Clarke 2007；Reddy 2009；Cowan 1978；Piperno et al. 2004；Mercader 2009；以及 Goren-Inbar et al. 2004。

10. 我有意识地使用了广义的直立人定义，尽管有些作者更愿意将这个物种分为一种早期的非洲形态［匠人（*H. ergaster*）］以及一种后期的亚洲形态（直立人）。同位素证据以及化石上的牙齿磨损证明，草本植物成为食物的时间开始于更久以前，从早期类人猿（hominins）就开始了，如南方古猿（*Australopithecus*）时期。Lee-Thorp et al. (2012) 相信，类人猿全年以沼泽地里的青草或苔草（sedge）含纤维的根为食，在当令季节，它们很可能食用更有营养的种子。

11. 除了种植过程的效率和便利性增加之外，有证据显示，突然变得凉爽而干燥的气候帮助这些早期的农学家获得了一些健壮的品种（Hillman et al. 2001）。

12. 可持续农业的倡导者们，已经开始开发能产出大种子的多年生草类，作为一年生谷物之外的替代品。如果成功的话，这些农作物在侵蚀控制（*erosion control*）、碳吸存（*carbon sequestration*）以及减少对肥料和除草剂的依赖等方面具有相当大的优势（Glover et al. 2010）。

13. 更多有关该表述的内容，见 Diamond 1999, 139；以及 Blumler 1998。

14. Fraser and Rimas 2010, 64.

15. 引发黑死病症状的，是"鼠疫耶尔森菌"（*Yersinia pestis*），一种通过跳蚤叮咬在人与鼠之间传播的细菌。尽管受到感染的跳蚤最终也会死亡，但当细菌在它们的中肠里扩散的时候，它们还可以存活数周。

16. Harden 1996, 32.

17. 有关蛇河大坝历史的更多信息，见 Peterson and Reed 1994，以及 Harden 1996。

18. "完全蛋白质"含有足量的人体所需但无法自身合成的 9 种氨基酸。必须通过饮食才能获得这些氨基酸。大多数肉类蛋白质和乳制品蛋白质是完全蛋白质，但许多植物类食物缺少一种或几种必要的氨基酸。

第三章　有时候你像个疯子

1. 玉米糖浆直接来自玉米种子中的淀粉，在任何一家食品杂货店的烘焙售货区里都能买到。它有别于高果糖玉米糖浆（high fructose corn syrup）—— 一种利用酶进行加工以增强甜度的糖浆。有关高果糖玉米糖浆的问题以及玉米产业的整体情况，我强烈推荐 2008 年的纪录片《玉米大亨》（*King Corn*），其中有许多有趣和有用的内容。

2. 一直到 19 世纪，人们主要将巧克力作为饮料享用，而其中的油脂则被视作油腻而讨厌的东西。"荷兰"加工法［由荷兰的万·豪顿家族（van Houten family）完善的加工方法］去除了可可豆碎粒中的油脂，目的是为了使巧克力饮料的口感更好。巧克力生产商后来才将那种多余的脂肪重新与研磨后的可可豆混合在一起，发明了现代巧克力棒。更多精彩的历史和巧克力的知识，见 Beckett 2008 以及 Coe and Coe 2007。

3. 尽管这个术语在产品标签上看起来很别扭，但它的含意是精确的。椰子的液体胚乳在"没有"形成细胞的情况下发育——它只是散布在细胞质（cytoplasm）周围的一些细胞核（nuclei）！其他的种子胚乳也许会在发育过程早期经历一个游离核时期（free nuclei stage），但只有椰子在成熟之后还保留这种奇特的分布形式。

4. 尽管椰子有不同寻常的传播生态系统，但它能远距离、大范围移动的窍门，其实是使自己成为对人类有用的东西。几乎每一种热带沿海地区的文化，都在某种程度上依赖椰子，当地人无论走到哪里都会带上椰子。有一些证据指出，椰子来自东南亚地区，但远在植物学家们思考这个问题之前，它们就已经遍布从南太平洋到非洲和南美洲的各个地方了。

5. 尽管扁桃的栽培范围很广，但主要集中于加利福尼亚州的中央谷（Central Valley），那里的几千座果园如今的扁桃年产量占全世界的80% 以上。加州几乎所有的种植者都是蓝色钻石合作社（Blue Diamond Cooperative）的一员，这个合作社娴熟的营销策略使扁桃超越葡萄，成为加州最有价值的农作物。

6. 曼尼托巴大学（University of Manitoba）的农作物研究者们培育出商品化的加拿大低酸油菜，以生产味道更好的低酸油。Canola 的名称来自 "Canadian oil, low acid" 的缩写，意为 "加拿大低酸油"。

7. 在第二次世界大战后廉价的塑料问世之前，切片打磨后的象牙棕榈果核在北美以及欧洲的纽扣市场占到 20% 的份额。最近，它们在时尚界再度流行起来。有关这种美丽种子的更多历史，见 Acosta-Solis 1948 及 Barfod 1989。

8. 萨克斯在他 2008 年的《恋音乐》（*Musicophilia*）一书中提到，在苏格兰，人们曾经使用过一种描述性更强的术语形容令人无法抗拒的旋律："吹笛者的蛆虫"（piper's maggot）。

9. 聚甘油蓖麻醇酯也含有甘油，而种子脂肪成分有时来自大豆。

10. 尽管瓜尔豆最为人熟知的用途是增稠剂，但对于消防员、管道操作员或轮船船体和鱼雷的设计者来说，瓜尔豆则有完全不同的用途。极小量的瓜尔豆就能够制造"滑溜水"，一种大幅减少阻力的现象。一位物理学家形容瓜尔胶的分子（以及类似的聚合物）为双重溜溜球，它们时而缠绕、时而伸展的方式使湍流液体无法附着在相邻的物体表面。人们还不太理解这种物理现象，但在实践中，这种效果加速了液体流过软管和管道的速度。美国海军也对它进行过研究，以增加船体效率并减少舰船、潜水艇和鱼雷的噪音。

11. 美国地质学家们曾经认为，宾夕法尼亚纪本身是一个完整而成熟的时期，但现在人们认为它是石炭纪的一个组成部分。

第四章　卷柏掌握的技能

1. 种子习性的初期形式出现在泥盆纪晚期，包括具有胚珠状结构的原始种子蕨，以及一种古代树木"古羊齿蕨"，它是最早拥有雄孢子和雌孢子的木本植物之一。

2. 严格说来，这些大孢子进化成了植物学家所称的"胚珠"（ovule），即含有卵子和几层周围组织的生殖结构。

3. 虽然我们很容易认为卷柏和其他现代孢子植物是植物群落中的次要部分，但它们依然很成功。尽管孢子策略不再占优势，但它坚持了数亿年，有一些种类，尤其是蕨类植物，比以往任何时候都更多样。

4. 各种裸子植物的果实状组织可能是种子本身的一部分（例如，紫杉的浆果状红色假种皮），或可能源自周围的鳞片（例如，杜松的浆果）。尽管它们可能发挥相同的传播功能，但它们并不是真正的果实，因为它们源自不同的组织。

5. 见 Friedman 2009。

6. 任何有关种子的书都应该谴责这种令人厌烦、使人误解的说法！的确，被子植物能开花结果，但许多现存的和灭绝的裸子植物也能开花结果。正如它们的名称所蕴含的意义，界定这些重要种类的是种子特征——有心皮或没有心皮。

7. Pollan 2001, 186.

第五章　孟德尔的孢子

1. 尽管孟德尔于 1856 年开始他的杂交研究，但在之前的两年，他已经试验了 34 个当地豌豆品种，确认它们可以繁育纯种。最终，他选择了 22 个最可靠的豌豆品种用于自己的实验。

2. 最新的研究显示，微小的螨虫和弹尾虫或许有助于运输苔藓精子以及促进受精（见 Rosentiel et al. 2012）。还没有人知道它们为什么这么做，但这提醒着我们，关于孢子植物的生殖系统我们还有很多需要了解。

3. 这种说法有一个有趣的例外，它来自澳大利亚的一种浮水蕨类植物——蘋（*nardoo*），它像卷柏一样有雄孢子和雌孢子。更大一些的雌孢子包裹在小囊中，这些小囊可以被研磨、冲洗，并能烤制成糕饼。尽管它们很难吃，做得不好，还有毒性，但用蘋做的糕饼曾经是几个土著部落得以生存的重要食物。据说，著名的澳大利亚探险家罗伯特·奥哈拉·伯克（Robert O'Hara Burke）和他的几位同伴，由于吃了烹制不当的蕨而死亡（见 Clarke 2007）。

4. 孟德尔一共监测了种子和植物的 7 种性状规律：皱皮的还是光滑的、种子颜色、种皮颜色、豆荚形状、豆荚颜色、花朵位置以及茎的长度。为了简便起见，我以第一种也是最有名的一种性状为主，也就是皱皮的和光滑的种子。

5. 由于原始资料很少，有关孟德尔的传记大都包含一定的推测成分。伊尔蒂斯（Iltis）写的传记（1924 年德语版；1932 年英译版）依然是主要的资料来源。那是一本真诚表达敬佩之情的人物传记，得益于作者对认识这位修道士的人们进行的访谈。

6. 有人说达尔文没有读过放在他书房里的孟德尔的论文，这种说法听上去是个很精彩的故事，但这显然是假的。仔细搜索达尔文保存完好的藏书，人们并未发现孟德尔的论文复印稿。在自己的著作或信件中，他也从未提到过孟德尔的研究。1862 年当孟德尔参加伦敦世博会（Great London Exhibition）时，他们俩的确相距不到 20 英里（约 32 公里），但达尔文当时正在唐恩屋（Down House）自己家中，有理由相信他们从未见过面。

7. 尽管大部分农作物以及当地品种在很长一段时间里呈渐进式发展，但植物育种的精密程度和步调在 17 世纪和 18 世纪的启蒙运动时期呈现出快速的增长。有关这段历史的精彩论述，见 Kingsbury (2009)。

8. 粟成为很好的酿酒原料有赖于它具有双隐性性状基因，如果与其他品种杂交，它的特质就会消失。许多食用的草类都会发生这种"胶质的"或"蜡状的"基因变异，包括水稻、高粱、玉米、小麦和大麦。它始终是一种隐性性状，但结果有时是很美味的（例如，*moshi*, *botan*,

以及其他糯米品种）。

9. 孟德尔对遗传学的贡献，通常被总结为"分离定律"（Law of Segregation，成对的等位基因，双亲各提供一个）和独立分配定律（Law of Independent Assortment，独立遗传下来的等位基因）。他也给我们留下了"显性"和"隐性"这两个术语。

10. "无融合生殖"这个术语形容的是植物无性繁殖的几个类型。对于山柳菊、蒲公英和许多其他紫菀科植物来说，卵子形成过程中的不完全减数分裂创造出活性种子，这些种子本质上就是母株无性繁殖的产物。无融合生殖的物种也许会失去规律性基因混合的优势，但它们获得了不依赖传粉媒介而随意繁殖的能力（大部分保持着在必要时正常繁殖的能力）。如果一个物种适应力很好，这种策略可以是很成功的，家中草坪长满蒲公英的人都能证实这一点。

11. C. W. Eichling，引述自 Dodson 1955。

12. Bateson 1899。知名的英国植物学家威廉·贝特森在向英国皇家园艺学会（Royal Horticultural Society）发表讲话时说了这句话。详细引述他的讲话会发现，他的评论几乎离奇地预见了即将发表的孟德尔的重新发现："我们的首要需求是了解当一个品种与它'最亲密的盟友'杂交时所发生的情况。如果其结果有科学价值，那么'从统计学角度'研究这种杂交后代就显得十分必要了。"贝特森之后一直很拥护和捍卫孟德尔的观点，他创造了"遗传学"这个术语。

13. 在接下来的一年里，我种植了自己培育的杂交后代并收获了1218 粒豌豆。光滑与皱皮的比例是 2.45∶1，这个比例很接近孟德尔的著名结果，但不完全相同。之所以产生差别也许是因为我的样本数量少，或者是因为伊丽莎花园中的豌豆品种出现了花粉污染。

第六章　玛土撒拉

1. 有关马萨达发生的事件怎样从一个历史注脚变成一个具有感染力的英雄主义故事的精彩分析，见 Ben-Yehuda 1995。

2. 根据罗马历史学家约瑟夫斯所说，短刀党将他们的一部分储备物资完好地保留了下来，以说明他们直到最后都物资充足。这也可以解释为什么在马萨达发现的一些海枣种子被烧焦了，而另一些则未受火烧。

3. 在马萨达重大发现之前，犹太人大起义期间铸造的某些硬币的来源一直被认为是"犹太人钱币学最难解决的问题之一"（见 Kadman 1957 以及 Yadin 1966）。

4. 罗马人镇压了犹太人大起义以及几十年后的另一场起义之后，之前的犹太王国急剧衰落。出口经济崩溃，所有的城镇都遭到遗弃，变化的气候使得小规模的海枣树培育都面临很大的挑战。曾经闻名一时的这个棕榈树品种最终完全消失。英国牧师、探险家亨利·贝克·崔斯特瑞姆（Henry Baker Tristram）在 1865 年的一次探访中惆怅地发现："最后一棵棕榈树已经不见了，平原上不再飘扬着它那优美的羽毛状树冠，它曾使杰里科城（Jericho）拥有棕榈树之城的称号"（Tristram 1865）。

5. 伊莱恩用植物荷尔蒙以及酶催化肥料预浸了种子——使虚弱的样本萌芽的标准技术——但发芽的动力来自玛土撒拉自身。

6. 现代以色列海枣树来自 20 世纪进口的标准栽培品种。基因测试显示，玛土撒拉与这些品种都没有关系——他与一种叫作"hayani"的埃及古老品种最相似。尽管可能是一种巧合，但这十分符合犹太人在逃离埃及时带走了海枣的传统故事。

第七章　把它放进种子库中

1. 由罗伯特·西弗斯博士（Dr. Robert Sievers）带领的一个团队，在比尔和梅琳达·盖茨基金会（Bill & Melinda Gates Foundation）提供的 2000 万美元资助下，研制出能在肌肉肌醇的"生物玻璃"中暂停活力，并能存活长达 4 年的麻疹疫苗。

2. 卡里·福勒（Cary Fowler），引自新闻节目《60 分钟》（*60 Minutes*）（存档于"探访世界末日地下室"，2008 年 3 月 20 日，美国 CBS 电视台新闻频道（CBS News），www. cbsnews. com/ 8301–18560_162–3954557. html）。

3. 千年种子库（The Millennium Seed Bank）目前储藏了 3. 4 万多个品种的超过 20 亿粒种子，包括了 90% 以上的英国原生种子植物品种。到 2025 年，该项目的目标是保存世界植物群落中 25% 的种子，重点在于珍稀和濒危植物。目前，该项目标本集中至少已有 12 个品种在野外灭绝了。

4. 引述自 Dunn 1944。

5. 瓦维洛夫不仅了解栽培品种的多样化，也确认了他所称的"起源中心"，也就是人们最初驯化重要农作物的世界上 8 个地区，这些农作物在这 8 个地区保持着多样性，它们的野生近缘品种也依然存在。这个观点在植物栽培和植物学研究中依然是一个重要原则。

6. 由特罗菲姆·李森科（Trofim Lysenko）领导的这次恶名昭著的运动，以一种不成熟的环境获得性遗传理论否定了孟德尔的遗传学，使苏维埃农业——以及生物学——在整整一代人的时间里无法发展。

7. 虽然瓦维洛夫收集的标本集历经李森科学说（Lysenkoism）和第

二次世界大战保留了下来，但是储藏它们的机构在现代遭受了资金短缺和长期衰落。这个机构拥有的独一无二的果园——有超过 5000 个水果和浆果种类——最近确定要被清理，用于开发住宅区。

8. 类似的，野生植物多样化面临的危机也是人类活动造成的一个后果，从栖息地流失、气候变化到外来入侵物种的出现。

第八章　牙咬、喙啄与啃食

1. 尽管现代啮齿动物的饮食中包括各种各样的植物（偶尔有昆虫或肉类），但啮齿动物与众不同的大牙齿是为了啃咬种子而进化的，种子依然是它们饮食中最普遍的食物。

2. 从功能上说，这些物种的果核就是种子，但严格来说，果壳由称为"内果皮"的坚硬的果肉层组成。

3. 传播生态学有一个研究这种情况的完整学科分支。植物幼株的远离，有助于它们避免动物的掠食、与双亲和同胞的竞争以及潜伏在成年树木附近的物种特有的病毒和其他病原体。

4. 如今已跨入第 50 个年头的加拉帕戈斯雀研究，是在野外进行的进化研究中最深入的一个项目。由普林斯顿大学的生物学家彼得·格兰特和罗斯玛丽·格兰特（Peter and Rosemary Grant）领导的这个研究，帮助揭示了自然选择和其他因素（基因、行为和环境）如何共同作用，从而创造并维持着各个物种。我强烈推荐韦纳的《雀喙》以及格兰特夫妇的《物种如何且为何产生多样性》（*How and Why Species Multiply*，2008）这两本书。

第九章　丰富的滋味

1. 这首押韵小诗来自费城，18 世纪费城街头卖汤的小贩们一边唱着，一边兜售他们与众不同的辣味汤羹。费城胡椒羹的传统配方会出现各种碎肉，从牛肚到乌龟，但调味料是一样的——大量的黑胡椒子。

2. 每年平均总盈利包括现金红利和香料红利，加上股票从公司创建之初增值到 1648 年时的 539 荷兰盾（guilder）。更多有关这家公司不同寻常的历史，见 de Vries and van der Woude 1997。

3. Young 1906, 206.

4. 尽管事后看来似乎有些荒唐，但哥伦布认为很难确定"香料群岛"的具体位置也没错。直到进入 18 世纪以后，东南亚 2.5 万座岛屿中，只有不到 10 座岛屿上生长着肉豆蔻树。只有 5 座岛屿上发现了丁香。

5. 名为"胎盘"的这种白色组织，制造辣椒素并保存 80% 的辣椒素。大约 12% 转化为种子，剩余的部分进入了果实组织，大部分在果实末端，啃食果实的动物在对果实造成巨大破坏之前就会碰到这个部分。

6. 这种概括的说法也有例外，植物王国乐于展示植物运动的各种实例，从维纳斯捕蝇草叶片的瞬间合拢、敏感植物蜷缩的叶子到无花果难以察觉的漫步。不过，当种子传播并发芽之后，植物生活的主要模式依然是扎根与保持静止。

7. Appendino 2008, 90.

第十章　最令人愉快的豆子

1. 这个短语来自乌克斯（William Ukers，1922）书中的翻译内容，指的是一种繁殖康乃馨和其他石竹科植物的常见方法。植物的新枝可以从高于叶节点的主茎上轻易地"滑脱"下来。

2. 关于德·克利故事的现代记述，大部分来源于威廉·乌克斯1922年的经典作品《咖啡全书》（*All About Coffee*）。我请人重新翻译了德·克利的一些原始信件以及法国19世纪的部分历史，检查了乌克斯写的很多细节。但我找不到能证实海盗攻击的内容！

3. 这首诗最早出现在《儿童诗歌》（*Poems for Children*）一书中，作者是查尔斯·兰姆和他的姐姐玛丽。基于风格上的差异以及各种注释和信件，学者们认为这首诗是查尔斯的作品。

4. 德·克利带来的树苗的后代，为遍布法属西印度群岛的种植园提供了基础种群，可能也为中南美洲的种植园提供了基础种群。仍不清楚它们传播了多远，但据巴西一个广为流传的故事所说，至少一部分的巴西咖啡种群来自法属圭亚那——另一个与偷窃和吸引有关的故事。据传说，一位来访的葡萄牙军官和总督夫人之间有一件与众不同的临别礼物。当军官出发去巴西时，总督夫人送给他一束芳香的花。在殖民地受到严密保护的咖啡树树枝和种子就塞在这束花中。

5. 见 Hollingsworth et al. 2002。

6. 尽管可口可乐和百事可乐的配方是商业机密，但当它们进入苏打水市场的时候，可乐果提炼物是"可乐饮料"中的固有原料。现代的可乐是否还有可乐果提炼物仍是一个争论的话题，但最近的一次化学分析显示，在普通的一罐可口可乐中没有发现可乐果蛋白的踪迹。

（D'Amato et al. 2011）。

　　7. 咖啡因被认为是一种出色的全能杀虫剂，但像咖啡虎天牛这样专吃咖啡的昆虫已经形成了一种免疫力。它们毫无顾虑地啃食咖啡豆，能造成大范围的农作物损害。

　　8. 仍不清楚种子中的咖啡因怎样到达土壤——它也许会直接渗透，甚至穿透根部。在植物的生物碱循环程序的最后一个阶段，一些咖啡因从胚乳移动到子叶，保护它们免受攻击，并重新开始整个过程。

　　9. 咖啡树花蜜中的咖啡因含量显示，咖啡因与蜂蜜是协同进化的。含量过多就会苦涩，甚至有毒，但咖啡树花朵中的咖啡因含量适中，能刺激蜜蜂的记忆，让它们不断地回来采食更多花蜜。

　　10. 来自《英国顺势疗法评论》（*British Homeopathic Review*），引述自 Ukers 1922, 175。

　　11. 专家们为这个工作习惯快速变化的时期取了一个富有魅力的名称：勤勉革命（Industrious Revolution）。

　　12. 据说高达人均 1095 升的年消费总量来自医院，在医院里，啤酒可能是喂饱病人的一种经济有效的方式。有关从中世纪开始到文艺复兴时期结束期间人们喝啤酒习惯的精彩记述，见 Unger 2004。

　　13. Schivelbusch 1992, 39.

　　14. 英国海军部于 1699 年抓捕了威廉·基德船长，同时没收了宝石、稀有金属和贸易货物等一批宝藏。后来这些物品被放到伦敦的海事咖啡馆进行拍卖，筹集到了足够的资金，建立了一座为贫困水手服务的退休设施（见 Zacks 2002, 399–401）。

　　15. 那是一幅极其吸引人的画面，但这件常常被提起的逸事很容易露出马脚，据拉尔夫·托斯比（Ralph Thoresby）亲眼所见，人们在解剖"之后"回到希腊人咖啡馆里（Thoresby 1830, vol. 2, 117）。更有趣的是，这只海豚是在附近的泰晤士河里被抓到的！

16. 富兰克林在法国传奇般地受欢迎的程度，从得知他的死讯后普蔻咖啡馆的反应中就能看得出来。在为期三天的哀悼中，咖啡馆的里间挂着黑布。人们发表了悼念他的演讲，顾客们为一座富兰克林的半身雕像装饰了橡树叶做的王冠、柏树枝、天体图、地球仪以及衔尾蛇——代表永生的符号。

第十一章　雨伞谋杀案

1. 纪实作家理查德·卡明斯（Richard Cummings）相信，马可夫谋杀案中有多个暗杀者，包括等在出租车旁准备逃逸的司机。按照这个故事版本，掉落的那把雨伞只是为了分散注意力，而真正发射出致命小子弹的是一个钢笔大小的物体。

2. 在细胞内释放的一条链干扰了 RNA 的翻译过程，细胞因此失去了合成蛋白质的能力，无法发挥功能。这条链自身无法穿透细胞，较为无害，与许多常见的食用种子——包括大麦——所拥有的贮藏蛋白很相似。

3. 根据发生在巴黎的失败的暗杀行动，最终确定暗杀所使用的毒素是蓖麻毒蛋白。由于剂量并没有完全进入体内，谋杀对象活了下来。然而，他的身体对于进入他血液的微量蓖麻毒蛋白的确产生了抗体。

4. Kalugin 2009, 207.

5. 见 Preedy et al. 2011。

6. 这个事实根本不会令诺艾尔·马赫尼基（Noelle Machnicki）这样

的真菌学家惊讶。研究不断显示，许多植物化合物实际上都是植物和真菌相互作用的产物，在某些情况下，它们完全由生长在植物身上和内部的真菌组成。

第十二章　诱人的果肉

1. 香豆树主要的远距离传播者是大食果蝠（学名 *Artibeus lituratus*）。牙买加食果蝠偶尔也会传播果实，但其他种类的蝙蝠太小，无法带走正常大小的香豆树果实（见 Bonaccorso et al. 1980）。

2. 我研究的另一个方面是追踪花粉的传播，也得到了相似的结果。被香豆树众多的紫色花朵吸引的蜜蜂，可以在树木之间飞行近 1.5 英里（约 2.3 公里），在最为孤立的花朵之间传播花粉。

3. 被称为"油质体"的这些高脂、高蛋白物质团状物是蚂蚁和植物相互作用的关键。这个策略在苔草、紫罗兰和金合欢树这样的独特种群中至少进化了 100 次。蚂蚁传播种子的距离一般比较近，但至少在一个例子中，蚂蚁将种子搬运了近 600 英尺（约 180 米）（Whitney 2002）。

4. Cohen 1969, 132.

5. 许多植物学家认为，毒番石榴可能由嵌齿象或其他某种灭绝了很久的巨型动物传播种子。

6. 虽然人们通常将果实与有花植物联系起来，但实际上，动物传播在裸子植物中更为普遍。动物传播出现在 64% 的裸子植物科属中，但只出现在 27% 的被子植物科属中（见 Herrera and Pellmyr 2002 及

Tiffney 2004）。

7.植物学家称这些策略为传播综合征（*dispersal syndromes*）。不过，尽管它们提供了一种将植物和动物相互作用进行归类的有效方法，但在真正推动植物进化方面，它们的作用仍有争议。

8.在某些情况下一堆粪便是有益处的，但当它包含了太多同时发芽的种子时，这种激烈的竞争会抵消肥料的益处。

第十三章　随风飘动，随波逐流

1.引自写给 J. D. 胡克（J. D. Hooker）的信，1846 年（van Wyhe 2002）。

2.J. S. 亨斯洛（J. S. Henslow）写给 W. J. 胡克的信，1836 年，引述自 Porter 1980。

3.引自达尔文的加拉帕戈斯群岛笔记（van Wyhe 2002）。

4.Darwin 1871, 374.

5.Columbus 1990, 97.

6.Cohen 1969, 79.

7.曼德维尔的原文中形容那些葫芦羊羔"没有羊毛"，暗示着种植它们的目的是为了食用而非织布。他甚至自称尝过那种羊羔的味道，说那个味道"极好"。然而，这段原文在近代翻译中常常被省略。曼德维尔描述的拥有"柔软树枝"和"饥饿"羊羔的棉花树木似乎纯属捏造，由于这个内容包含在他的维基百科条目（Wikipedia entry）里而得以传播。

8.Dauer et al. 2009.

9. 见 Swan 1992，作者将这个依赖风力的高海拔生态系统形容得引人入胜，他将这个生态系统称为"风生物群系"（Aeolian biome）。

10. 后来，当达尔文意识到完全干燥的植物可以漂浮更久时，他将这个估算的距离提高到 924 英里（约 1487 公里）。

11. Darwin 1859, 228.

12. 波特（Porter，1984）认为，这些迁移植物中 134 种随风传播，36 种随洋流传播，也有一些像棉花一样，既随风又随洋流传播。

13. de Queiroz 2014, 287.

14. Yafa 2005, 70; Riello 2013, 2.

15. McLellan 2000, 221.

16. 只需看看现代布料商场里的标签，很快就能知道亚洲和近东地区在棉花历史中的作用。除了来自卡利卡特的印花布（calico），人们还能看到马德拉斯布（madras，来自马德拉斯市）、印花棉布 [chintzes，来自印地语，表示"涂色"或"溅落"]、卡其布 [khakis，来自乌尔都语（Urdu），表示"灰尘颜色的"]、条纹格子布（gingham，来自马来语，表示"条纹的"）以及泡泡纱（seersucker，来自波斯语，表示"牛奶和糖"，形容这种布料凹凸与平滑相间的样式）。

17. 纤维较长的新大陆棉花是两个旧大陆品种杂交的后代。它们是遗传学家所说的"四倍体"，染色体数量是正常数量的两倍。在 5 个确认的品种中，陆地棉（upland cotton，学名 *G. hirsutum*）如今在全球市场上占据主导地位。海岛棉（Sea Island cotton，学名 *G. barbadense*）的纤维最长，但很难生长。它在市场中一直是高端布料的原材料，商品名称通常是"埃及棉"（Egyptian Cotton）或"秘鲁比马棉"（Peruvian Pima）。

18. 见 Klein 2002。

19. 枫树带翅膀的翼果，可能比爪哇黄瓜种子的下降速度更快，它们为一些航空器提供了灵感。洛克希德·马丁公司（Lockheed Martin）制造了"Samarai 无人机"，一种像枫树种子一样旋转的无人侦察机，澳大利亚研究者们最近展示了一种一次性的旋转风车，用于传输森林大火上空的大气条件。单旋翼直升机也得以制造，但它们通常缺少载人飞行所需的稳定性。

20. 看着那粒爪哇黄瓜种子飞走是令人兴奋的一件事，但当它飞出视线之外时我也感到忧虑。要是它发芽了怎么办？尽管一种热带藤本植物在我们这样的凉爽气候中茁壮成长的可能性微乎其微，但我忍不住想象，诺亚和我是否已经引进了太平洋西北地区未来的野葛（kudzu）！

结　语　种子的未来

1. 这里涉及的化合物是秋水仙碱（*colchicine*），在秋水仙（autumn crocus）的种子和块茎中发现的一种生物碱。

词汇表

非细胞型胚乳（acellular endosperm） 椰子内部的一种不同寻常的物质，在食品店中作为"椰子水"销售。它由漂浮在富含营养的胞浆中的游离核组成。椰子成熟的时候，细胞壁形成，许多非细胞型胚乳转换为椰子肉（即固体胚乳）。（一些别的种子胚乳在生长初期会经历一个短暂的非细胞阶段，但只有椰子将这个阶段保持很长时间，并有大量的非细胞型胚乳。）

腺苷（adenosine） 生物化学中一种发挥多种重要功能的化合物。在大脑中，它发挥了重要作用，能够发出疲劳信号，引导身体入睡。

生物碱（alkaloid） 植物和一些海洋微生物制造的大量氮基化合物。它们往往发挥着化学防御的作用，许多生物碱，包括兴奋剂（例如咖啡因）、药物（例如吗啡）以及毒素（例如番木鳖碱），会使人体产生强烈的反应。

等位基因（allele） 基因的一种可能的形式，由 DNA 的差异决定，会展现出一种基因的不同表现形式（例如皱皮的与光滑的豌豆，或人们的棕色与红色头发）。

被子植物（angiosperm）　一种"有花植物"，因其种子封闭在植物组织中形成了心皮（见下文）而得名。绝大多数现存植物都是被子植物。

无融合生殖（apomixis）　植物的无性生殖，无须通过花粉受精就能形成有一套完整染色体的卵细胞。这样形成的种子实际上就是亲本的克隆状后代。这种策略在许多植物科属中偶尔发生过进化，但或许它在紫菀科中最为普遍，包括蒲公英，以及使格雷戈尔·孟德尔感到困惑的山柳菊。

咖啡因（caffeine）　在一些植物（特别是咖啡树、茶树、可乐树和可可树）中发现的一种生物碱，有助于抵挡昆虫和其他有害生物的攻击，也会在土壤中发挥除草剂和萌芽抑制剂的作用。人们把它用作一种兴奋剂。

碳水化合物（carbohydrate）　生物化学中的一组化合物，由碳、氢、氧元素以多种多样的组合形式组成。组成物通常被称为糖，但它们能够起到各种作用，从种子中的能量贮存（例如淀粉）到昆虫的甲壳（被称为壳多糖）。

石炭纪（Carboniferous）　古生代第五纪，在泥盆纪之后，开始于3.6亿年前，结束于2.86亿年前（包括密西西比纪和宾夕法尼亚纪）。

心皮（carpel）　被子植物的独有特征，从环绕和包围种子的叶或苞叶进化而来，形成了一个保护层，促使植物在防御、受粉和传播方面产生了许多新的适应性改变。一个或多个心皮组成了典型的被子植物花朵的雌蕊，包括子房、柱头和花柱。

颖果（caryopsis）　一种果实，通常被认为是草本植物的"种子"。

谷类植物（cereal）　一种一年生、结谷粒的草本植物（例如小麦、大麦、黑麦、燕麦、玉米、水稻）。

染色体（chromosome）　携带植物或动物遗传信息的一种结构。染色体由双螺旋 DNA 分子和周围蛋白质组成，是代与代之间的遗传单元。在有性繁殖中，个体会得到由双亲各提供一半的染色体。

协同进化（coevolution）　一种进化过程，在这个过程中，一种生物体发生变化就会促使另一种生物体发生变化。传统意义上说，协同进化被定义为两个物种之间的互动，但现在人们了解到，这个过程十分微妙，使相互作用的物种的关系网内部产生各种变化，并因地域和时间不同而变化。

椰干（copra）　椰子的"果肉"，由固体的细胞型胚乳形成。

子叶（cotyledon）　幼苗的胚叶，也称为"种叶"。园丁们很熟悉子叶，它们是幼苗发芽后最早长出的叶子，我们也很熟悉种子里又大又美味的子叶（例如一粒花生的两半）。

白垩纪（Cretaceous）　中生代的最后一纪，在侏罗纪之后，开始于 1.46 亿年前，结束于 6500 万年前。

细胞毒素（cytotoxin）　一种杀死细胞的毒素，与之相对的是神经毒素，能够对神经系统造成麻痹或其他损害。

双子叶植物（dicot）　有花植物的一个主要种群，因种子具有两片子叶 ["双子叶"（*di-cot*）] 而得名。

二倍体（diploid）　拥有两组染色体，双亲各提供一组染色体的情况。

休眠（dormancy）　通常被认为是处于种子成熟与萌芽之间的静止时期。严格来说，真正的休眠仅适用于那些主动抵制萌芽、直到各种物理和化学要求得到满足时才萌芽的种子（例如光线、温度和湿度的变化，或者吸收了木材烟雾）。

电子显微图片（electron micrograph）　一台电子显微镜拍摄的放大倍率极高的图片。

油质体（elaiosome）　附着在种子表面、吸引蚂蚁传播种子的富含营养和脂肪的包裹。

胚胎（embryo）　一般指未出生的后代。在植物学中，这个术语指的是种子内部的植物婴儿。

乳化剂（emulsifier）　能够使一种液体稳定地悬浮在另一种液体中的添加剂（例如卵磷脂）。在食品中，乳化液通常是油或脂肪悬浮在水中（例如蛋黄酱），但也可能是水悬浮在脂肪中（例如黄油）。乳化剂也可以帮助颗粒悬浮在液体中，就像糖和巧克力固体悬浮在可可脂中。

内果皮（endocarp）　果实的最内层，通常为保护种子而变硬。

内啡肽（endorphin）　中枢神经系统分泌的一组激素。人们普遍认为内啡肽与调节疼痛反应以及调节愉悦感反应有关。

胚乳（endosperm）　种子内部贮藏营养的重要组织。在被子植物中，严格说来它是受粉后的三倍体产物。在裸子植物中，雌配子体发挥着这个作用。

动物体内传播（endozoochory）　字面上的含义是"在动物体内随动物移动"。这个术语指的是经由动物食用、运送并存放的种子传播策略。

酶（enzyme）　化合物，通常是蛋白质，能够催化生物体内的化学反应。

上胚轴（epicotyl）　字面意思是"叶子之上"。它指的是，在植物婴儿的子叶以上、芽或胚芽以下的茎状部分。

配子体（gametophyte）　字面意思是"产生配子的植物体"。它指的是孢子植物生命周期中产生卵子和精子的独立一代。例如，在蕨类植物中，它是一棵微小的独立植物，由孢子生长而来，能够在潮湿的土壤中短暂存活。

基因（gene）　沿着染色体排列的特殊位置，其中的 DNA 形状与模式决定了一个特殊的性状。

转基因生物体（genetically modified organism，缩写 GMO）　通过去除或控制基因，或通过添加来自其他生物体的基因，使基因密码被人为修改的植物、动物或微生物。

萌芽（germination）　种子的苏醒。严格说来，这个过程开始于水分吸收（见吸胀），当胚根从种皮中生长出来的时候结束。更普遍地说，它包括了植物婴儿根和芽的出现以及成形的整个过程。

谷物（grain）　谷类植物（例如小麦、水稻）以及其他类似的农作物（例如奎奴亚藜、荞麦）。

裸子植物（gymnosperm）　字面意思是"裸露的种子。"裸子植物是一种主要的种子植物种群，因种子周围缺少心皮或包围物质而得名。

荷尔蒙（hormone）　动植物体内调节生长、发育和其他过程的一系列化合物中的任何一种。

杂交种（hybrid）　两个物种或同一物种的两个品种之间的杂交品种。

下胚轴（hypocotyl）　字面意义是"叶子之下"。这个术语指的是，在植物婴儿的子叶以下、根或胚根以上的茎状部分。

吸胀（imbibation）　种子快速吸收水分的过程，标志着萌芽的开始。

原位（in situ）　拉丁语，意思是"在原来的地方"。这个短语通常用于环境保护和自然科学，形容一个物种的自然栖息地之内的活动。［相比之下，迁地（ex situ）形容对动物园或苗圃中的物种进行的研究和保护。]

谷粒／果仁（kernel） 种子的一个术语，通常用于描述谷类植物或树生坚果内柔软的可食用部分。

卵磷脂（lecithin） 从某些种子储存的植物油中提取的高脂物质，包括大豆、油菜种子、棉籽和葵花子。它被用作食品中的一种乳化剂，以及降低胆固醇的一种膳食补充剂。

雌配子体（megagametophyte） 字面意思是"产生大配子的植物体"。这个术语指的是生产卵子的组织，在卷柏这样的古老物种中是独立的植物体，但包含在种子植物的开花部分之中。雌配子体产生卵子，它的组织通常是种子的一个部分。例如松柏植物以及其他裸子植物在雌配子体中为它们的种子包裹了能量（或"午餐"）。

减数分裂（meiosis） 产生卵子和精子或花粉的细胞分裂。在典型的分裂（"有丝分裂"）中，所有染色体都被复制，与之相反，减数分裂后形成的细胞只含有正常染色体数量的一半。

分裂组织（meristem） 植物体内发生细胞分裂的部分，通常在根和芽的末梢，以及木本植物的茎和干的外缘。

新陈代谢（metabolism） 一个生物体内部发生的所有化学反应和过程的总和，通常被认为是生命的基础。

单子叶植物（monocot） 一种主要的有花植物种群，种子只含有一个子叶（单子叶）。

古植物学（paleobotany） 古代植物的研究。

宾夕法尼亚纪（Pennsylvanian） 石炭纪的一个亚纪，也称为上石炭纪，开始于 3.23 亿年前，结束于 2.9 亿年前。

外胚乳（perisperm） 种子内部贮藏淀粉的一种组织，位于胚乳旁

（或者在少数情况下代替胚乳）。

二叠纪（Permian） 古生代第六纪也是最后一个纪，在石炭纪之后，开始于 2.9 亿年前，结束于 2.45 亿年前。

光合作用（photosynthesis） 利用阳光将水和二氧化碳转化为维持生命的碳水化合物，并产生氧气。

籽（pip） 种子的一种术语，常用于形容柔软的果实内部又小又硬的种子。

胚芽（plumule） 植物胚胎的芽。

豆子（pulse） 形容各种豆类植物的可食用种子的术语，包括菜豆、小扁豆和鹰嘴豆。

辐射增长（radiation） 一种祖传形态快速分化、形成各种各样新物种的过程。

胚根（radicle） 植物胚胎的根。

顽拗型种子（recalcitrant） 一种不脱水的、缺少真正静止或休眠阶段的种子。

核糖体（ribosome） 细胞内部的一种细胞器，控制遗传信息的翻译和表现从而合成蛋白质。

种皮（seed coat） 种子的最外层，通常起到保护、防水或传播的功能，有时会与周围的果实组织混合在一起。

孢子（spore） 蕨类植物、苔藓、卷柏和其他古代植物种群所使用的一种微小的繁殖单位。种子习性由孢子植物进化而来。

雄蕊（stamen） 花的"雄性"部分，带有产生花粉的花药。

柱头（stigma） 雌蕊的区域或花的"雌性"部分，是接受花粉的部位。

四倍体（tetraploid）　含有四组染色体的情况，双亲各提供两组。

泰奥弗拉斯托斯（Theophrastus）　亚里士多德在雅典学园的学生和继任者。他因植物研究而闻名，被称为"植物学之父"。

三倍体（triploid）　含有三组染色体的情况，由二倍体和四倍体亲本杂交后形成。

参考文献

Acosta-Solis, M. 1948. Tagua or vegetable ivory: A forest product of Ecuador. *Economic Botany* 2: 46–57.

Alperson-Afil, N., D. Richter, and N. Goren-Inbar. 2007. Phantom hearths and controlled use of fire at Gesher Benot Ya'aqov, Israel. *Paleoanthropology* 1: 1–15.

Alperson-Afil, N., G. Sharon, M. Kislev, Y. Melamed, et al. 2009. Spatial organization of hominin activities at Gesher Benot Ya'aqov, Israel. *Science* 326: 1677–1680.

Anaya, A. L., R. Cruz-Ortega, and G. R. Waller. 2006. Metabolism and ecology of purine alkaloids. *Frontiers in Bioscience* 11: 2354–2370.

Appendino, G. 2008. Capsaicin and Capsaicinoids. Pp. 73–109 in E. Fattoruso and O. Taglianatela-Scafati, eds., *Modern Alkaloids*. Weinheim: Wiley-VCH.

Asch, D. L., and N. B. Asch. 1978. The economic potential of *Iva annua* and its prehistoric importance in the Lower Illinois Valley. Pp. 300–341 in R. I. Ford, ed., *The Nature and Status of Ethnobotany*. Anthropological Papers No. 67. Ann Arbor: University of Michigan Museum of Anthropology.

Ashihara, H., H. Sano, and A. Crozier. 2008. Caffeine and related purine alkaloids: Biosynthesis, catabolism, function and genetic engineering. *Phytochemistry* 68: 841–856.

Ashtiania, F., and F. Sefidkonb. 2011. Tropane alkaloids of *Atropa belladonna* L. and *Atropa acuminata* Royle ex Miers plants. *Journal of Medicinal Plants Research* 5: 6515–6522.

Atwater, W. O. 1887. How food nourishes the body. *Century Illustrated* 34: 237–251.

————. 1887. The potential energy of food. *Century Illustrated* 34: 397–251.

Barfod, A. 1989. The rise and fall of the tagua industry. *Principes* 33: 181–190.

Barlow, N., ed. 1967. *Darwin and Helsow: The Growth of an Idea. Letters, 1831–1860.* London: John Murray.

Baskin, C. C., and J. M. Baskin. 2001. *Seeds: Ecology, Biogeography, and Evolution of Dormancy and Germination.* San Diego: Academic Press.

Bateman, R. M., P. R. Crane, W. A. DiMichele, P. Kenrick, et al. 1998. Early evolution of land plants: Phylogeny, physiology, and ecology of the primary terrestrial radiation. *Annual Review of Ecology and Systematics* 29: 263–292.

Bateson, W. 1899. Hybridisation and cross-breeding as a method of scientific investigation. *Journal of the Royal Horticultural Society* 24: 59–66.

————. 1925. Science in Russia. *Nature* 116: 681–683.

Baumann, T. W. 2006. Some thoughts on the physiology of caffeine in coffee—and a glimpse of metabolite profiling. *Brazilian Journal of Plant Physiology* 18: 243–251.

Bazzaz, F. A., N. R. Chiariello, P. D. Coley, and L. F. Pitelka. 1987. Allocating resources to reproduction and defense. *BioScience* 37: 58–67.

Beckett, S. T. 2008. *The Science of Chocolate*, 2nd ed. Cambridge, UK: Royal Society of Chemistry Publishing.

Benedictow, O. J. 2004. *The Black Death: The Complete History.* Woodbridge, UK: Boydell Press.

Ben-Yehuda, N. 1995. *The Masada Myth: Collective Memory and Mythmaking in Israel.* Madison: University of Wisconsin Press.

Berry, E. W. 1920. *Paleobotany.* Washington, DC: US Government Printing Office.

Bewley, J. D., and M. Black. 1985. *Seeds: Physiology of Development and Germination.* New York: Plenum Press.

————. 1994. *Seeds: Physiology of Development and Germination*, 2nd ed. New York: Plenum Press.

Billings, H. 2006. The *materia medica* of Sherlock Holmes. *Baker Street Journal* 55: 37–44.

Black, M. 2009. Darwin and seeds. *Seed Science Research* 19: 193–199.

Black, M., J. D. Bewley, and P. Halmer, eds. 2006. *The Encyclopedia of Seeds: Science, Technology, and Uses.* Oxfordshire, UK: CABI.

Blumler, M. 1998. Evolution of caryopsis gigantism and the origins of agriculture. *Research in Contemporary and Applied Geography: A Discussion Series* 22 (1–2): 1–46.

Bonaccorso, F. J., W. E. Glanz, and C. M. Sanford. 1980. Feeding assemblages of mammals at fruiting *Dipteryx panamensis* (Papilionaceae) trees in Panama: Seed predation, dispersal and parasitism. *Revista de Biología Tropical* 28: 61–72.

Browne, J., A. Tunnacliffe, and A. Burnell. 2002. Plant desiccation gene found in a nematode. *Nature* 416: 38.

Campos-Arceiz, A., and S. Blake. 2011. Megagardeners of the forest: The role of elephants in seed dispersal. *Acta Oecologica* 37: 542–553.

Carmody R. N., and R. W. Wrangham. 2009. The energetic significance of cooking. *Journal of Human Evolution* 57: 379–391.

Chandramohan, V., J. Sampson, I. Pastan, and D. Bigner. 2012. Toxin-based targeted therapy for malignant brain tumors. *Clinical and Developmental Immunology* 2012: 15 pp., doi:10.1155/2012/480429.

Chen H. F., P. L. Morrell, V. E. Ashworth, M. De La Cruz, et al. 2009. Tracing the geographic origins of major avocado cultivars. *Journal of Heredity* 100: 56–65.

Clarke, P. A. 2007. *Aboriginal People and Their Plants*. Dural Delivery Center, New South Wales: Rosenberg Publishing.

Coe, S. D., and M. D. Coe. 2007. *The True History of Chocolate*, rev. ed. London: Thames and Hudson.

Cohen, J. M., ed. 1969. *Christopher Columbus: The Four Voyages*. London: Penguin.

Columbus, C. 1990. *The Journal: Account of the First Voyage and Discovery of the Indies*. Rome: Istituto Poligrafico e Zecca Della Stato.

Corcos, A. F., and F. V. Monaghan. 1993. *Gregor Mendel's Experiments on Plant Hybrids: A Guided Study*. New Brunswick, NJ: Rutgers University Press.

Cordain, L. 1999. Cereal grains: Humanity's double-edged sword. Pp. 19–73 in A. P. Simopolous, ed., *Evolutionary Aspects of Nutrition and Health: Diet, Exercise, Genetics and Chronic Disease*. Basel: Karger.

Cordain, L., J. B. Miller, S. B. Eaton, N. Mann, et al. 2000. Plant-animal subsistence ratios and macronutrient energy estimations in worldwide hunter-gatherer diets. *American Journal of Clinical Nutrition* 71: 682–692.

Cowan, W. C. 1978. The prehistoric use and distribution of maygrass in eastern North America: Cultural and phytogeographical implications. Pp. 263–288 in R. I. Ford, ed., *The Nature and Status of*

Ethnobotany. Anthropological Papers No. 67. Ann Arbor: University of Michigan Museum of Anthropology.

Crowe, J. H., F. A. Hoekstra, and L. M. Crowe. 1992. Anhydrobiosis. *Annual Review of Physiology* 54: 579–599.

Cummings, C. H. 2008. *Uncertain Peril: Genetic Engineering and the Future of Seeds*. Boston: Beacon Press.

D'Amato, A., E. Fasoli, A. V. Kravchuk, and P. G. Righetti. 2011. Going nuts for nuts? The trace proteome of a cola drink, as detected via combinatorial peptide ligand libraries. *Journal of Proteome Research* 10: 2684–2686.

Darwin, C. 1855. Does sea-water kill seeds? *The Gardeners' Chronicle* 21: 356–357.

———. 1855. Effect of salt water on the germination of seeds. *The Gardeners' Chronicle* 47: 773.

———. 1855. Effect of salt water on the germination of seeds. *The Gardeners' Chronicle* 48: 789.

———. 1855. Longevity of seeds. *The Gardeners' Chronicle* 52: 854.

———. 1855. Vitality of seeds. *The Gardeners' Chronicle* 46: 758.

———. 1856. On the action of sea-water on the germination of seeds. *Journal of the Proceedings of the Linnean Society of London, Botany* 1: 130–140.

———. 1859. *On the Origin of Species by Means of Natural Selection*. Reprint of 1859 first edition. Mineola, NY: Dover.

———. 1871. *The Voyage of the Beagle*. New York: D. Appleton.

Dauer, J. T., D. A. Morensen, E. C. Luschei, S. A. Isard, et al. 2009. *Conyza canadensis* seed ascent in the lower atmosphere. *Agricultural and Forest Meteorology* 149: 526–534.

Davis, M. 2002. *Dead Cities*. New York: New Press.

Daws, M. I., J. Davies, E. Vaes, R. van Gelder, et al. 2007. Two-hundred-year seed survival of *Leucospermum* and two other woody species from the Cape Floristic region, South Africa. *Seed Science Research* 17: 73–79.

DeJoode, D. R., and J. F. Wendel. 1992. Genetic diversity and origin of the Hawaiian Islands cotton, *Gossypium tomentosum*. *American Journal of Botany* 79: 1311–1319.

de Queiroz, A. 2014. *The Monkey's Voyage: How Improbable Journeys Shaped the History of Life*. New York: Basic Books.

de Vries, J. A. 1978. *Taube, Dove of War*. Temple City, CA: Historical Aviation Album.

De Vries, J., and A. van der Woude. 1997. *The First Modern Economy: Success, Failure, and Perseverance of the Dutch Economy, 1500–1815*. Cambridge, UK: Cambridge University Press.

Diamond, J. 1999. *Guns, Germs, and Steel: The Fate of Human Societies*. New York: W. W. Norton.

DiMichele, W. A., and R. M. Bateman. 2005. Evolution of land plant diversity: Major innovations and lineages through time. Pp. 3–14 in G. A. Krupnick and W. J. Kress, eds., *Plant Conservation: A Natural History Approach*. Chicago: University of Chicago Press.

DiMichele, W. A., J. I. Davis, and R. G. Olmstead. 1989. Origins of heterospory and the seed habit: The role of heterochrony. *Taxon* 38: 1–11.

Dodson, E. O. 1955. Mendel and the rediscovery of his work. *Scientific Monthly* 81: 187–195.

Dunn, L. C. 1944. Science in the U.S.S.R.: Soviet biology. *Science* 99: 65–67.

Dyer, A. F., and S. Lindsay. 1992. Soil spore banks of temperate ferns. *American Fern Journal* 82: 9–123.

Emsley, J. 2008. *Molecules of Murder: Criminal Molecules and Classic Cases*. Cambridge, UK: Royal Society of Chemistry.

Enders, M. S., and S. B. Vander Wall. 2012. Black bears *Ursus americanus* are effective seed dispersers, with a little help from their friends. *Oikos* 121: 589–596.

Evenari, M. 1981. The history of germination research and the lesson it contains for today. *Israel Journal of Botany* 29: 4–21.

Falcon-Lang, H., W. A. DiMichele, S. Elrick, and W. J. Nelson. 2009. Going underground: In search of Carboniferous coal forests. *Geology Today* 25: 181–184.

Falcon-Lang, H. J., W. J. Nelson, S. Elrick, C. V. Looy, et al. Incised channel fills containing conifers indicate that seasonally dry vegetation dominated Pennsylvanian tropical lowlands. *Geology* 37: 923–926.

Faust, M. 1994. The apple in paradise. *HortTechnology* 4: 338–343.

Finch-Savage, W. E., and G. Leubner-Metzger. 2006. Seed dormancy and the control of germination. *New Phytologist* 171: 501–523.

Fitter, R. S. R., and J. E. Lousley. 1953. *The Natural History of the City*. London: Corporation of London.

Fraser, E. D. G., and A. Rimas. 2010. *Empires of Food: Feast, Famine, and the Rise and Fall of Civilizations*. New York: Free Press.

Friedman, C. M. R., and M. J. Sumner. 2009. Maturation of the embryo, endosperm, and fruit of the dwarf mistletoe *Arceuthobium americanum* (Viscaceae). *International Journal of Plant Sciences* 170: 290–300.

Friedman, W. E. 2009. The meaning of Darwin's "abominable mystery." *American Journal of Botany* 96: 5–21.

Gadadhar, S., and A. A. Karande. 2013. Abrin immunotoxin: Targeted cytotoxicity and intracellular trafficking pathway. *PLoS ONE* 8: e58304. doi:10.1371/journal.pone.0058304.

Galindo-Tovar, M. E., N. Ogata-Aguilar, and A. M. Arzate-Fernández. 2008. Some aspects of avocado (*Persea americana* Mill.) diversity and domestication in Mesoamerica. *Genetic Resources and Crop Evolution* 55: 441–450.

Gardiner, J. E. 2013. *Bach: Music in the Castle of Heaven.* New York: Alfred A. Knopf.

Garnsey, P., and D. Rathbone. 1985. The background to the grain law of Gaius Gracchus. *Journal of Roman Studies* 75: 20–25.

Glade, M. J. 2010. Caffeine—not just a stimulant. *Nutrition* 26: 932–938.

Glover, J. D., J. P. Reganold, L. W. Bell, J. Borevitz, et al. 2010. Increased food and ecosystem security via perennial grains. *Science* 328: 1638–1639.

González-Di Pierro, A. M., J. Benítez-Malvido, M. Méndez-Toribio, I. Zermeño, et al. 2011. Effects of the physical environment and primate gut passage on the early establishment of *Ampelocera hottlei* (Standley) in rain forest fragments. *Biotropica* 43: 459–466.

Goor, A. 1967. The history of the date through the ages in the Holy Land. *Economic Botany* 21: 320–340.

Goren-Inbar, N., N. Alperson, M. E. Kislev, O. Simchoni, et al. 2004. Evidence of hominin control of fire at Gesher Benot Ya'aqov, Israel. *Science* 304: 725–727.

Goren-Inbar, N., G. Sharon, Y. Melamed, and M. Kislev. 2002. Nuts, nut cracking, and pitted stones at Gesher Benot Ya'aqov, Israel. *Proceedings of the National Academy of Sciences* 99: 2455–2460.

Gottlieb, O., M. Borin, and B. Bosisio. 1996. Trends of plant use by humans and nonhuman primates in Amazonia. *American Journal of Primatology* 40: 189–195.

Gould, R. A. 1969. Behaviour among the Western Desert Aborigines of Australia. *Oceania* 39: 253–274.

Grant, P. R., and B. R. Grant. 2008. *How and Why Species Multiply: The Radiation of Darwin's Finches*. Princeton, NJ: Princeton University Press.

Greene, R. A., and E. O. Foster. 1933. The liquid wax of seeds of *Simmondsia californica*. *Botanical Gazette* 94: 826–828.

Gremillion, K. J. 1998. Changing roles of wild and cultivated plant resources among early farmers of eastern Kentucky. *Southeastern Archaeology* 17: 140–157.

Gugerli, F. 2008. Old seeds coming in from the cold. *Science* 322: 1789–1790.

Haak, D. C., L. A. McGinnis, D. J. Levey, and J. J. Tewksbury. 2011. Why are not all chilies hot? A trade-off limits pungency. *Proceedings of the Royal Society B* 279: 2012–2017.

Hanson, T. R., S. J. Brunsfeld, and B. Finegan. 2006. Variation in seedling density and seed predation indicators for the emergent tree *Dipteryx panamensis* in continuous and fragmented rainforest. *Biotropica* 38: 770–774.

Hanson, T. R., S. J. Brunsfeld, B. Finegan, and L. P. Waits. 2007. Conventional and genetic measures of seed dispersal for *Dipteryx panamensis* (Fabaceae) in continuous and fragmented Costa Rican rainforest. *Journal of Tropical Ecology* 23: 635–642.

———. 2008. Pollen dispersal and genetic structure of the tropical tree *Dipteryx panamensis* in a fragmented landscape. *Molecular Ecology* 17: 2060–2073.

Harden, B. 1996. *A River Lost: The Life and Death of the Columbia*. New York: W. W. Norton.

Hargrove, J. L. 2006. History of the calorie in nutrition. *Journal of Nutrition* 136: 2957–2961.

———. 2007. Does the history of food energy units suggest a solution to "Calorie confusion"? *Nutrition Journal* 6: 44.

Hart, K. 2002. *Eating in the Dark: America's Experiment with Genetically Engineered Food*. New York: Pantheon Books.

Haufler, C. H. 2008. Species and speciation. In T. A. Ranker and C. H. Haufler, eds., *Biology and Evolution of Ferns and Lyophytes*. Cambridge, UK: Cambridge University Press.

Henig, R. M. 2000. *The Monk in the Garden*. Boston: Houghton Mifflin.

Heraclitus. 2001. *Fragments*. New York: Penguin.

Herrera, C. M. 1989. Seed dispersal by animals: A role in angiosperm diversification? *American Naturalist* 133: 309–322.

Herrera, C. M., and O. Pellmyr. 2002. *Plant-Animal Interactions: An Evolutionary Approach.* Oxford: Blackwell Sciences.

Hewavitharange, P., S. Karunaratne, and N. S. Kumar. 1999. Effect of caffeine on shot-hole borer beetle *Xyleborus fornicatus* of tea *Camellia sinensis. Phytochemistry* 51: 35–41.

Hillman, G., R. Hedges, A. Moore, S. College, et al. 2001. New evidence of Late glacial cereal cultivation at Abu Hureyra on the Euphrates. *Holocene* 11: 383–393.

Hirschel, E. H., H. Prem, and G. Madelung. 2004. *Aeronautical Research in Germany—From Lilienthal Until Today.* Berlin: Springer-Verlag.

Hollingsworth, R. G., J. W. Armstrong, and E. Campbell. 2002. Caffeine as a repellent for slugs and snails. *Nature* 417: 915–916.

Hooker, J. D. 1847. An enumeration of the plants of the Galapagos Archipelago; with descriptions of those which are new. *Transactions of the Linnean Society of London, Botany* 20: 163–233.

———. 1847. On the vegetation of the Galapagos Archipelago, as compared with that of some other tropical islands and of the continent of America. *Transactions of the Linnean Society of London, Botany* 20: 235–262.

Huffman, M. 2001. Self-medicative behavior in the African great apes: An evolutionary perspective into the origins of human traditional medicine. *BioScience* 51: 651–661.

Iltis, H. 1966. *Life of Mendel.* Reprint of 1932 translation by E. and C. Paul. New York: Hafner.

Janzen, D. H., and P. S. Martin. 1982. Neotropical anachronisms: The fruits the gomphotheres ate. *Science* 215: 19–27.

Jolly, C. J. 1970. The seed-eaters: A new model of hominid differentiation based on a baboon analogy. *Man* 5: 5–26.

Kadman, L. 1957. A coin find at Masada. *Israel Exploration Journal* 7: 61–65.

Kahn, V. 1987. Characterization of starch isolated from avocado seeds. *Journal of Food Science* 52: 1646–1648.

Kalugin, O. 2009. *Spymaster: My Thirty-Two Years in Intelligence and Espionage Against the West.* New York: Basic Books.

Kardong, K., and V. L. Bels. 1998. Rattlesnake strike behavior: Kinematics. *Journal of Experimental Biology* 201: 837–850.

Kingsbury, J. M. 1992. Christopher Columbus as a botanist. *Arnoldia* 52: 11–28.

Kingsbury, N. 2009. *Hybrid: The History and Science of Plant Breeding.* Chicago: University of Chicago Press.

Klauber, L. M. 1956. *Rattlesnakes: Their Habits, Life Histories, and Influence on Mankind*, vols. 1 and 2. Berkley: University of California Press.

Klein, H. S. 2002. The structure of the Atlantic slave trade in the 19th century: An assessment. *Outre-mers* 89: 63–77.

Knight, M. H. 1995. Tsamma melons: *Citrullus lanatus*, a supplementary water supply for wildlife in the southern Kalahari. *African Journal of Ecology* 33: 71–80.

Koltunow, A. M., T. Hidaka, and S. P. Robinson. 1996. Polyembry in citrus. *Plant Physiology* 110: 599–609.

Krauss, R. 1945. *The Carrot Seed*. New York: HarperCollins.

Lack, D. 1947. *Darwin's Finches*. Cambridge, UK: Cambridge University Press.

Le Couteur, P., and J. Burreson. 2003. *Napoleon's Buttons: 17 Molecules That Changed History*. New York: Jeremy P. Tarcher / Penguin.

Lee, H. 1887. *The Vegetable Lamb of Tartary*. London: Sampson Low, Marsten, Searle and Rivington.

Lee-Thorp, J., A. Likius, H. T. Mackaye, P. Vignaud, et al. 2012. Isotopic evidence for an early shift to C4 resources by Pliocene hominins in Chad. *Proceedings of the National Academy of Sciences* 109: 20369–20372.

Lemay, S., and J. T. Hannibal. 2002. *Trigonocarpus excrescens* Janssen 1940, a supposed seed from the Pennsylvanian of Illinois, is a millipede (Diplopida: Euphoberiidae). *Kirtlandia* 53: 37–40.

Levey, D. J., J. J. Tewksbury, M. L. Cipollini, and T. A. Carlo. 2006. A Weld test of the directed deterrence hypothesis in two species of wild chili. *Oecologica* 150: 51–68.

Levin, D. A. 1990. Seed banks as a source of genetic novelty in plants. *American Naturalist* 135: 563–572.

Lev-Yadun, S. 2009. Aposematic (warning) coloration in plants. Pp. 167–202 in F. Baluska, ed., *Plant-Environment Interactions: Signaling and Communication in Plants*. Berlin: Springer-Verlag.

Lim, M. 2012. Clicks, cabs, and coffee houses: Social media and oppositional movements in Egypt, 2004–2011. *Journal of Communication* 62: 231–248.

Lobova, T., C. Geiselman, and S. Mori. 2009. *Seed Dispersal by Bats in the Neotropics*. New York: New York Botanical Garden.

Loewer, P. 1995. *Seeds: The Definitive Guide to Growing, History & Lore*. Portland, OR: Timber Press.

Loskutov, I. G. 1999. *Vavilov and His Institute: A History of the World Collection of Plant Genetic Resources in Russia*. Rome: International Plant Genetic Resources Institute.

Lucas. P., P. Constantino, B. Wood, and B. Lawn. 2008. Dental enamel as a dietary indicator in mammals. *BioEssays* 30: 374–385.

Lucas, P. W., J. T. Gaskins, T. K. Lowrey, M. E. Harrison, et al. 2011. Evolutionary optimization of material properties of a tropical seed. *Journal of the Royal Society Interface* 9: 34–42.

Machnicki, N. J. 2013. How the chili got its spice: Ecological and evolutionary interactions between fungal fruit pathogens and wild chilies. Ph.D. dissertation, University of Washington, Seattle.

Mannetti, L. 2011. Understanding plant resource use by the ≠Khomani Bushmen of the southern Kalahari. Master's thesis, University of Stellenbosch, South Africa.

Martins, V. F., P. R. Guimaraes Jr., C. R. B. Haddad, and J. Semir. 2009. The effect of ants on the seed dispersal cycle of the typical myrmecochorous *Ricinus communis*. *Plant Ecology* 205: 213–222.

Marwat, S. K., M. J. Khan, M. A. Khan, M. Ahmad, et al. 2009. Fruit plant species mentioned in the Holy Quran and Ahadith and their ethnomedicinal importance. *American-Eurasian Journal of Agricultural and Environmental Sciences* 5: 284–295.

Masi, S., E. Gustafsson, M. Saint Jalme, V. Narat, et al. 2012. Unusual feeding behavior in wild great apes, a window to understand origins of self-medication in humans: Role of sociality and physiology on learning process. *Physiology and Behavior* 105: 337–349.

McLellan, D., ed. 2000. *Karl Marx: Selected Writings*. Oxford: Oxford University Press.

Mendel, G. 1866. Experiments in plant hybridization. Translated by W. Bateson and R. Blumberg. *Verhandlungen des naturforschenden Vereines in Brünn, Bd. IV für das Jahr 1865*, Abhandlungen: 3–47.

Mercader, J. 2009. Mozambican grass seed consumption during the Middle Stone Age. *Science* 326: 1680–1683.

Mercader, J., T. Bennett, and M. Raja. 2008. Middle Stone Age starch acquisition in the Niassa Rift, Mozambique. *Quaternary Research* 70: 283–300.

Mercier, S. 1999. The evolution of world grain trade. *Review of Agricultural Economics* 21: 225–236.

Midgley, J. J., K. Gallaher, and L. M. Kruger. 2012. The role of the elephant (*Loxodonta africana*) and the tree squirrel (*Paraxerus cepapi*) in marula (*Sclerocarya birrea*) seed predation, dispersal and germination. *Journal of Tropical Ecology* 28: 227–231.

Moore, A. M. T., G. C. Hillman, and A. J. Legge. 2000. *Village on the Euphrates: From Foraging to Farming at Abu Hureyra*. Oxford: Oxford University Press.

Moseley, C. W. R. D, trans. 1983. *The Travels of Sir John Mandeville*. London: Penguin.

Murray, D. R., ed. 1986. *Seed Dispersal*. Orlando, FL: Academic Press.

Nathan, R., F. M. Schurr, O. Spiegel, O. Steinitz, et al. 2008. Mechanisms of long-distance seed dispersal. *Trends in Ecology and Evolution* 23: 638–647.

Nathanson, J. A. 1984. Caffeine and related methylxanthines: Possible naturally occurring pesticides. *Science* 226: 184–187.

Newman, D. J., and G. M. Cragg. 2012. Natural products as sources of new drugs over the 30 years from 1981 to 2010. *Journal of Natural Products* 75: 311–335.

Peterson, K., and M. E. Reed. 1994. *Controversy, Conflict, and Compromise: A History of the Lower Snake River Development*. Walla Walla, WA: US Army Corps of Engineers, Walla Walla District.

Piperno, D. R., E. Weiss, I. Holst, and D. Nadel. 2004. Processing of wild cereal grains in the Upper Paleolithic revealed by starch grain analysis. *Nature* 430: 670–673.

Pollan, M. 2001. *The Botany of Desire*. New York: Random House.

Porter, D. M. 1980. Charles Darwin's plant collections from the voyage of the *Beagle*. *Journal of the Society for the Bibliography of Natural History* 9: 515–525.

———. 1984. Relationships of the Galapagos flora. *Biological Journal of the Linnean Society* 21: 243–251.

Preedy, V. R., R. R. Watson, and V. B. Patel. 2011. *Nuts and Seeds in Health and Disease*. London: Academic Press.

Pringle, P. 2008. *The Murder of Nikolai Vavilov*. New York: Simon and Schuster.

Ramsbottom, J. 1942. Recent work on germination. *Nature* 149: 658.

Ranker, T. A., and C. H. Haufler, eds. 2008. *Biology and Evolution of Ferns and Lyophytes*. Cambridge, UK: Cambridge University Press.

Raven, P. H., R. F. Evert, and S. E. Eichhorn. 1992. *Biology of Plants*, 5th ed. New York: Worth Publishers.

Reddy, S. N. 2009. Harvesting the landscape: Defining protohistoric plant exploitation in coastal Southern California. *SCA Proceedings* 22: 1–10.

Rettalack, G. J., and D. L. Dilcher. 1988. Reconstructions of selected seed ferns. *Annals of the Missouri Botanical Garden* 75: 1010–1057.

Riello, G. 2013. *Cotton: The Fabric That Made the Modern World.* Cambridge, UK: Cambridge University Press.

Rosentiel, T. N., E. E. Shortlidge, A. N. Melnychenko, J. F. Pankow, et al. 2012. Sex-specific volatile compounds influence microarthropod-mediated fertilization of moss. *Nature* 489: 431–433.

Rothwell, G. W., and R. A. Stockey. 2008. Phylogeny and evolution of ferns: A paleontological perspective. Pp. 332–366 in T. A. Ranker and C. H. Haufler, eds., *Biology and Evolution of Ferns and Lyophytes.* Cambridge, UK: Cambridge University Press.

Sacks, O. 2008. *Musicophilia.* New York: Vintage.

Sallon, S., E. Solowey, Y. Cohen, R. Korchinsky, et al. 2008. Germination, genetics, and growth of an ancient date seed. *Science* 320: 1464.

Sathakopoulos, D. C. 2004. *Famine and Pestilence in the Late Roman and Early Byzantine Empire.* Birmingham Byzantine and Ottoman Monographs, vol. 9. Aldershot Hants, UK: Ashgate.

Scharpf, R. F. 1970. Seed viability, germination, and radicle growth of dwarf mistletoe in California. USDA Forest Service Research Paper PSW-59. Berkeley, CA: Pacific SW Forest and Range Experiment Station.

Schivelbusch, W. 1992. *Tastes of Paradise: A Social History of Spices, Stimulants, and Intoxicants.* New York: Pantheon Books.

Schopfer, P. 2006. Biomechanics of plant growth. *American Journal of Botany* 93: 1415–1425.

Scotland, R. W., and A. H. Wortley. 2003. How many species of seed plants are there? *Taxon* 52: 101–104.

Seabrook, J. 2007. Sowing for the apocalypse: The quest for a global seed bank. *New Yorker*, August 7, 60–71.

Sharif, M. 1948. Nutritional requirements of flea larvae, and their bearing on the specific distribution and host preferences of the three Indian species of *Xenopsylla* (Siphonaptera). *Parasitology* 38: 253–263.

Shaw, George Bernard. 1918. The vegetarian diet according to Shaw. Reprinted in *Vegetarian Times*, March/April 1979, 50–51.

Sheffield, E. 2008. Alteration of generations. Pp. 49–74 in T. A. Ranker and C. H. Haufler, eds., *Biology and Evolution of Ferns and Lyophytes.* Cambridge, UK: Cambridge University Press.

Shen-Miller, J., J. William Schopf, G. Harbottle, R. Cao, et al. 2002. Long-living lotus: Germination and soil γ-irradiation of centuries-old fruits, and cultivation, growth, and phenotypic abnormalities of offspring. *American Journal of Botany* 89: 236–247.

* Simpson, B. B., and M. C. Ogorzaly. 2001. *Economic Botany*, 3rd ed. Boston: McGraw Hill.

Stephens, S. G. 1958. Salt water tolerance of seeds of *Gossypium* species as a possible factor in seed dispersal. *American Naturalist* 92: 83–92.

———. 1966. The potentiality for long range oceanic dispersal of cotton seeds. *American Naturalist* 100: 199–210.

Stöcklin, J. 2009. Darwin and the plants of the Galápagos Islands. *Bauhinia* 21: 33–48.

Strait, D. S., P. Constantino, P. Lucas, B. G. Richmond, et al. 2013. Viewpoints: Diet and dietary adaptations in early hominins. The hard food perspective. *American Journal of Physical Anthropology* 151: 339–355.

Strait, D. S., G. W. Webe, S. Neubauer, J. Chalk, et al. 2009. The feeding biomechanics and dietary ecology of *Australopithecus africanus*. *Proceedings of the National Academy of Sciences* 106: 2124–2129.

Swan, L. W. 1992. The Aeolian biome. *BioScience* 42: 262–270.

Taviani, P. E., C. Varela, J. Gil, and M. Conti. 1992. *Christopher Columbus: Accounts and Letters of the Second, Third, and Fourth Voyages*. Rome: Instituto Poligrafico e Zecca Dello Stato.

Telewski, F. W., and J. D. Zeevaart. 2002. The 120-year period for Dr. Beal's seed viability experiment. *American Journal of Botany* 89: 1285–1288.

Tewksbury, J. J., D. J. Levey, M. Huizinga, D. C. Haak, et al. 2008. Costs and benefits of capsaicin-mediated control of gut retention in dispersers of wild chilies. *Ecology* 89: 107–117.

Tewksbury, J. J., and G. P. Nabhan. 2001. Directed deterrence by capsaicin in chilies. *Nature* 412: 403–404.

Tewksbury, J. J., G. P. Nabhan, D. Norman, H. Suzan, et al. 1999. In situ conservation of wild chiles and their biotic associates. *Conservation Biology* 13: 98–107.

Tewksbury, J. J., K. M. Reagan, N. J. Machnicki, T. A. Carlo, et al. 2008. Evolutionary ecology of pungency in wild chilies. *Proceedings of the National Academy of Sciences* 105: 11808–11811.

Theophrastus. 1916. *Enquiry into Plants and Minor Works on Odours and Weather Signs*, vol. 2. Translated by A. Hort. New York: G. P. Putnam's Sons.

Thompson, K. 1987. Seeds and seed banks. *New Phytologist* 26: 23–34.

Thoresby, R. 1830. *The Diary of Ralph Thoresby, F.R.S.* London: Henry Colburn and Richard Bentley.

Tiffney, B. 2004. Vertebrate dispersal of seed plants through time. *Annual Review of Ecology, Evolution, and Systematics* 35: 1–29.

Traveset, A. 1998. Effect of seed passage through vertebrate frugivores' guts on germination: A review. *Perspectives in Plant Ecology, Evolution and Systematics* 1/2: 151–190.

Tristram, H. B. 1865. *The Land of Israel: A Journal of Travels in Palestine.* London: Society for Promoting Christian Knowledge.

Turner, J. 2004. *Spice: The History of a Temptation.* New York: Vintage.

Ukers, W. H. 1922. *All About Coffee: A History of Coffee from the Classic Tribute to the World's Most Beloved Beverage.* New York: Tea and Coffee Trade Journal Company.

Unger, R. W. 2004. *Beer in the Middle Ages and the Renaissance.* Philadelphia: University of Pennsylvania Press.

United States Bureau of Reclamation. 2000. *Horsetooth Reservoir Safety of Dam Activities—Final Environmental Impacts Assessment, EC-1300–00–02.* Loveland, CO: United States Bureau of Reclamation, Eastern Colorado Area Office.

Valster, A. H., and P. K. Hepler. 1997. Caffeine inhibition of cytokinesis: Effect on the phragmoplast cytoskeleton in living *Tradescantia* stamen hair cells. *Protoplasma* 196: 155–166.

Vander Wall, S. B. 2001. The evolutionary ecology of nut dispersal. *Botanical Review* 67: 74–117.

Van Wyhe, J., ed. 2002. The Complete Work of Charles Darwin Online, http://darwin-online.org.uk.

Vozzo, J. A., ed. 2002. *Tropical Tree Seed Manual.* Agriculture Handbook 721. Washington, DC: United States Department of Agriculture Forest Service.

Walters, D. R. 2011. *Plant Defense: Warding off Attack by Pathogens, Herbivores, and Parasitic Plants.* Oxford: Wiley-Blackwell.

Walters, R. A., L. R. Gurley, and R. A. Toby. 1974. Effects of caffeine on radiation-induced phenomena associated with cell-cycle traverse of mammalian cells. *Biophysical Journal* 14: 99–118.

Weckel, M., W. Giuliano, and S. Silver. 2006. Jaguar (*Panthera onca*) feeding ecology: Distribution of predator and prey through time and space. *Journal of Zoology* 270: 25–30.

Weiner, J. 1995. *The Beak of the Finch: A Story of Evolution in Our Time.* New York: Alfred A. Knopf.

Wendel, J. F., C. L. Brubaker, and T. Seelanan. 2010. The origin and evolution of *Gossypium*. Pp. 1–18 in J. M. Stewart, et al., eds., *Physiology of Cotton*. Dordrecht, Netherlands: Springer.

Whealy, D. O. 2011. *Gathering: Memoir of a Seed Saver*. Decorah, IA: Seed Savers Exchange.

Whiley, A. W., B. Schaffer, and B. N. Wolstenholme. 2002. *The Avocado: Botany, Production and Uses*. Cambridge, MA: CABI Publishing.

Whitney, K. 2002. Dispersal for distance? *Acacia ligulata* seeds and meat ants *Iridomyrmex viridiaeneus*. *Austral Ecology* 27: 589–595.

Willis, K. J., and J. C. McElwain. 2002. *The Evolution of Plants*. Oxford: Oxford University Press.

Willson, M. 1993. Mammals as seed-dispersal mutualists in North America. *Oikos* 67: 159–167.

Wing, L. D., and I. O. Buss. 1970. Elephants and forests. *Wildlife Monographs* 19: 3–92.

Woodburn, J. H. 1999. *20th Century Bioscience: Professor O. J. Eigsti and the Seedless Watermelon*. Raleigh, NC: Pentland Press.

Wrangham, R. W. 2009. *Catching Fire: How Cooking Made Us Human*. New York: Basic Books.

———. 2011. Honey and fire in human evolution. Pp. 149–167 in J. Sept and D. Pilbeam, eds., *Casting the Net Wide: Papers in Honor of Glynn Isaac and His Approach to Human Origins Research*. Oxford: Oxbow Books.

Wrangham, R. W., and R. Carmody. 2010. Human adaptation to the control of fire. *Evolutionary Anthropology* 19: 187–199.

Wright, G. A., D. D. Baker, M. J. Palmer, D. Stabler, et al. 2013. Caffeine in floral nectar enhances a pollinator's memory of reward. *Science* 339: 1202–1204.

Yadin, Y. 1966. *Masada: Herod's Fortress and the Zealots' Last Stand*. New York: Random House.

Yafa, S. 2005. *Cotton: The Biography of a Revolutionary Fiber*. New York: Penguin.

Yarnell, R. A. 1978. Domestication of sunflower and sumpweed in eastern North America. Pp. 289–300 in R. I. Ford, ed., *The Nature and Status of Ethnobotany*. Anthropological Papers No. 67. Ann Arbor: University of Michigan Museum of Anthropology.

Yashina, S., S. Gubin, S. Maksimovich, A. Yashina, et al. 2012. Regeneration of whole fertile plants from 30,000-y-old fruit tissue buried in Siberian permafrost. *Proceedings of the National Academy of Sciences* 109: 4008–4013.

Young, F. 1906. *Christopher Columbus and the New World of His Discovery*. London: E. Grant Richards.

Zacks, R. 2002. *The Pirate Hunter: The True Story of Captain Kidd*. New York: Hyperion.